"十三五"职业教育规划教材

环境工程造价

李 欢 谢 武 主 编
王 娟 副主编

中国环境出版社·北京

图书在版编目（CIP）数据

环境工程造价/李欢，谢武主编. —北京：中国环境出版
社，2017.8
"十三五"职业教育规划教材
ISBN 978-7-5111-3257-4

Ⅰ. ①环… Ⅱ. ①李…②谢… Ⅲ. ①环境工程—
工程造价—职业教育—教材 Ⅳ. ①X196

中国版本图书馆 CIP 数据核字（2017）第 154896 号

出 版 人	王新程
责任编辑	侯华华
责任校对	尹 芳
封面设计	宋 瑞

 更多信息，请关注
中国环境出版社
第一分社

出版发行 中国环境出版社
（100062 北京市东城区广渠门内大街 16 号）
网 址：http://www.cesp.com.cn
电子邮箱：bjgl@cesp.com.cn
联系电话：010-67112765（编辑管理部）
010-67112735（第一分社）
发行热线：010-67125803，010-67113405（传真）

印 刷	北京中科印刷有限公司
经 销	各地新华书店
版 次	2017 年 8 月第 1 版
印 次	2017 年 8 月第 1 次印刷
开 本	787×960 1/16
印 张	24.5
字 数	430 千字
定 价	47.00 元

前　言

随着我国环境工程行业的兴起，很多院校开设了环境工程造价课程。但是，我们在教环境工程造价课程时，因市面上只有关于建筑工程造价的教材或者关于给排水工程造价的教材，所以环境工程造价的教材只能选用这两者中的一种。在教学过程中，我们深刻感受到对于环境工程行业，建筑工程造价或者给排水工程造价只能借用部分内容，深深感受到目前所用教程局限性。目前我国还没有专门针对环境工程造价的教材，为了有力推动我国广泛、深入地开展环境工程造价工作，特编写了《环境工程造价》。本书由长沙环境保护职业技术学院、河北工业职业技术学院、广东环境保护工程职业学院、南通科技职业学院等四所学院具有丰富教学经验的教师，以及湖南省环境保护科学研究院、南通市环境工程设计院有限公司、南通中远川崎船舶工程有限公司等企业具有丰富实践经验的工程师合作完成，为我国更好地开展环境工程造价工作提供有益参考。

该教材结合环境工程特点，按照国内最新计价规范，完全以清单计价工作过程为主线进行教材的编写，共包含概述、工程图纸认读、工程量计算、清单编制及计价和计价实例等内容，其中工程量计算包含环保行业涉及的土建工程、装饰装修工程、措施工程和安装工程。

本书的初稿完成后，由中国环境出版社第一分社审稿。根据审稿的意见完成了修改稿又经有关专家审阅后定稿。

李欢、谢武主要负责本书的编写，共分 10 章，编写分工为：长沙环境保护职业技术学院谢武（第 1 章、第 4 章），长沙环境保护职业技术学院陈冉妮（第 2 章、第 5 章），长沙环境保护职业技术学院李欢（3.1 节~3.4 节），南通科技职业学院李莉、南通市环境工程设计院有限公司葛晓霞共同编写（3.5 节~3.10 节），广东环境保护工程职业学院陈露（第 6 章），长沙环境保护职业技术学院王娟（第 7 章），长沙环境保护职业技术学院王娟、曹喆（第 9 章），河北工业职业技术学院武智佳（第 8 章），湖南省环境保护科学研究院陈亮（第 10 章），感谢南通中远川崎船舶工程有限公司邹智鹏提供部分案例。全书由李欢、曹喆负责统稿，在本书的编写过程中，得到了许多同仁的大力支持，在此深表谢意！

　　本书在编写过程中，编者参考并引用了大量文献资料，这些文献资料对本书的编写工作起到了举足轻重的作用。由于篇幅容量所限，没有一一标注，笔者恳请被引用者予以谅解，在此向所有被引用的参考文献的作者致以诚挚的敬意！

　　本书力求理论与实践相结合，可作为高职院校环境工程类、工程管理类专业教材，也可作为培训机构及相关技术人员零距离上岗的参考用书。

　　由于编者水平和时间有限，书中难免存在不完善之处，热忱欢迎专家、广大读者予以批评指正。

编　者
2017 年 3 月

目 录

第1章　环境工程造价概述

1.1　环境工程造价概述

1.1.1　环境工程的发展背景

　　环境工程（Environmental Engineering）是研究和从事防治环境污染和提高环境质量的科学技术。环境工程同生物学中的生态学、医学中的环境卫生学和环境医学，以及环境物理学和环境化学有关。由于环境工程处在初创阶段，学科的领域还在发展，但其核心是环境污染源的治理。

　　环境工程学是在人类同环境污染做斗争、保护和改善生存环境的过程中形成的。从开发和保护水源来说，中国早在公元前 2300 年前后就创造了凿井技术，促进了村落和集市的形成。后来为了保护水源，又建立了持刀守卫水井的制度。

　　从给排水工程来说，中国在公元前 2000 多年以前就用陶土管修建了地下排水道。古罗马大约在公元前 6 世纪开始修建地下排水道。中国在明朝以前就开始采用明矾净水。英国在 19 世纪初开始用砂滤法净化自来水；在 19 世纪末采用漂白粉消毒。在污水处理方面，英国在 19 世纪中叶开始建立污水处理厂；20 世纪初开始采用活性污泥法处理污水。此后，卫生工程、给水排水工程等逐渐发展起来，形成一门技术学科。

　　在大气污染控制方面，为消除工业生产造成的粉尘污染，美国在 1885 年发明了离心除尘器。进入 20 世纪以后，除尘、空气调节、燃烧装置改造、工业气体净化等工程技术逐渐得到推广应用。

　　在固体废物处理方面，历史更为悠久。在公元前 3000—公元前 1000 年，古希腊即开始对城市垃圾采用了填埋的处置方法。20 世纪,固体废物处理和利用的研究工作不断取得成就,出现了利用工业废渣制造建筑材料等工程技术。

在噪声控制方面,中国和欧洲一些国家的古建筑中,墙壁和门窗位置的安排都考虑到了隔声的问题。20 世纪,人们对控制噪声问题进行了广泛的研究。50 年代起,建立了噪声控制的基础理论,形成了环境声学。

20 世纪以来,根据化学、物理学、生物学、地学、医学等基础理论,解决废气、废水、固体废物、噪声污染等问题,使单项治理技术有了较大的发展,逐渐形成了治理技术的单元操作、单元过程,以及某些水体和大气污染治理工艺系统。

50 年代末,中国提出了资源综合利用的观点。60 年代中期,美国开始了技术评价活动,并在 1969 年的《国家环境政策法》中,规定了环境影响评价的制度。至此,人们认识到控制环境污染不仅要采用单项治理技术,而且还要采取综合防治措施和对控制环境污染的措施进行综合的技术经济分析,以防止在采取局部措施时与整体发生矛盾而影响清除污染的效果。

在这种情况下,环境系统工程和环境污染综合防治的研究工作迅速发展起来。随后,陆续出现了环境工程学的专门著作,形成了一门新的学科。

1.1.2 环境工程建设项目的概念和分类

1.1.2.1 环境工程建设项目的概念

环境工程建设项目是指为防治由生产和生活活动引起的环境污染,如防治工业生产排放的"三废"(废水、废气、废渣),以及产生的噪声、振动、恶臭和电磁微波辐射,交通运输活动产生的有害气体、液体、噪声,工农业生产和人民生活使用的有毒有害化学品,城镇生活排放的烟尘、污水和垃圾等造成的污染而兴建的永久性和临时性的各种房屋、构筑物及设备等,以防治局部污染和末端治理为特征。

1.1.2.2 环境工程建设项目的分类

(1)按照建设性质分类

环境工程建设项目按照建设性质可分为:新建项目、扩建项目、改建项目、迁建项目、恢复项目。

（2）按照建设规模分类

环境工程建设项目按照建设规模可分为：大型项目、中型项目、小型项目。

（3）按照国民经济各行业性质和特点分类

环境工程建设项目按照国民经济各行业性质和特点可分为：竞争性项目、基础性项目、公益性项目或者分为生产性建设项目、非生产性建设项目。

（4）按照污染防治分类

环境工程建设项目按照污染防治可分为：大气污染防治工程项目、水污染防治工程项目、固体废物的处理和利用项目、噪声污染防治工程项目、环境污染综合防治项目、环境系统工程项目等几个方面。

1.1.3　环境工程建设的内容及建设程序

1.1.3.1　环境工程建设的内容

①建筑工程：包括建筑物、构筑物、给排水、电器照明、暖通、园林和绿化等工程；

②设备安装工程：机械设备安装和电气设备安装；

③设备、工具、器具的购置；

④勘查与设计：即地质勘查、地形测量和工程设计；

⑤其他基本建设工作：征用土地、培训工人、生产准备等工作。

1.1.3.2　环境工程建设的程序

环境工程建设程序是指环境工程建设项目从策划、评估、决策、设计、施工到竣工验收、投入生产或交付使用的整个建设过程中各项工作必须遵循的先后次序。按照环境工程建设项目发展的内在联系发展过程，将项目分成若干阶段。它们之间存在着严格的先后次序，可以进行合理的交叉，但不能任意颠倒次序。

目前，我国环境工程建设程序的主要阶段有：项目建议书阶段、可行性研究报告阶段、设计阶段、建设准备阶段、建设实施阶段和竣工验收阶段，即决策阶段、实施阶段和运行阶段，其中每个阶段又有不同内容。环境工程建设程序和环境工程造价之间的关系如图 1-1 所示。可以看出，环境工程（概）预算是环境工程建设造价文件的组成部分：在项目建议书阶段和可行性研究阶段编制投资估算；

在初步设计阶段和技术设计阶段，分别编制设计概算和修正设计概算；在施工图设计完成后，在施工前编制施工图预算；在项目招投标阶段确定招标控制价和投标报价，从而确定施工承包价格；在项目实施阶段，分阶段或不同目标进行工程结算，即项目结算价；在项目竣工验收阶段，编制项目竣工结算；待项目交付使用形成固定资产后，建设单位应及时编制竣工决算。

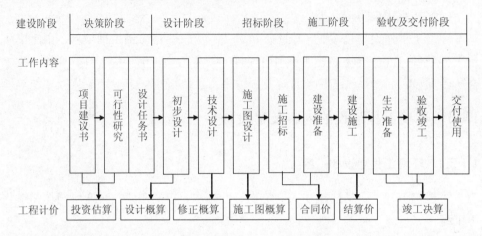

图 1-1　环境工程建设程序与环境工程造价的计价示意

1.1.4　环境工程造价

1.1.4.1　环境工程造价的定义

环境工程造价的一种理解是指环境工程建设项目经过分析决策、设计施工到竣工验收、交付使用的各个阶段，完成建筑工程、安装工程、设备工器具购置及其他相应的建筑工作，最后形成固定资产，在这其中投入的所有费用的总和。从这个角度定义的环境工程造价也是业主完成一个项目工程，预计或实际在技术劳务市场、土地市场、设备市场以及承包市场等交易活动中交易价格的总和。因此，从这个意义上说，它是环境工程建设项目的建设成本，是对项目的资金投入，因而也叫作环境工程建设成本或者环境工程全费用造价。

另一种理解是指环境工程的承发包价格，它是通过承发包市场，由需求主体投资者和供给主体建筑商共同认可的价格。环境工程发包的内容可以是建筑工程，或者安装工程，或者建筑安装工程等。发包的范围、内容不同，承发包价格包括的费用项目多少也不同，但在大多数情况下是指施工的承发包价格。

1.1.4.2　环境工程造价的特点

（1）大额性

要发挥工程项目的投资效用，其工程造价都非常昂贵，动辄数百万元、数千万元，特大的工程项目造价可达百亿元人民币。

（2）个别性、差异性

任何一项工程都有特定的用途、功能和规模。因此，对每一项工程的结构、造型、空间分割、设备配置和内外装饰都有具体的要求，所以工程内容和实物形态都具有个别性、差异性。产品的差异性决定了工程造价的个别性差异。同时，每期工程所处的地理位置也不相同，使这一特点得到了强化。

（3）动态性

任何一项工程从决策到竣工交付使用，都有一个较长的建设期间，在建设期内，往往由于不可控制因素的原因，造成许多影响工程造价的动态因素。如设计变更、材料、设备价格、工资标准以及取费费率的调整，贷款利率、汇率的变化，都必然会影响到工程造价的变动。所以，工程造价在整个建设期处于不确定状态，直至竣工决算后才能最终确定工程的实际造价。

（4）层次性

工程造价的层次性取决于工程的层次性。一个建设项目往往包含多项能够独立发挥生产能力和工程效益的单项工程，一个单项工程又由多个单位工程组成。与此相适应，工程造价有三个层次，即建设项目总造价、单项工程造价和单位工程造价。如果专业分工更细，分部分项工程也可以作为承发包的对象，如大型土方工程、桩基础工程、装饰工程等。这样工程造价的层次因增加分部工程和分项工程而成为五个层次。即使从工程造价的计算程序和工程管理角度来分析，工程造价的层次也是非常明确的。

（5）兼容性

首先表现在本身具有的两种含义，其次表现在工程造价构成的广泛性和复杂性，工程造价除建筑安装工程费用、设备及工器具购置费用外，征用土地费用、项目可行性研究费用、规划设计费用、与一定时期政府政策（产业和税收政策）相关的费用占有相当的份额。盈利的构成较为复杂，资金成本较大。

1.1.4.3 环境工程造价的种类

按环境工程不同的建设阶段，环境工程造价具有不同的形式：

（1）投资估算

投资估算是指在投资决策过程中，建设单位或建设单位委托的咨询机构根据现有的资料，采用一定的方法，对建设项目未来发生的全部费用进行预测和估算。

（2）设计概算

设计概算是指在初步设计阶段，在投资估算的控制下，由设计单位根据初步设计或扩大设计图纸及说明、概预算定额、设备材料价格等资料，编制确定的建设项目从筹建到竣工交付生产或使用所需全部费用的经济文件。

（3）修正概算

在技术设计阶段，随着对建设规模、结构性质、设备类型等方面进行修改、变动，初步设计概算也作相应调整，即为修正概算。

（4）施工图预算

施工图预算是指在施工图设计完成后，工程开工前，根据预算定额、费用文件计算确定建设费用的经济文件。

（5）合同价格

合同价格是指在环境工程招投标阶段，根据工程预算价格，由招标方与竞争取胜的投标方签订承包合同时共同协商确定工程承发包价格的过程。合同价格是工程结算的依据。

（6）工程结算

工程结算是指承包方按照合同约定，向建设单位办理已完工程价款的清算文件。

（7）竣工决算

建设工程竣工决算是由建设单位编制的反映建设项目实际造价文件和投资效果的文件，是竣工验收报告的重要组成部分，是基本建设项目经济效果的全面反映，是核定新增固定资产价值，办理其交付使用的依据。

1.1.4.4 环境工程造价的计价特点

环境工程造价具有单件性计价、多件性计价和按构成分部组合计价等特点。

（1）单件性计价

建设工程都是固定在一定地点的，其结构、造型必须适应工程所在地的气候、地质、水文等自然客观条件，在建设这些不同的实物形态的工程时，必须采取不同的工艺、设备和建筑材料，因而所消耗的物化劳动和活劳动也必定是不同的，再加上不同地区的社会发展不同致使构成价格和费用的各种价值要素的差异，最终导致工程造价各不相同。任何两个建设项目其工程造价不可能是完全相同的，因此，对建设工程就不能像对工业产品那样，按品种、规格、质量成批量生产和订价，只能是单件性计价。也就是说，只能根据各个建设工程项目的具体设计资料和当地的实际情况单独计算工程造价。

（2）多次性计价

多次性计价是逐步深化、逐步细化和逐步接近实际造价的过程。建设工程一般规模大，建设期长，技术复杂，受建设所在地的自然条件影响大，消耗的人力、物力和资金巨大，考虑建设过程中各种不确定性因素的影响，为满足基本建设过程不同阶段投资控制的需要，相应地也要在不同阶段多次性计价，以保证工程造价确定与控制的科学性。

（3）分部组合计价

工程造价是按照建设项目的划分分别计算组合而成的。一个建设项目是一个工程综合体，可以划分为若干个有内在联系的独立和不能独立的工程。计价时要按照建设项目的划分要求，逐个进行计算，层层加以汇总。其计算顺序和计算过程是：分部分项工程单价—单位工程造价—单项工程造价—建设项目总造价。若编制建设项目的总概（预）算，需先编制各单位工程的概（预）算，再编制各单项工程的综合概（预）算，最终汇总得到建设项目的总概（预）算。

（4）动态性计价

任何一项工程从决策阶段开始，到竣工交付使用，都要经历一个较长的建设时间。在此期间，由于工程造价受价值规律、货币流通规律和商品供求规律的支配，工程造价将受许多不确定性因素的影响，如工程变更、设备材料价格、投资额度、工资标准及费率、利率、汇率、建设期等。综上所述，环境工程计价在环境工程建设全过程中具有动态性。从而，环境工程造价应根据不同建设阶段的不同条件分别计价。

（5）计价方法的多样性

由于工程造价计价是按其建设阶段的不同分别进行计算的，按规定各阶段的计价依据和计算精度要求是不相同的，因此，其计价方法也就存在多样性。如计算投资估算的方法有生产规模折数估算法和分项比例估算法两种，计算概（预）算方法有单价法和实物法两种等。不同的方法利弊不同，适用条件也不同，所以工程计价时应认真加以选择。我国环境工程造价计价方法主要有定额计价和工程量清单计价两种模式。

1.2 环境工程造价构成

1.2.1 环境工程建设项目的组成

环境工程建设项目由单项工程、单位工程、分部工程、分项工程组成。

（1）单项工程

单项工程又称为工程项目，是指在一个建设项目中具有独立的设计文件，竣工后可以独立发挥生产能力或效益的工程。它是建设项目的组成部分。

（2）单位工程

单位工程是竣工后一般不能独立发挥生产能力或效益，但具有独立的设计图纸，可以独立组织施工的工程。它是单项工程的组成部分。

（3）分部工程

分部工程是单位工程的组成部分。按照工程部位、工种、设备种类、使用材料的不同，可将一个单位工程分解为若干个分部工程。

（4）分项工程

分项工程是分部工程的组成部分。按照不同的施工方法、不同的材料、不同的规格，可将一个分部工程分解为若干个分项工程。

（5）建设项目

指在一个或几个场地上，按一个设计意图，在一个总体设计或初步设计范围内，进行施工的各个项目总和。

某污水处理厂工程建设项目的层次划分示意如图 1-2 所示。

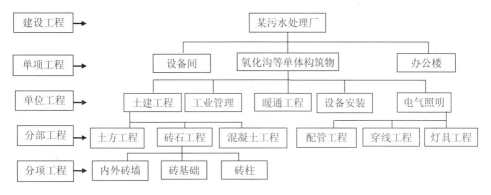

图 1-2　工程建设项目层次划分示意

1.2.2　建设项目投资构成

我国现行建设项目总投资的具体构成如图 1-3 所示。

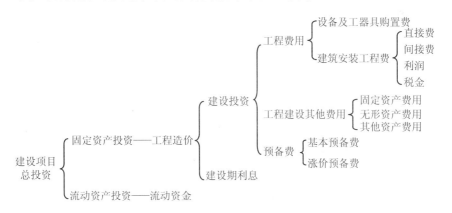

图 1-3　我国现行建设项目总投资构成

生产性建设项目总投资包括建设投资、建设期利息和流动资金三部分；非生产性建设项目总投资包括建设投资和建设期利息两部分。其中，建设投资和建设期利息之和对应于固定资产投资，固定资产投资与建设项目的总造价在量上相等。

建设投资包括工程费用、工程建设其他费用和预备费三部分。

①工程费用是指直接构成固定资产实体的各种费用，可以分为建筑安装工程费和设备及工器具购置费；

②工程建设其他费用是指根据国家有关规定应在投资中支付，并列入建设项目总造价或单项工程造价的费用。

③预备费是为了保证工程项目的顺利实施，避免在难以预料的情况下造成投资不足而预先安排的一笔费用。

【例 1-1】下列费用中，不属于工程造价构成的是（　　）。

A. 用于支付项目所需土地而发生的费用

B. 用于建设单位自身进行项目管理所支出的费用

C. 用于购买安装施工机械所支付的费用

D. 用于委托工程勘察设计所支付的费用

答案：C

【例 1-2】某建设项目建筑工程费 2 000 万元，安装工程费 700 万元，设备购置费 1 100 万元，工程建设其他费 450 万元，预备费 180 万元，建设期贷款利息 120 万元，流动资金 500 万元，则该项目的工程造价为（　　）万元。

A. 4 250　　　　B. 4 430　　　　C. 45 50　　　　D. 5 050

答案：C

1.2.3　设备及工器具购置费用的构成

1. 设备及工器具购置费用

设备及工器具购置费用是由设备购置费和工具、器具及生产家具购置费组成的，它是固定资产投资中的积极部分。在生产性工程建设中，设备及工器具购置费用占工程造价比重的增大，意味着生产技术的进步和资本有机构成的提高。

2. 设备及工器具购置费的构成及计算

1）设备购置费=设备原价+设备运杂费

2）国产设备原价的构成及计算

表 1-1　国产标准设备原价的构成

	费用构成	计算公式	注意事项
国产标准设备原价	设备制造厂的交货价	国产标准设备原价有两种，即带有备件的原价和不带有备件的原价	在计算时，一般采用带有备件的原价

	费用构成	计算公式	注意事项
国产非标准设备原价	材料费 加工费 辅助材料费 专用工具费 废品损失费 包装费 利润 税金（主要指增值税） 外购配套件费 非标准设备设计费	{[（材料费+加工费+辅助材料费）×（1+专用工具费率）×（1+废品损失费率）+外购配套件费]×（1+包装费率）—外购配套件费}×（1+利润率）+销项税额+非标准设备设计费+外购配套件费	非标准设备原价有多种不同的计算方法，如成本计算估价法、系列设备插入估价法、分部组合估价法、定额估价法等

注：在用成本计算估价法计算非标准设备原价时，原价=成本+利润+税金+设计费+外购配套件费，成本中不包括外购配套件费和设计费。在计算包装费时，外购配套件费作为计算包装费的依据，计算利润时则不含外购配套件费，这是因为外购配套件费本身已包含外购企业的成本、利润、税金三部分，不再包含在加工企业设备的利润计算中。

3. 进口设备原价的构成及计算

1）进口设备的交易价格

在国际贸易中，采用装运港船上交货方式，较为广泛使用的交易价格术语有离岸价（FOB）、运费在内价（CFR）和到岸价（CIF）。各种交易价格下，买卖双方的义务及风险分担情况如表1-2所示。

表1-2 交易价格 FOB、CFR 和 CIF

交易价格	概念	卖方基本义务	买方基本义务
离岸价（free on board，FOB）	意为装运港船上交货价，亦称为离岸价格，指当货物在指定的装运港越过船舷，卖方即完成交货义务。风险转移，以在指定的装运港货物越过船舷时为分界点。费用划分与风险转移的分界点相一致	①办理出口清关手续，自负风险和费用领取出口许可证及其他官方文件；②在约定的日期或期限内，在合同规定的装运港，按港口惯常的方式，把货物装上买方指定的船只，并及时通知买方；③承担货物在装运港越过船舷之前的一切费用和风险；④向买方提供商业发票和证明货物已交至船上的装运单据或具有同等效力的电子单证	①负责租船订舱，按时派船到合同约定的装运港接运货物，支付运费，并将船期、船名及装船地点及时通知卖方；②负担货物在装运港越过船舷后的各种费用以及货物灭失或损坏的一切风险；③负责获取进口许可证或其他官方文件，以及办理货物入境手续；④受领卖方提供的各种单证，按合同规定支付货款

交易价格	概念	卖方基本义务	买方基本义务
运费在内价（cost and freight，CFR）	意为成本加运费，或称之为运费在内价，指在装运港货物越过船舷卖方即完成交货，卖方必须支付将货物运至指定的目的港所需的运费和费用，但交货后货物灭失或损坏的风险，以及由于各种事件造成的任何额外费用，即由卖方转移到买方。与 FOB 价格相比，CFR 的费用划分与风险转移的分界点是不一致的	①提供合同规定的货物，负责订立运输合同，并租船订舱，在合同规定的装运港和规定的期限内，将货物装上船并及时通知买方，支付运至目的港的运费；②负责办理出口清关手续，提供出口许可证或其他官方批准的证件；③承担货物在装运港越过船舷之前的一切费用和风险；④按合同规定提供正式有效的运输单据、发票或具有同等效力的电子单证	①承担货物在装运港越过船舷以后的一切风险及运输途中因遭遇风险所引起的额外费用；②在合同规定的目的港受领货物，办理进口清关手续，交纳进口税；③受领卖方提供的各种约定的单证，并按合同规定支付货款
到岸价（cost insurance and freight，CIF）	意为成本加保险费、运费，习惯称到岸价格	负有与 CFR 相同的义务外，还应办理货物在运途中最低险别的海运保险，并应支付保险费	除保险这项义务之外，买方的义务也与 CFR 相同

注：三种交易价格的关系：进口设备到岸价（CIF）=离岸价格（FOB）+国际运费+运输保险费=运费在内价（CFR）+运输保险费。

2）进口设备原价的构成及计算

进口设备的原价是指进口设备的抵岸价，通常是由进口设备到岸价（CIF）和进口从属费构成。进口设备的到岸价，即抵达买方边境港口或边境车站的价格。其费用构成为：

进口设备抵岸价=货价+国际运费+运输保险费+银行财务费+外贸手续费+
关税+消费税+进口环节增值税+车辆购置税

上述费用构成中，各项费用构成的计算方法如表 1-3 所示。

表 1-3　进口设备原价的构成

构成		计算公式	备注
CIF 设备到岸价格	货价	分为原币货价和人民币货价，原币货价一律折算为美元表示，人民币货价按原币货价乘以外汇市场美元兑换人民币汇率中间价确定	指装运港船上交货价（FOB）
	国际运费	原币货价（FOB）×运费率（%）单位运价×运量	运费率或单位运价参照有关部门或进出口公司的规定执行
	运输保险费	[原币货价（FOB）+国外运费]×保险费率÷（1−保险费率）	保险费率按保险公司规定的进口货物保险费率计算

构成		计算公式	备注
进口从属费	银行财务费	离岸价格（FOB）×人民币外汇汇率×银行财务费率	中国银行为进出口商提供金融结算服务所收取的费用
	外贸手续费	到岸价格（CIF）×人民币外汇汇率×外贸手续费率	外贸手续费率一般取1.5%
	关税	到岸价格（CIF）×人民币外汇汇率×进口关税税率	由海关对进出国境或过境的货物和物品征收的一种税
	消费税	[（到岸价格（CIF）×人民币外汇汇率+关税）÷（1-消费税税率）]×消费税税率	仅对部分进口设备（如轿车、摩托车等）征收
	进口环节增值税	（关税完税价格+关税+消费税）×增值税税率	是对从事进口贸易的单位和个人，在进口商品报关进口后征收的税种
	车辆购置税	（关税完税价格+关税+消费税）×车辆购置税率	进口车辆需缴进口车辆购置税

4．设备运杂费

设备运杂费=设备原价×设备运杂费率（%）

设备运杂费由以下四个部分组成：

①运费和装卸费——进口设备的运费和装卸费是指由我国到岸港口或边境车站起至工地仓库止所发生的运费和装卸费。

②包装费——在设备原价中没有包含的，为运输而进行的包装支出的各项费用。

③设备供销部门手续费。按有关部门规定的统一费率计算。

④采购及仓库保管费。可按主管部门规定的采购与保管费费率计算。

5．工具、器具及生产家具购置费

工具、器具及生产家具购置费是指新建或扩建项目初步设计规定的，保证初期正常生产必须购置的没有达到固定资产标准的设备、仪器、工卡模具、器具、生产家具和备品备件等的购置费用。一般以设备购置费为计算基数，按照部门或行业规定的工具、器具及生产家具费率计算。计算公式为：

工具、器具及生产家具购置费=设备购置费×定额费率

1.2.4 建筑安装工程费用构成

1.2.4.1 按费用构成要素划分

按费用构成要素划分，建筑安装工程费由人工费、材料费、施工机械使用费、

企业管理费、利润、规费、税金组成。

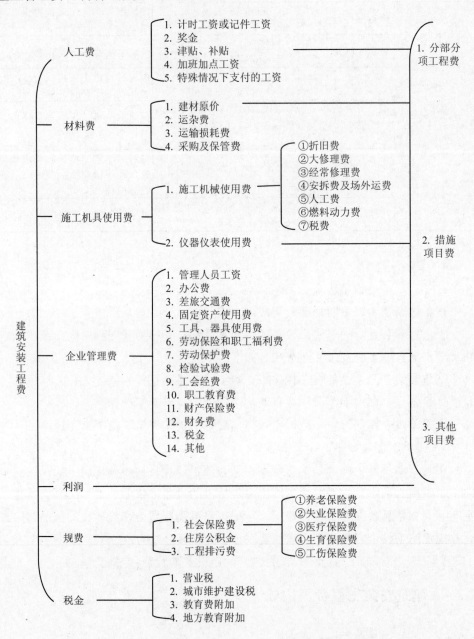

图 1-4　建筑安装工程费用构成（按费用构成要素划分）

1．人工费

是指按工资总额构成规定，支付给从事建筑安装工程施工的生产工人和附属生产单位工人的各项费用。内容包括：

①计时工资或计件工资：是指按计时工资标准和工作时间或对已做工作按计件单价支付给个人的劳动报酬。

②奖金：是指对超额劳动和增收节支支付给个人的劳动报酬。如节约奖、劳动竞赛奖等。

③津贴补贴：是指为了补偿职工特殊或额外的劳动消耗和因其他特殊原因支付给个人的津贴，以及为了保证职工工资水平不受物价影响支付给个人的物价补贴。如流动施工津贴、特殊地区施工津贴、高温（寒）作业临时津贴、高空津贴等。

④加班加点工资：是指按规定支付的在法定节假日工作的加班工资和在法定日工作时间外延时工作的加点工资。

⑤特殊情况下支付的工资：是指根据国家法律、法规和政策规定，因病、工伤、产假、计划生育假、婚丧假、事假、探亲假、定期休假、停工学习、执行国家或社会义务等原因按计时工资标准或计时工资标准的一定比例支付的工资。

2．材料费

是指施工过程中耗费的原材料、辅助材料、构配件、零件、半成品或成品、工程设备的费用。内容包括：

①材料原价：是指材料、工程设备的出厂价格或商家供应价格。

②运杂费：是指材料、工程设备自来源地运至工地仓库或指定堆放地点所发生的全部费用。

③运输损耗费：是指材料在运输装卸过程中不可避免的损耗。

④采购及保管费：是指为组织采购、供应和保管材料、工程设备的过程中所需要的各项费用。包括采购费、仓储费、工地保管费、仓储损耗。

工程设备是指构成或计划构成永久工程一部分的机电设备、金属结构设备、仪器装置及其他类似的设备和装置。

3．施工机具使用费

是指施工作业所发生的施工机械、仪器仪表使用费或其租赁费。

1）施工机械使用费

以施工机械台班耗用量乘以施工机械台班单价表示，施工机械台班单价应由下列 7 项费用组成：

①折旧费：指施工机械在规定的使用年限内，陆续收回其原值的费用。

②大修理费：指施工机械按规定的大修理间隔台班进行必要的大修理，以恢复其正常功能所需的费用。

③经常修理费：指施工机械除大修理以外的各级保养和临时故障排除所需的费用。包括为保障机械正常运转所需替换设备与随机配备工具附具的摊销和维护费用，机械运转中日常保养所需润滑与擦拭的材料费用及机械停滞期间的维护和保养费用等。

④安拆费及场外运费：安拆费指施工机械（大型机械除外）在现场进行安装与拆卸所需的人工、材料、机械和试运转费用以及机械辅助设施的折旧、搭设、拆除等费用；场外运费指施工机械整体或分体自停放地点运至施工现场或由一施工地点运至另一施工地点的运输、装卸、辅助材料及架线等费用。

⑤人工费：指机上司机（司炉）和其他操作人员的人工费。

⑥燃料动力费：指施工机械在运转作业中所消耗的各种燃料及水、电等。

⑦税费：指施工机械按照国家规定应缴纳的车船使用税、保险费及年检费等。

2）仪器仪表使用费

是指工程施工所需使用的仪器仪表的摊销及维修费用。

4. 企业管理费

是指建筑安装企业组织施工生产和经营管理所需的费用。内容包括：

①管理人员工资：是指按规定支付给管理人员的计时工资、奖金、津贴补贴、加班加点工资及特殊情况下支付的工资等。

②办公费：是指企业管理办公用的文具、纸张、账表、印刷、邮电、书报、办公软件、现场监控、会议、水电、烧水和集体取暖降温（包括现场临时宿舍取暖降温）等费用。

③差旅交通费：是指职工因公出差、调动工作的差旅费、住勤补助费，市内交通费和误餐补助费，职工探亲路费，劳动力招募费，职工退休、退职一次性路费，工伤人员就医路费，工地转移费以及管理部门使用的交通工具的油料、燃料等费用。

④固定资产使用费：是指管理和试验部门及附属生产单位使用的属于固定资产的房屋、设备、仪器等的折旧、大修、维修或租赁费。

⑤工具用具使用费：是指企业施工生产和管理使用的不属于固定资产的工具、器具、家具、交通工具和检验、试验、测绘、消防用具等的购置、维修和摊销费。

⑥劳动保险和职工福利费：是指由企业支付的职工退职金、按规定支付给离

休干部的经费，集体福利费、夏季防暑降温、冬季取暖补贴、上下班交通补贴等。

⑦劳动保护费：是企业按规定发放的劳动保护用品的支出。如工作服、手套、防暑降温饮料以及在有碍身体健康的环境中施工的保健费用等。

⑧检验试验费：是指施工企业按照有关标准规定，对建筑以及材料、构件和建筑安装物进行一般鉴定、检查所发生的费用，包括自设试验室进行试验所耗用的材料等费用。不包括新结构、新材料的试验费，对构件做破坏性试验及其他特殊要求检验试验的费用和建设单位委托检测机构进行检测的费用，对此类检测发生的费用，由建设单位在工程建设其他费用中列支。但对施工企业提供的具有合格证明的材料进行检测不合格的，该检测费用由施工企业支付。

⑨工会经费：是指企业按《工会法》规定的全部职工工资总额比例计提的工会经费。

⑩职工教育经费：是指按职工工资总额的规定比例计提，企业为职工进行专业技术和职业技能培训，专业技术人员继续教育、职工职业技能鉴定、职业资格认定以及根据需要对职工进行各类文化教育所发生的费用。

⑪财产保险费：是指施工管理用财产、车辆等的保险费用。

⑫财务费：是指企业为施工生产筹集资金或提供预付款担保、履约担保、职工工资支付担保等所发生的各种费用。

⑬税金：是指企业按规定缴纳的房产税、车船使用税、土地使用税、印花税等。

⑭其他：包括技术转让费、技术开发费、投标费、业务招待费、绿化费、广告费、公证费、法律顾问费、审计费、咨询费、保险费等。

5. 利润

是指施工企业完成所承包工程获得的盈利。

6. 规费

是指按国家法律、法规规定，由省级政府和省级有关权力部门规定必须缴纳或计取的费用。包括：

1）社会保险费

①养老保险费：是指企业按照规定标准为职工缴纳的基本养老保险费。

②失业保险费：是指企业按照规定标准为职工缴纳的失业保险费。

③医疗保险费：是指企业按照规定标准为职工缴纳的基本医疗保险费。

④生育保险费：是指企业按照规定标准为职工缴纳的生育保险费。

⑤工伤保险费：是指企业按照规定标准为职工缴纳的工伤保险费。

2）住房公积金

是指企业按规定标准为职工缴纳的住房公积金。

3）工程排污费

是指按规定缴纳的施工现场工程排污费。

其他应列而未列入的规费，按实际发生计取。

7．税金

是指国家税法规定的应计入建筑安装工程造价内的营业税、城市维护建设税、教育费附加以及地方教育附加。

1.2.4.2　按造价形成划分

建筑安装工程费按照工程造价形成由分部分项工程费、措施项目费、其他项目费、规费、税金组成，分部分项工程费、措施项目费、其他项目费包含人工费、材料费、施工机具使用费、企业管理费和利润。

1．分部分项工程费

是指各专业工程的分部分项工程应予列支的各项费用。

1）专业工程

是指按现行国家计量规范划分的房屋建筑与装饰工程、仿古建筑工程、通用安装工程、市政工程、园林绿化工程、矿山工程、构筑物工程、城市轨道交通工程、爆破工程等各类工程。

2）分部分项工程

指按现行国家计量规范对各专业工程划分的项目。如房屋建筑与装饰工程划分的土石方工程、地基处理与桩基工程、砌筑工程、钢筋及钢筋混凝土工程等。

各类专业工程的分部分项工程划分见现行国家或行业计量规范。

2．措施项目费

是指为完成建设工程施工，发生于该工程施工前和施工过程中的技术、生活、安全、环境保护等方面的费用。内容包括：

1）安全文明施工费

①环境保护费：是指施工现场为达到环保部门要求所需要的各项费用。

②文明施工费：是指施工现场文明施工所需要的各项费用。

③安全施工费：是指施工现场安全施工所需要的各项费用。

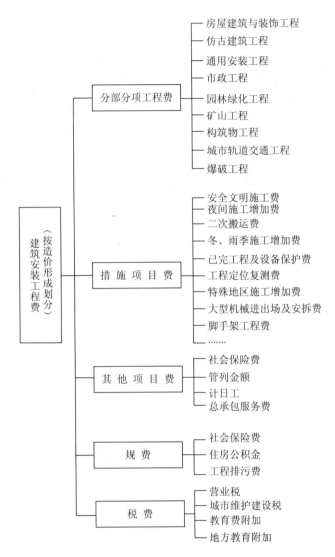

图 1-5　建筑安装工程费用构成（按造价形式划分）

　　④临时设施费：是指施工企业为进行建设工程施工所必须搭设的生活和生产用的临时建筑物、构筑物和其他临时设施费用。包括临时设施的搭设、维修、拆除、清理费或摊销费等。

　　2）夜间施工增加费

　　是指因夜间施工所发生的夜班补助费、夜间施工降效、夜间施工照明设备摊销及照明用电等费用。

3）二次搬运费

是指因施工场地条件限制而发生的材料、构配件、半成品等一次运输不能到达堆放地点，必须进行二次或多次搬运所发生的费用。

4）冬、雨季施工增加费

是指在冬季或雨季施工需增加的临时设施、防滑、排除雨雪，人工及施工机械效率降低等费用。

5）已完工程及设备保护费

是指竣工验收前，对已完工程及设备采取的必要保护措施所发生的费用。

6）工程定位复测费

是指工程施工过程中进行全部施工测量放线和复测工作的费用。

7）特殊地区施工增加费

是指工程在沙漠或其边缘地区、高海拔、高寒、原始森林等特殊地区施工增加的费用。

8）大型机械设备进出场及安拆费

是指机械整体或分体自停放场地运至施工现场或由一个施工地点运至另一个施工地点，所发生的机械进出场运输及转移费用及机械在施工现场进行安装、拆卸所需的人工费、材料费、机械费、试运转费和安装所需的辅助设施的费用。

9）脚手架工程费

是指施工需要的各种脚手架搭、拆、运输费用以及脚手架购置费的摊销（或租赁）费用。

措施项目及其包含的内容详见环境工程的现行国家或行业计量规范。

3．其他项目费

①暂列金额：是指建设单位在工程量清单中暂定并包括在工程合同价款中的一笔款项。用于施工合同签订时尚未确定或者不可预见的所需材料、工程设备、服务的采购，施工中可能发生的工程变更、合同约定调整因素出现时的工程价款调整以及发生的索赔、现场签证确认等的费用。

②计日工：是指在施工过程中，施工企业完成建设单位提出的施工图纸以外的零星项目或工作所需的费用。

③总承包服务费：是指总承包人为配合、协调建设单位进行的专业工程发包，对建设单位自行采购的材料、工程设备等进行保管以及施工现场管理、竣工资料

汇总整理等服务所需的费用。

4．规费

定义同构成要素划分。

5．税金

定义同构成要素划分。

1.3　环境工程计价模式

1.3.1　定额计价模式（传统计价模式）

在我国，长期以来在工程价格形成中采用定额计价模式，亦称工料单价法，是指根据招标文件，按照省级建设行政主管部门发布的建设工程计价定额中的工程量计算规则，同时参考省级建设行政主管部门发布的人工工日单价、机械台班单价、材料和设备价格信息及同期市场价格，计算出人工费、材料费、施工机械使用费，然后按照规定的建设方法计算企业管理费、利润、规费和税金，汇总确定建筑安装工程造价的计价方法，也是我国传统的工程造价计价方法，是相对于工程量清单的一种工程造价计价模式。

定额计价模式，是在我国计划经济时期及计划经济向市场经济转型时期，所采用的行之有效的计价模式。按定额计价模式确定的工程造价，在一定程度上体现了工程造价的规范性、统一性和合理性。但对市场竞争有一定的抑制作用，不利于促进施工企业改进技术、加强管理、提高劳动效率和市场竞争力。定额计价模式现在已被取消使用。

1.3.2　工程量清单计价模式（现行计价模式）

1.3.2.1　工程量清单计价模式定义

工程量清单计价模式亦称综合单价法，是指建设工程招投标中，招投标人按照国家统一的《建设工程工程量清单计价规范》（GB 50500—2013），提供工程数量清单，由投标人依据工程量清单计算所需的全部费用，包括分部分项工程费、措施费、其他项目费、规费和税金，自主报价，并按照经评审合理低价中标的工程造价计价模式。

工程量清单计价方式，是在建设工程招投标中，招标人自行或委托具有资质的中介机构编制反映工程实体消耗和措施性消耗的工程量清单，并作为招标文件的一部分提供给投标人，由投标人依据工程量清单自主报价的计价方式。在工程招标中采用工程量清单计价是国际上较为通行的做法。

1.3.2.2 工程量清单计价模式意义

工程造价管理改革的取向是通过市场机制进行资源配置和生产力布局，而价格机制是市场机制的核心，价格形成机制的改革又是价格改革的中心，因此在造价管理改革中计价模式的改革尤为重要，环境工程造价管理改革不可能游离于国家经济体制改革之外，所以建立以市场为取向由市场形成工程造价的机制也是环境工程造价体制改革的核心环节之一和必然之路。

我国加入 WTO 后，将有一些国外大的投资商进入中国来争占我国巨大的投资市场，我们也同时利用"入世"的机遇到国外去投资和经营项目，"入世"意味着必须按照国际公认的游戏规则动作，我们过去习惯的与国际不通用的方法必须做出重大调整。FIDIC 条款已为各国投资商及世界银行、亚洲银行等金融机构所普遍认可，成为国际性的工程承包合同文本，"入世"后必将成为我国工程招标文件的主要支撑内容。综观世界各国的招标计价办法，绝大多数国家均采用最具竞争性的工程量清单计价方法。国内利用国际贷款项目的招投标也都实行工程量清单计价。因此，为了与国际接轨就必须推广采用工程量清单即实物工程量计价模式。

为此，《建设事业"十五"计划纲要》提出，"在工程建设领域推行工程量清单招标报价方式，建立工程造价市场形成和有效监督管理机制。"这是建设工程承发包市场行为规范化、法制化的一项改革性措施，也是我国工程计价模式与国际接轨的一项具体举措，我国建设项目全面推行工程量清单招标报价也是大势所趋，如果我们不学习和研究工程量清单计价，总包单位无法参与投标，业主无法招标，咨询单位无法编标计价，一句话：无法介入项目和市场。可见学习和研究工程量清单计价的必要性、迫切性和意义所在。

1.3.2.3 工程量清单计价模式特征

工程量清单报价是指在建设工程投标时，招标人依据工程施工图纸，按照招标文件的要求，按现行的工程量计算规则为投标人提供工程量项目和技术措施项目的数量清单，供投标单位逐项填写单价，并计算出总价，再通过评标，最后确定合同价。工程量清单报价作为一种全新的、较为客观合理的计价方式，它有以下几方面特征，能够消除以往计价模式的一些弊端：

①工程量清单均采用综合单价形式，综合单价中包括了工程直接费、间接费、管理费、风险费、利润、国家规定的各种规费等，一目了然，更适合工程的招投标。

②工程量清单报价要求投标单位根据市场行情、自身实力报价，这就要求投标人注重工程单价的分析，在报价中反映出本投标单位的实际能力，从而能在招投标工作中体现公平竞争的原则，选择最优秀的承包商。

③工程量清单具有合同化的法定性，本质上是单价合同的计价模式，中标后的单价一经合同确认，在竣工结算时是不能调整的，即量变价不变。

④工程量清单报价详细地反映了工程的实物消耗和有关费用，因此易于结合建设项目的具体情况，变以预算定额为基础的静态计价模式为将各种因素考虑在单价内的动态计价模式。

⑤工程量清单报价有利于招投标工作，避免招投标过程中有盲目压价、弄虚作假、暗箱操作等不规范行为。

⑥工程量清单报价有利于项目的实施和控制，报价的项目构成、单价组成必须符合项目实施要求，工程量清单报价增加了报价的可靠性，有利于工程款的拨付和工程造价的最终确定。

⑦工程量清单报价有利于加强工程合同的管理，明确承发包双方的责任，实现风险的合理分担，即量由发包方或招标方确定，工程量的误差由发包方承担，工程报价的风险由投标方承担。

⑧工程量清单报价将推动计价依据的改革发展，推动企业编制自己的企业定额，提高自己的工程技术水平和经营管理能力。

工程量清单计价模式的详细内容见本书第 8 章相关章节。

1.4　计价规范

1.4.1　《建设工程工程量清单计价规范》

《建设工程工程量清单计价规范》（GB 50500—2013）是 2013 年 7 月 1 日中华人民共和国住房和城乡建设部编写颁发的文件。内容根据《中华人民共和国建筑法》《中华人民共和国合同法》《中华人民共和国招投标法》等法律以及最高人民法院《关于审理建设工程施工合同纠纷案件适用法律问题的解释》（法释〔2004〕14 号），按照我国工程造价管理改革的总体目标，本着国家宏观调控、市场竞争形成价格的原则制定的。

1.4.2　《房屋建筑与装饰工程工程量计算规范》

《房屋建筑与装饰工程工程量计算规范》（GB 50584—2013）由住房和城乡建设部以第 1568 号公告发布，自 2013 年 7 月 1 日实施。其中 8 条（款）为强制性条文，必须严格执行。本规范适用于工业与民用的房屋建筑与装饰工程发包承包及实施阶段计价活动中的工程计量和工程量清单编制。

1.4.3　《通用安装工程计量规范》

《通用安装工程计量规范》（GB 500854—2013）内容包括：正文、附录、条文说明共三个部分。其中：正文包括：总则、术语、一般规定、分部分项工程、措施项目等，共计 26 项条款。

1.4.4　《市政工程计量规范》

《市政工程计量规范》（GB 500857—2013）为规范工程造价计量行为，统一市政工程量清单的编制、项目设置和计量规则，制定。本规范适用于市政工程施工发承包计价活动中的工程量清单编制和工程量计算。

第2章 环境工程施工图认读

施工图，是表示工程项目总体布局，建筑物、构筑物的外部形状、内部布置、结构构造、内外装修、材料做法以及设备、施工等要求的图样。施工图具有图纸齐全、表达准确、要求具体的特点，是进行工程施工、编制施工图预算和施工组织设计的依据，也是进行技术管理的重要技术文件。

环境工程施工图通常包括建筑施工图、结构施工图和设备施工图等内容，对于从事工程造价工作的工程技术人员应掌握其认读方法，了解内容和用途，以便开展相关工作。

2.1 常见图纸符号认读

为了统一房屋建筑制图规则，保证制图质量，提高制图效率，做到图面清晰、简明，符合设计、施工、存档的要求，适应工程建设的需要，施工图需要按照国家标准进行绘制。相关标准中对总图、建筑、结构、给水排水、暖通空调、电气等各专业图纸符号进行了规定。

2.1.1 建筑施工图常见图纸符号

建筑施工图需要遵守《房屋建筑制图统一标准》（GB/T 50001—2010）和《建筑制图标准》（GB 50104—2010）。

2.1.1.1 图线

建筑施工图主要采用的线型、线宽和用途，见表2-1。线型实例见图2-1。

表 2-1 线型

名称	线宽	线型	一般用途
粗实线	b	——————————	主要可见轮廓线
中粗实线	0.7b	——————————	可见轮廓线
中实线	0.5b	——————————	可见轮廓线、尺寸线、变更云线
细实线	0.25b	——————————	图例填充线、家具线
中粗虚线	0.7b	– – – – – – –	不可见轮廓线
中虚线	0.5b	– – – – – – –	不可见轮廓线、图例线
细虚线	0.25b	– – – – – – –	图例填充线、家具线
细点画线	0.25b	— · — · — · —	中心线、对称线、轴线等
细双点画线	0.25b	— ·· — ·· — ·· —	假想轮廓线、成型前原始轮廓线
折断线	0.25b	~~~~	断开界面
波浪线	0.25b	～～～～	断开界面

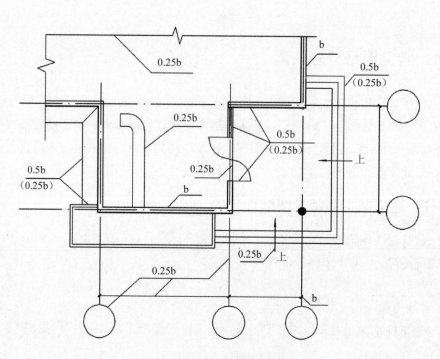

图 2-1　平面图图线及宽度使用示例

2.1.1.2 比例

建筑施工图所用的比例应根据图样的用途与被绘对象的复杂程度选择，并应优先采用表 2-2 中常用比例。

表 2-2 比例

常用比例	1：1、1：2、1：5、1：10、1：20、1：30、1：50、1：100、1：150、1：200、1：500、1：1 000、1：2 000
可用比例	1：3、1：4、1：6、1：15、1：25、1：40、1：60、1：80、1：250、1：300、1：400、1：600、1：5 000、1：10 000、1：20 000、1：50 000、1：100 000、1：200 000

一般情况下，一个图样中只有一种比例，但根据专业制图需要，有时可选用两种比例。

2.1.1.3 常用符号和图例

由于建筑的总平面图、平面图、立面图和剖面图的比例较小，图形复杂，为了让图样认读更有条理、更清晰，对图样设置部分说明性标注，如定位轴线、引出线、索引线等；部分物体较小不能按实际投影绘制，则用不同图例来表示。

1. 定位轴线

定位轴线是施工图设计和读图时定位的重要依据，是施工中墙身砌筑、柱梁浇筑、构件安装等定位、放线的依据。一般情况下，主要承重构件，应绘制水平和竖向定位轴线，并编注轴线号，对非承重墙或次要承重构件，编写附加定位轴线。

定位轴线的编号：

①横向定位轴线编号用阿拉伯数字，自左向右顺序编写；

②纵向定位轴线编号用拉丁字母（除 I、O、Z），自下而上顺序编写。

平面图上定位轴线的编号，宜标注在图样的下方与左侧。在两轴线之间，有的需要用附加轴线表示，附加轴线用分数编号。平面图分区时，轴线编号则在数字或字母前加注"区号—"表示。

③对于详图上的轴线编号，若该详图同时适用多根定位轴线，则应同时注明各有关轴线的编号。

定位轴线编号方法、附件定位轴线编号方法和详图的轴线编号见图 2-2、图

2-3 和图 2-4。

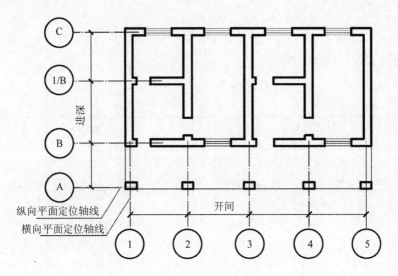

图 2-2　定位轴线及编号

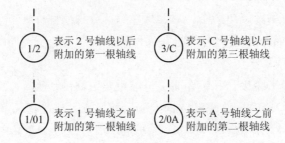

图 2-3　附加定位轴线的编号

图 2-4　详图的轴线编号

2. 引出线

引出线是对图样上某些部位引出作文字说明、尺寸标注和索引详图等用的，应以细实线绘制。可采用水平方向的直线或者水平方向长 30°、45°、60°、90°的直线和折线。

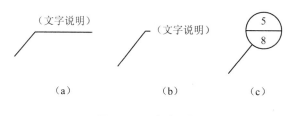

（a）　　　　　　　（b）　　　　　　　（c）

图 2-5　引出线示例

3．索引符号与详图符号

当需要绘制详图表示某些重要局部时，由索引符号和详图符号引出，对需用详图表达部分应标注索引符号，并在所绘详图处标注详图符号。

①索引符号由直径为 10mm 的圆和其水平直径组成，圆及其水平直径均应以细实线绘制。

②索引符号如用于索引剖面详图，应在被剖切的部位绘制剖切位线，并以引出线引出索引符号，引出线所在的一侧为投射方向。

索引符号与详图符号见表 2-3。

表 2-3　索引符号与详图符号

名称	符号	说明
详图的索引符号	⑤——详图的编号 ——详图在本张图纸上 ——⑤——局部剖面详图的编号 ——剖面详图在本张图纸上	细实线单圆圈直径应为 10mm、详图在本张图纸上、剖开后从上往下投影
	5/4——详图的编号 ——详图所在的图纸编号 ——5/4——局部剖面详图的编号 ——剖面详图所在的图纸编号	详图不在本张图纸上、剖开后从下往上投影

名称	符号	说明
详图的索引符号	J103　标准图册编号 5　标准详图编号 4　详图所在的图纸编号	标准详图
详图的符号	5　——详图的编号	粗实线单圆圈直径应为 14 mm、被索引的在本张图纸上
详图的符号	5　——详图的编号 2　——被索引的图纸编号	被索引的不在本张图纸上

4．标高符号

标高是标注建筑物高度方向的一种尺寸形式，以米为单位。分为绝对标高、相对标高和建筑标高。绝对标高：以青岛附近黄海平均海平面为零点测出的高度尺寸，它仅使用在建筑总平面图中。相对标高：以建筑物底层室内地面为零点测出的高度尺寸。建筑标高：指楼地面、屋面等装修完成后构件的表面的标高。如楼面、台阶顶面等标高。

结构标高：指结构构件未经装修的表面的标高。如圈梁底面、梁顶面等标高。标高示例见图 2-6。

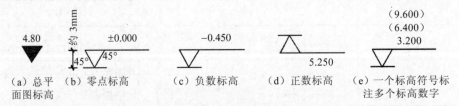

图 2-6　标高符号及标高数字的注写

5．图例

1）常见建筑材料

包括石材、木材、金属、混凝土等，图例见表 2-4。

表 2-4　常见建筑材料图例

名称	图例	名称	图例
自然土壤		普通砖	
夯实土壤		金属	
砂、灰土	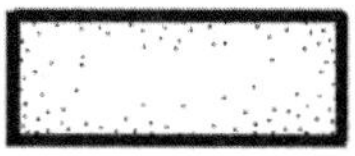		
砂、砾石、碎砖三合土		多孔材料	
石材	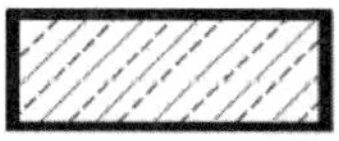	木材	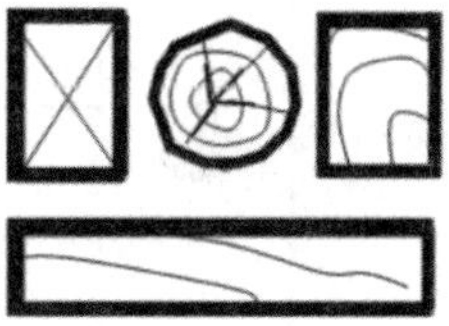
混凝土			
钢筋混凝土	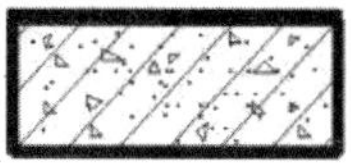	胶合板	

2）构造及配件

图例见表 2-5。

表 2-5　建筑构件图例

名称	图例及说明	名称	图例及说明
墙体	 ①上图为外墙，下图为内墙 ②外墙细线表示有保温层或有幕墙 ③应加注文字或涂色或图案填充表示各种材料的墙体 ④在各层平面图中防火墙宜着重以特殊图案填充表示	隔断	 ①加注文字或涂色或图案填充表示各种材料的轻质隔断 ②适用于到顶与不到顶隔断

名称	图例及说明	名称	图例及说明
玻璃幕墙	幕墙龙骨是否表示由项目设计决定	栏杆	
楼梯	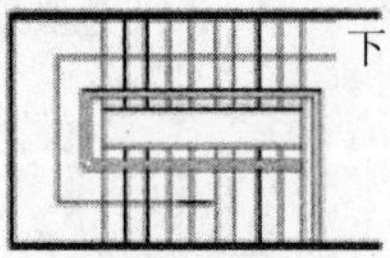 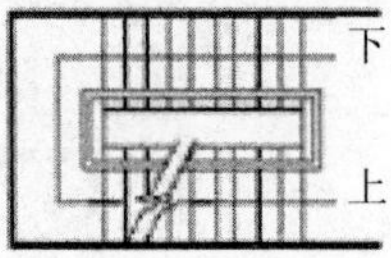  ①上图为顶层楼梯平面，中图为中间层楼梯平面，下图为底层楼梯平面 ②需设置靠墙扶手或中间扶手时，应在图中表示	坡	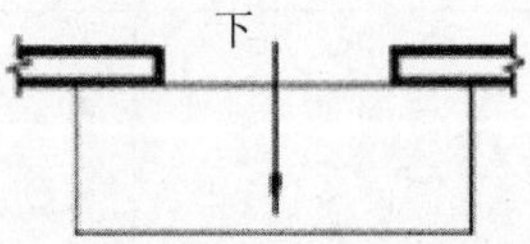 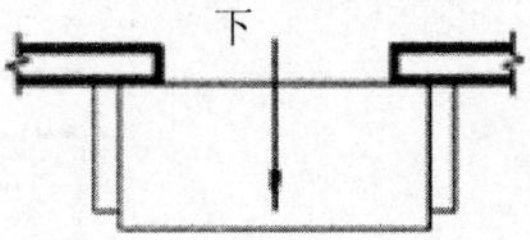 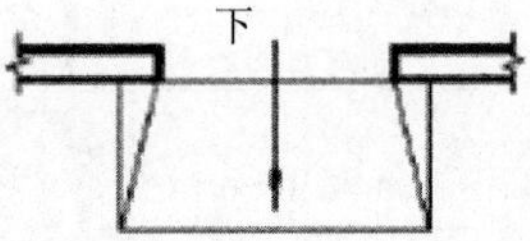 上图为两侧垂直的门口坡道，中图为有挡墙的门口坡道，下图为两侧找坡的门口坡道
坡道	 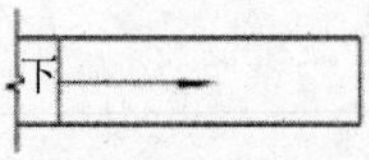 长坡道	台阶	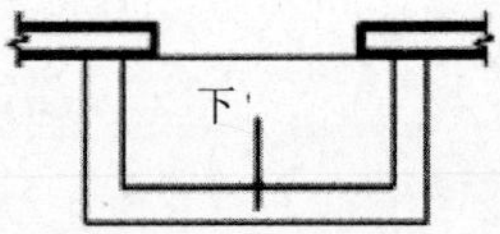

名称	图例及说明	名称	图例及说明
平面高差	xx↓ xx↓ 用于高差小的地面或楼面交界处，并应与门的开启方向协调	检查口	左图为可见检查口，右图为不可见检查口
孔洞	阴影部分亦可填充灰度或涂色代替	坑槽	
风道		烟道	

①阴影部分亦可涂色代替

②烟道、风道与墙体为相同材料，其相接处墙身线应连通

③烟道、风道根据需要增加不同材料的内衬

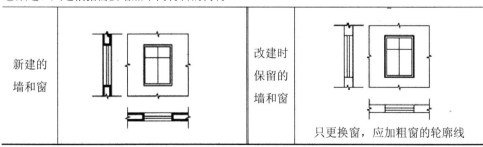

新建的墙和窗		改建时保留的墙和窗	只更换窗，应加粗窗的轮廓线

名称	图例及说明	名称	图例及说明
拆除的墙		改建时在原有墙或楼板新开的洞	
单扇平开或单向弹簧门		单扇平开或双向弹簧门	
单面开启双扇门（平开或单面弹簧）		双层单扇平开门	
双层双扇平开门		双面开启双扇门（平开或双面弹簧）	

名称	图例及说明	名称	图例及说明
折叠门	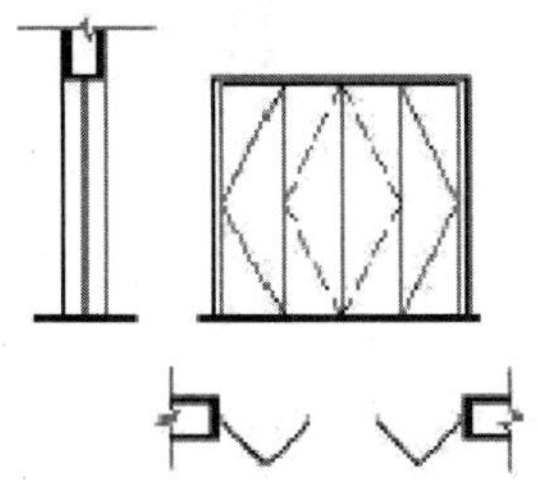	推拉折叠门	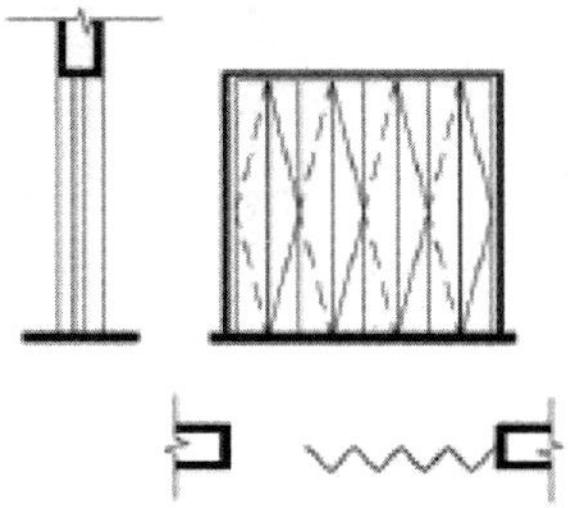
墙洞外双扇拖拉门	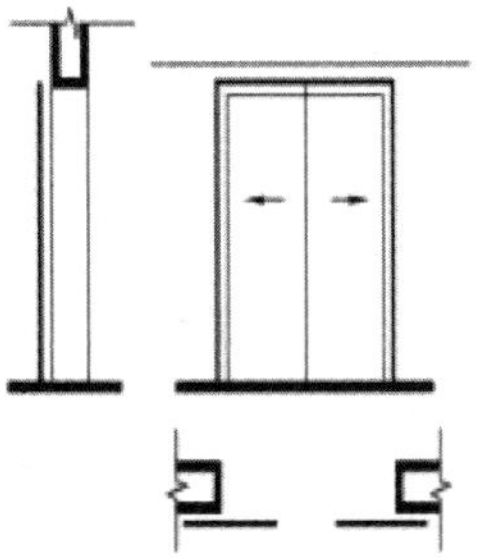	墙中单扇推拉门	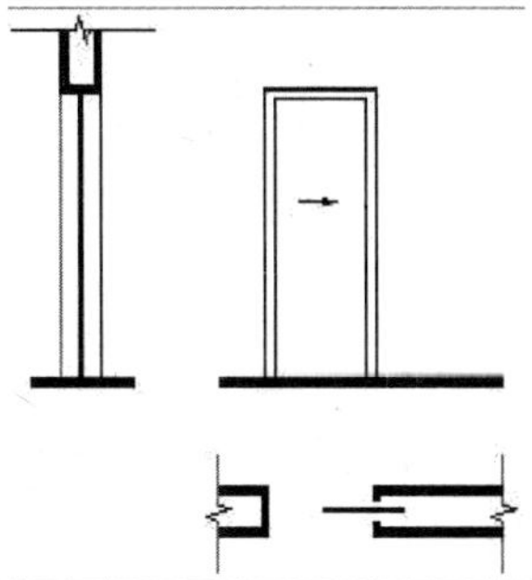
	①门的名称代号用 M 表示 ②平面图中，下为外，上为内门开启线为 90°、60° 或 45° ③立面图中，开启线实线为外开，虚线为内开。开启线交角的一侧为安装合页一侧。开启线在建筑立面图中可不表示，在立面大样图中可根据需要绘出 ④剖面图中，左为外，右为内 ⑤附加纱扇应以文字说明，在平、立、剖面图中均不表示 ⑥立面形式应按实际情况绘制		
竖向卷帘门	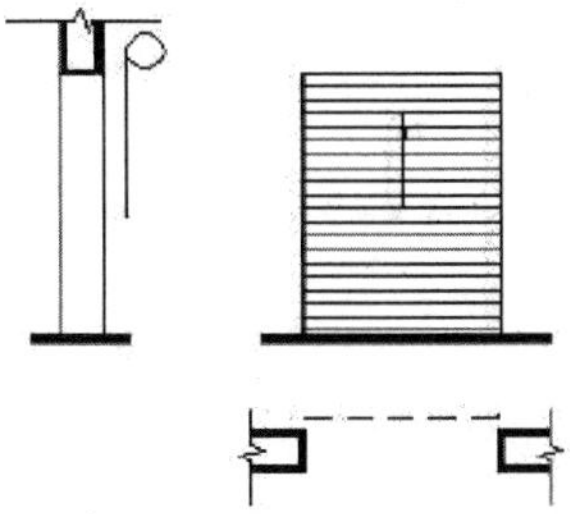 ①门的名称代号按人防要求表示 ②立面形式应按实际情况绘制	空门洞	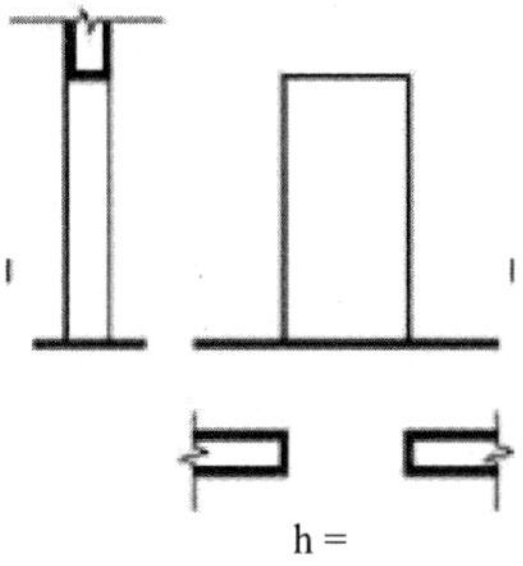 h = h 为门洞高度

名称	图例及说明	名称	图例及说明
固定窗	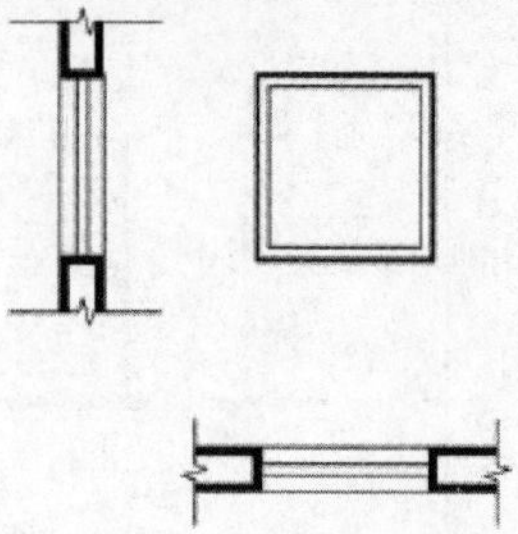	上悬窗	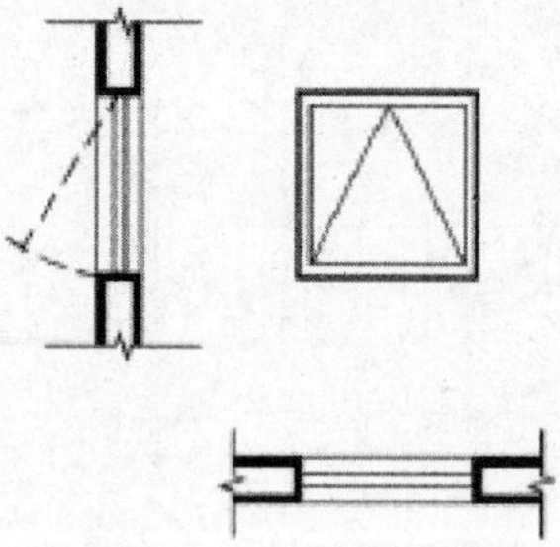
内开平开内倾窗	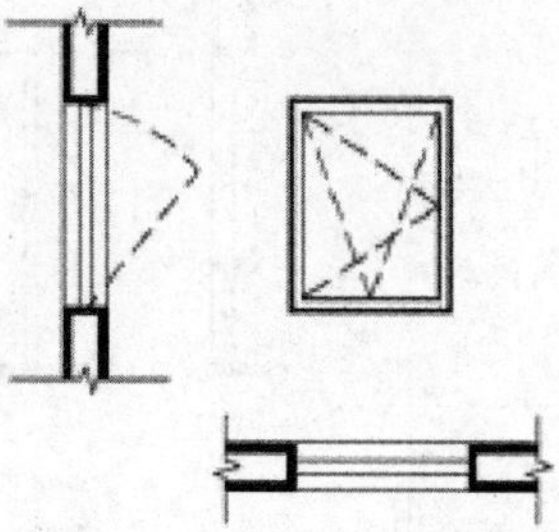	单层外开平开窗	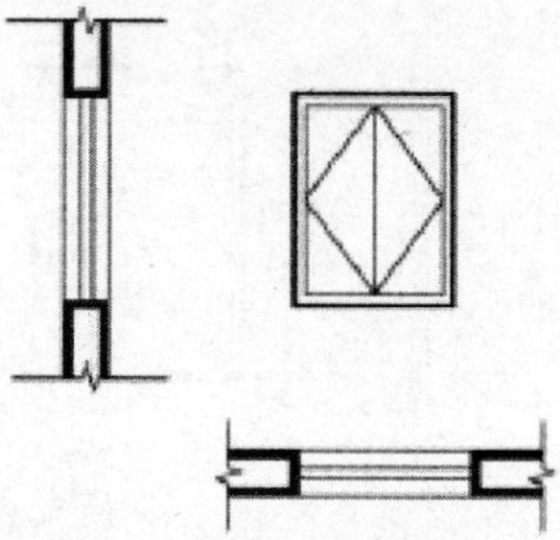
单层推拉窗	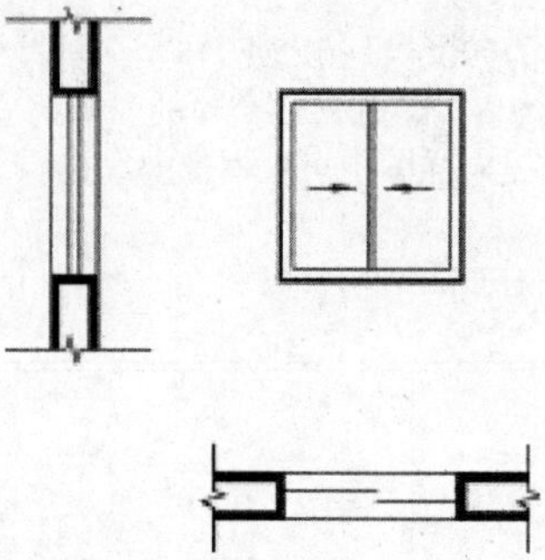	上推窗	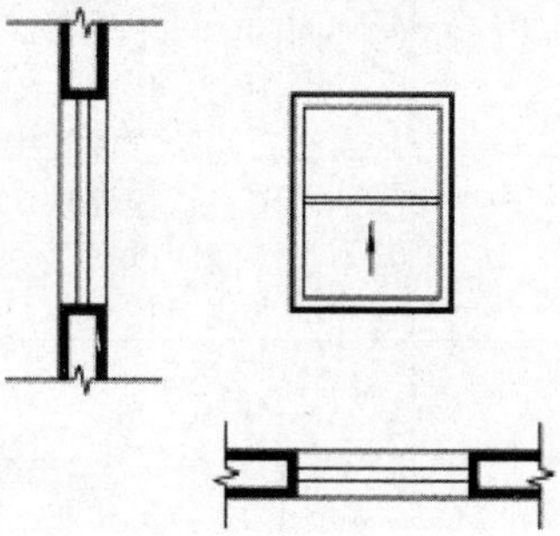

①窗的名称代号用 C 表示

②平面图中，下为外，上为内

③立面图中，开启线实线为外开，虚线为内开。开启线交角的一侧为安装合页一侧。开启线在建筑立面图中可不表示，在门窗立面大样图中需绘出

④剖面图中，左为外，右为内，虚线仅表示开启方向，项目设计不表示

⑤附加纱窗应以文字说明，在平、立、剖面图中均不表示

⑥立面形式应按实际情况绘制

3）水平及垂直运输

图例见表 2-6。

表 2-6　水平及垂直运输装置图例

名称	图例	名称	图例
起重机轨道		传送带	传送带的形式多种多样,项目设计图均按实际情况绘制,本图例仅为代表
梁式悬挂起重机	$Gn\ =\ (t)$ $S\ =\ (m)$ ①上图表示里面（或剖切面），下图表示平面 ②本图例的符号说明：Gn—起重机起重量，以吨（t）计算，S—起重机的跨度或臂长，以米（m）计算	手、电动葫芦	$Gn\ =\ (t)$
		龙门式起重机	$Gn\ =\ (t)$ $S\ =\ (m)$
电梯		杂物梯、食梯	
	①电梯应注明类型，并按实际绘出门和平衡锤或导轨的位置 ②其他类型电梯应参照本图例按实际情况绘制		
自动扶梯	箭头为移动方向	自动人行道	

6. 其他符号

其他常见符号见表 2-7。

表 2-7　常见建筑图符号

名称	图形	用途
连接符号		对于较长的构件,当其长度方向的形状相同或按一定规律变化时,可断开绘制,断开处应用连接符号表示
折断符号	 （a）直线折断　　（b）曲线折断	①直线折断:当图形采用直线折断时,其折断符号为折断线,它经过被折断的图面 ②曲线折断:对圆形构件的图形折断,其折断符号为曲线
对称符号	 （a）　　　　　（b）	当房屋施工图的图形完全对称时,可只画该图形的一半,并画出对称符号,以节省图纸篇幅
坡度		坡度用箭头表示,箭头应指向下坡方向,坡度的大小用数字注写在箭头上方

名称	图形	用途
指北针	北 D/8	在总平面图及底层建筑平面图上，一般都画有指北针，以指明建筑物的朝向
风向频率玫瑰图	N	用来表示该地区常年的风向频率和房屋的朝向。根据当地多年平均统计的各个方向吹风次数的百分数，按一定比例绘制的。风的吹向是指从外吹向中心。实线范围表示全年风向频率，虚线范围表示夏季风向频率

2.1.2　建筑总平面图常见图纸符号

总平面图是用正投影的原理绘制的，总平面图根据《总图制图标准》（GB/T 50103—2001）中的规定对建筑总体进行设计，包括工程四周一定范围内的新建、拟建、原有和拆除的建筑物、构筑物连同其周围的地形、地貌状况的工程图样。

2.1.2.1　总平面图线型

总平面图线型的用途与建筑结构图有所区别，具体见表 2-8。

表 2-8　总平面图线型

名称	线型	线宽	用途
粗实线	———————	b	①新建建筑物±0.00 高度的可见轮廓线 ②新建的铁路、管线

名称	线型	线宽	用途
中实线	——————	0.5b	①新建构筑物、道路、桥涵、边坡、围墙、露天堆场、运输设施、挡土墙的可见轮廓线 ②场地、区域分界线、用地红线、建筑红线、尺寸起止符号、河道蓝线 ③新建建筑物±0.00 高度的可见轮廓线
细实线	——————	0.25b	①新建道路路肩、人行道、排水沟、树丛、草地、花坛的可见轮廓线 ②原有（包括保留和拟拆除的）建筑物、构筑物、铁路、道路、桥涵、围墙的可见轮廓线 ③坐标网线、图例线、尺寸线、尺寸界线、引出线、索引符号等
粗虚线	– – – – – – – –	b	新建建筑物、构筑物的不可见轮廓线
中虚线	- - - - - - - - - - - -	0.5b	①计划扩建建筑物、构筑物、预留地、铁路、道路、桥涵、围墙、运输设施、管线的轮廓线 ②洪水淹没线
细虚线	....	0.25b	原有建筑物、构筑物、铁路、道路、桥涵、围墙的不可见轮廓线
粗单点画线	— · — · — · — ·	b	露天矿开采边界线
中单点画线	— · — · — · — ·	0.5b	土方填挖区的零点线
细单点画线	— · — · — · — ·	0.25b	分水线、中心线、对称线、定位轴线
粗双点画线	— · · — · · — · ·	b	地下开采区塌落界线

环境工程施工图总图比例通常选择 1∶500、1∶1 000、1∶2 000、1∶5 000、1∶10 000、1∶25 000 等比例，单位为 m，详图以 mm 为单位。

2.1.2.2 总平面图图例

总图常见图例见表 2-9。

表 2-9 总平面常见图例

序号	名称	图例	说明
1	新建建筑物	8	①需要时，可用▲表示出入口，可在图形内右上角用点数或数字表示层数 ②建筑物外形（一般以±0.00高度处的外墙定位轴线或外墙面线为准）用粗实线表示。需要时，地面以上建筑用中粗实线表示，地面以下建筑用细虚线表示
2	原有建筑物		用细实线表示
3	计划扩建的预留地或建筑物		用中粗虚线表示
4	拆除的建筑物		用细实线表示
5	建筑下面的通道		
6	坐标	X115.00 Y300.00	测量坐标
		A135.50 B255.75	建筑坐标

序号	名称	图例	说明
7	护坡		下边线为虚线时表示填方
8	填挖护坡		边坡较长时,可在一端或两端局部表示
9	挡土墙	— — — — — — —	被挡土在突出的一侧
10	挡土墙上设围墙	— ■ ■ ■ —	被挡土在突出的一侧

2.1.2.3 总平面图坐标网格

总平面图通常按上北下南方向绘制。根据场地形状或布局,可向左或右偏转,偏转角度不超过 45º,总平面图中应绘制指北针或风玫瑰图。总平面图坐标网格见图 2-7。

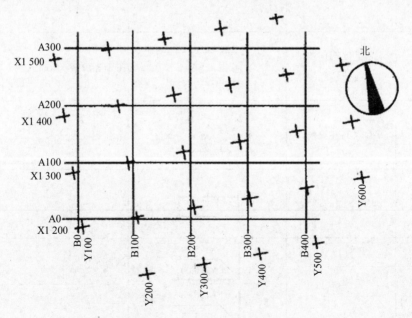

图 2-7 总平面图坐标网格

图中测量坐标网画成交叉十字线，坐标代号宜用"X、Y"表示；建筑坐标网应画成网格通线，坐标代号宜用"A、B"表示。坐标值为负数时，应注"–"号，为正数时，"+"号可省略。

2.1.2.4 总平面图尺寸标注和标高注法

总平面图中尺寸标注的内容包括：新建建筑物的总长和总宽；新建建筑物与原有建筑物或道路的间距；新增道路的宽度等。

标高有绝对标高和相对标高，应以含有±0.00标高的平面作为总平面图平面与建筑结构图原理相同。标高及坐标尺寸宜以 m 为单位，并保留至小数点后两位。总平面图标高注法见图 2-8。

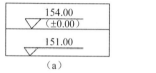
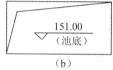

（a） （b）

图2-8 总平面图标高注法

2.1.3 结构施工图基础内容介绍

结构施工图是表示各承重构件的布置、形状、大小、材料、构造及其相互关系的图样。反映出建筑、给排水、暖通、电气设备等对结构的要求，主要用来作为施工放线，挖基槽、绑扎钢筋以及编制预算和施工组织设计等的依据。

2.1.3.1 结构施工图图线

结构施工图上图线的作用与建筑平面图、总平面图有所区别，具体表示内容见表 2-10。

表2-10 结构施工图图线

名称	线宽	线型	一般用途
粗实线	b	——————	螺栓、主钢筋线、结构平面布置图中的单线结构构件线、钢木支撑线
中粗实线	0.7b	——————	结构平面图及详图中剖到或可见的墙身轮廓线、基础轮廓线、钢、木结构轮廓线、箍筋线、板钢筋线

名称	线宽	线型	一般用途
细实线	0.25b	——	可见的钢筋混凝土构件的轮廓线、尺寸线、标高符号、索引符号
粗虚线	b	– – –	不可见的钢筋、螺栓线、结构平面图中的不可见的单线结构构件线及钢、木支撑线
中虚线	0.5b	-----	结构平面图中的管沟轮廓线、不可见的钢筋混凝土构件轮廓线
细虚线	0.25b	------	基础平面图中的管沟轮廓线、不可见的钢筋混凝土构件轮廓线。
粗点画线	b	—·—·—	柱间支撑、垂直支撑、设备基础轴线图中的中心线
细点画线	0.25b	—·—·—	中心线、对称线、定位轴线等
粗双点画线	b	—··—··—	预应力钢筋线
细双点画线	0.25b	—··—··—	原有结构轮廓线

2.1.3.2　常用构件代号

根据《建筑结构制图标准》（GB/T 50105—2001）规定将构件的名称用代号表示。表示方法为用构件名称的汉语拼音字母中的第一字母表示，如圈梁为 QL；过梁为 GL，具体见表 2-11。

表 2-11　常用构件代号

名称	代号	名称	代号	名称	代号
板	B	梁	L	托架	TJ
屋面板	WB	屋面梁	WL	框架	KJ
空心板	KB	吊车梁	DL	支架	ZJ
槽形板	CB	圈梁	QL	柱	Z
折板	ZB	过梁	GL	基础	J
密肋板	MB	连系梁	LL	桩	ZH
楼梯板	TB	基础梁	JL	梯	T
墙板	QB	楼梯梁	TL	雨篷	YP
天沟板	TGB	檩条	LT	阳台	YT
檐口板	YB	屋架	WJ	预埋件	M
柱间支撑	ZC	水平支撑	SC	垂直支撑	CC

2.1.3.3 混凝土和钢筋混凝土

1. 混凝土和钢筋混凝土型号

混凝土是由水泥、沙子、石子和水按一定比例构成的建筑材料，钢筋则是建筑工程中使用量最大的钢材品种之一，混凝土抗压能力强，抗拉能力差，受拉易断裂；而钢筋则相反，抗压能力差，抗拉能力强，因此钢筋混凝土可以结合两者优点，使用和设计时执行《混凝土结构设计规范》（GB 50010—2010）标准。

混凝土强度等级用 C×× 表示，包括 C15、C20、C25、C30、C35、C40、C45、C50、C55、C60、C65、C70、C75、C80，数值越高，等级越高，抗压能力越强。

混凝土结构的钢筋则按下列规定选用：

①纵向受力普通钢筋可采用 HRB400、HRB500、HRBF400、HRBF500、HRB335、RRB400、HPB300；梁、柱和斜撑构件的纵向受力普通钢筋宜采用 HRB400、HRB500、HRBF400、HRBF500 钢筋。

②箍筋宜采用 HRB400、HRBF400、HRB335、HPB300、HRB500、HRBF500 钢筋。

③预应力钢筋宜采用预应力钢丝、钢绞线和预应力螺纹钢筋。

钢筋名称、符号和相关数据见表 2-12 和表 2-13。

表 2-12 普通钢筋强度标准值

牌号	符号	公称直径	屈服强度标准值 f_{yk}/（N/mm²）	极限强度标准值 f_{stk}/（N/mm²）
HPB300	φ	6～14	300	420
HRB335	ϕ	6～14	335	455
HRB400	ϕ	6～50	400	540
HRBF400	ϕ^F			
RRB400	ϕ^R			
HRB500	Φ	6～50	500	630
HRBF500	Φ^F			

表 2-13　预应力钢筋强度标准值

单位：N/mm²

种类		符号	公称直径 d/mm	屈服强度标准值 f_{pyk}	极限强度标准值 f_{ptk}
中强度预应力钢丝	光面螺旋肋	ϕ^{PM} ϕ^{HM}	5、7、9	620	800
				780	970
				980	1 270
预应力螺纹钢筋	螺纹	Φ^{T}	18、25、32	785	980
				930	1 080
				1 080	1 230
消除应力钢丝	光面螺旋肋	ϕ^{P} ϕ^{H}	5	—	1 570
				—	1 860
			7	—	1 570
			9	—	1 470
				—	1 570
钢绞线	1×3 （三股）	Φ^{S}	8.6、10.8、12.9	—	1 570
				—	1 860
				—	1 960
	1×7 （七股）		9.5、12.7、15.2、17.8	—	1 720
				—	1 860
				—	1 960
			21.6	1 670	1 860

2．配筋图中钢筋的表示方法

钢筋在立面图中以粗实线表示，横断面中黑圆点表示，构件轮廓为细实线，钢筋的标注方法有两种：

①标注钢筋的根数和直径：$n\phi d$，n 表示钢筋的根数，ϕ 表示钢筋等级直径符号，d 表示钢筋的直径，单位为 mm。如 $4\phi20$。

②标注钢筋的种类、直径和相邻钢筋的中心距离：$\phi d@s$，ϕ 表示钢筋等级直径符号，d 表示钢筋的直径，单位为 mm，@表示相等中心距离，s 表示相邻钢筋的中心距离，单位为 mm。如 $\phi8@150$。

3. 钢筋常用图例

常用的钢筋图例见表 2-14。

表 2-14　常见钢筋图例

名称	图例	名称	图例
钢筋横断面	●	无弯钩的钢筋搭接	
无弯钩的钢筋端部	 下图表示长、短钢筋投影重叠时，短钢筋的端部用 45° 斜划线表示	带半圆弯钩的钢筋搭接	
带半圆形弯钩的钢筋端部		带直钩的钢筋搭接	
带直钩的钢筋端部		花篮螺丝钢筋接头	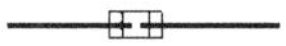
带丝扣的钢筋端部		机械连接的钢筋接头	 用文字说明机械连接的方式

钢筋在混凝土构件中的位置不同，所起作用也不同，受力筋（包括弯起筋）在梁、板、柱中主要起抗拉、抗弯、抗剪、抗压作用；架立筋与箍筋在梁中固定受力筋的位置，起抗剪作用；分布筋固定板中受力筋的位置，起将力均匀分布的作用。

因构造或施工需要而设置在混凝土中的其他钢筋有锚固钢筋、腰筋、构造筋、吊筋等。钢筋在构件中的名称见图 2-9。

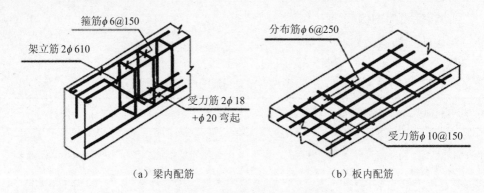

（a）梁内配筋　　　　　　　（b）板内配筋

图 2-9　钢筋混凝土构建配筋

2.1.4　给排水设备施工图图例

2.1.4.1　给排水设备施工图线型

给排水施工图线型具体见表 2-15。

表 2-15　给排水施工图线型

名　称	线　型	线　宽	用　途
粗实线	——————	b	新建各种给水管道线
中实线	——————	0.5b	给水排水设备、构件的可见轮廓线；原有的各种给水排水管道线
细实线	——————	0.25b	平面图、剖面图中被剖切的建筑构造的可见轮廓线，原有建筑物、构筑物的可见轮廓；尺寸线、尺寸界线、引出线、标高符号线、较小图形的中心线等
粗虚线	— — — —	b	新建各种排水管道线
中虚线	- - - - - - - -	0.5b	给水排水设备、构件的不可见轮廓线；新建建筑物、构筑物的不可见轮廓线、原有的给排水管道线
细虚线	- - - - - - - - - -	0.25b	原有建筑物、构筑物、铁路、道路、桥涵、围墙的不可见轮廓线
细单点画线	- · - · - · - · -	0.25b	分水线、中心线、对称线、定位轴线

环境工程给排水施工图比例通常选择 1：50、1：100、1：200 等比例，单位为 mm。

2.1.4.2　给排水施工图图例认读

环境工程中污水处理工程是为了解决人们生活、生产、消防用水和废水排放、处理污水的工程，包括室外给水、室外排水和室内给排水三个部分，主要由管道、配件、泵站、水处理设备等组成。

给排水涉及的管道、卫生器具、设备较多，在施工图中按《给水排水制图标准》（GB/T 50106—2001）绘制。给水排水工程图中的管道、管道附件、管道连接、管件、阀门、给水配件、消防设施、卫生设备及水池、小型给排水构筑物、给水排水设备、仪表等常用图例分见表 2-16 至表 2-26。

表 2-16　常用管道图例

名　称	图　例	名　称	图　例
生活给水管	—— J ——	压力污水管	——YW——
热水给水管	—— RJ ——	雨水管	—— Y ——
热水回水管	——RH——	压力雨水管	——YY——
中水给水管	—— ZJ ——	膨胀管	—— PZ ——
循环给水管	—— XJ ——	保温管	〰〰〰
循环回水管	—— Xh ——	多孔管	
热媒给水管	—— RM ——	地沟管	
热媒回水管	——RMH——	防护套管	

名　称	图　例	名　称	图　例
废水管	—— F —— 可与中水源水管合用	管道立管	XL–1　　XL–1 平面　　系统 X：管道类别 L：立管 1：编号
蒸汽管	—— Z ——		
凝结水管	—— N ——	伴热管	
压力废水管	——YF—	空调凝结水管	——KN——
通气管	—— T ——	排水明沟	坡向 —→
污水管	—— W ——	排水暗沟	坡向 —→

注：分区管道用加注角标方式表示：如 J_1、J_2、RJ_1、RJ_2……

表 2-17　管道附件图例

名　称	图　例	名　称	图　例
套管伸缩器		雨水斗	YD-　　YD- 平面　　系统
方形伸缩器		排水漏斗	平面　　系统
刚性防水套管		圆形地漏	
柔性防水套管		方形地漏	
波纹管		自动冲洗水箱	

名　称	图　例	名　称	图　例
可曲挠橡胶接头		挡墩	
管道固定支架		减压孔板	
管道滑动支架		Y 形除污器	
立管检查口		毛发聚集器	平面　　　系统
清扫口	平面　　　系统	防回流污染止回阀	
通气帽	成品　　铅丝球	吸气阀	

表 2-18　管道连接图例

名　称	图　例	名　称	图　例
法兰连接		三通连接	
承插连接		四通连接	
活接头		盲板	
管堵		管道丁字上接	
法兰堵盖		管道丁字下接	
弯折管		管道交叉	

表 2-19　管件图例

名　称	图　例	名　称	图　例
偏心异径管	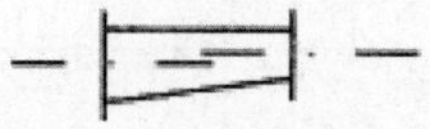	弯头	
异径管		正三通	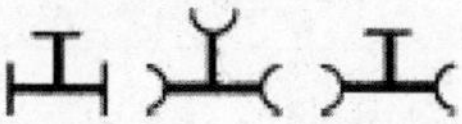
乙字管		斜三通	
喇叭口	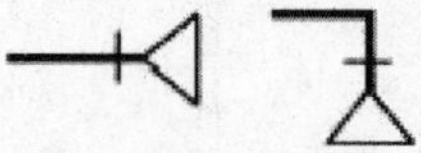	正四通	
转动接头		斜四通	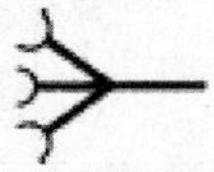
短管		浴盆排水件	
存水弯	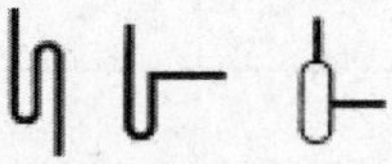	弯头	

表 2-20　阀门图例

名　称	图　例	名　称	图　例
闸阀		气闭隔膜阀	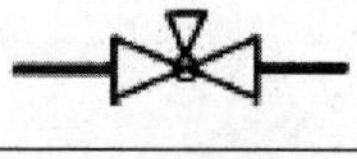
角阀		温度调节阀	
三通阀		压力调节阀	
四通阀	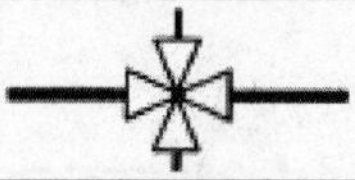	电磁阀	

名　称	图　例	名　称	图　例
截止阀	DN≥50　DN<50	止回阀	
电动阀		消声止回阀	
液动阀		蝶阀	
气动阀		弹簧安全阀	
减压阀		平衡锤安全阀	
旋塞阀	平面　系统	自动排气阀	平面　系统
底阀		浮球阀	平面　系统
球阀		延时自闭冲洗阀	
隔膜阀		吸水喇叭口	平面　系统
气开隔膜阀		疏水器	

表 2-21　给水配件图例

名　称	图　例	名　称	图　例
放水龙头		脚踏开关	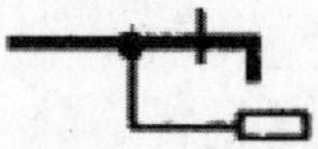
皮带龙头		混合水龙头	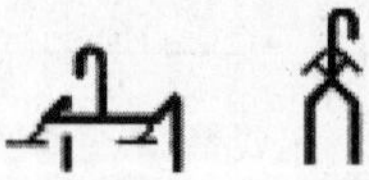
洒水（栓）龙头		旋转水龙头	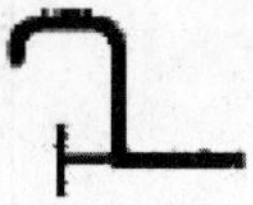
化验龙头	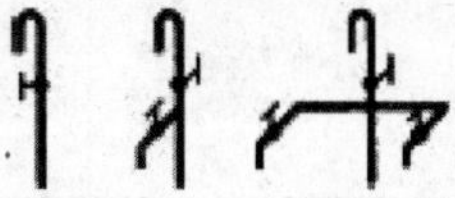	浴盆带喷头混合水龙头	
肘式龙头	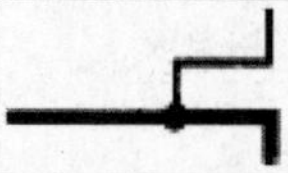		

表 2-22　消防设施图例

名　称	图　例	名　称	图　例
消火栓给水管	——XH——	水幕灭火给水管	——SM——
自动喷水灭火给水管	——ZP——	水炮灭火给水管	—— SP ——
室外消火栓		干式报警阀	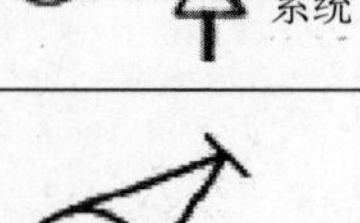 平面　系统
室内消火栓（单口）	平面　系统	水炮	

名　称	图　例	名　称	图　例
室内消火栓（双口）	平面　　　系统	湿式报警阀	平面　　系统
水泵接合器		预作用报警阀	平面　　系统
自动喷洒头（开式）	平面　　系统	遥控信号阀	
自动喷洒头（闭式）	平面　　系统	水流指示器	
自动喷洒头（闭式）	平面　　系统	水力警铃	
自动喷洒头（闭式）	平面　　系统	雨淋阀	平面　　系统
侧墙式自动喷洒头	平面　　系统	末端测试阀	平面　　系统
侧喷式喷洒头	平面　　系统	末端测试阀	
雨淋灭火给水管	——YL——	推车式灭火器	

注：分区管道用加注角标方式表示：如 XH_1、XH_2、ZP_1、ZP_2……

表 2-23 卫生设备、水池图例

名　称	图　例	名　称	图　例
立式洗脸盆		妇女卫生盆	
台式洗脸盆		立式小便器	
挂式洗脸盆		壁挂式小便器	
浴盆		蹲式大便器	
化验盆、洗涤盆		坐式大便器	
带沥水板洗涤盆		小便槽	
盥洗槽		淋浴喷头	
污水池			

表 2-24　小型给水排水构筑物图例

名　称	图　例	名　称	图　例
矩形化粪池	 HC	雨水口	
圆形化粪池	 HC		
隔油池	 YC	阀门井 检查井	
沉淀池	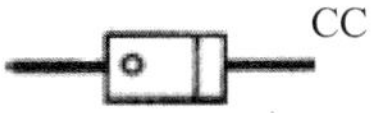 CC	水封井	
降温池	 JC	跌水井	
中和池	 ZC	水表井	

表 2-25　给水排水设备图例

名　称	图　例	名　称	图　例
水泵	 平面　　　系统	开水器	
潜水泵	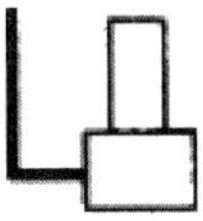	喷射器	 小三角为进气端
定量泵		除垢器	

名　称	图　例	名　称	图　例
管道泵		水锤消除器	
卧式热交换器		浮球液位器	
立式热交换器		搅拌器	
快速管式热交换器			

表 2-26　仪表图例

名　称	图　例	名　称	图　例
温度计		真空表	
压力表		温度传感器	T
自动记录压力表		压力传感器	P
压力控制器		pH 值传感器	pH
水表		酸传感器	H

名　称	图　例	名　称	图　例
自动记录流量计		碱传感器	－ － － － Na － － －
转子流量计		余氯传感器	－ － － － Cl － － －

2.1.4.3　给排水管线表示方法

管线的表示方法有 3 种：

①单线管道图　在同一张图上的给水、排水管道，习惯上用粗实线表示给水管道，粗虚线表示排水管道。

②双线管道图　双线管道图是用两条粗实线表示管道，不画管道中心轴线，一般用于重力管道纵断面图，如室外排水管道纵断面图。

③三线管道图　三线管道使用两条粗实线画出管道轮廓线，用一条细点画线画出管道中心轴线，同一张图纸中不同类别管道常用文字注明。此种管道图广泛用于给水排水工程图中的各种详图，如室内卫生设备安装详图等。

2.1.4.4　管道的标注

1. 标高

给水排水室内工程应标注相对标高；室外工程应标注绝对标高，当无绝对标高资料时，可标注相对标高，但应与总平面图一致。

沟渠和重力流管道的起讫点、转角点、连接点、变尺寸（管径）点及交叉点；压力流管道中的标高控制点；管道穿外墙、剪力墙和构筑物的壁及底板等处；不同水位线处均要标注标高。构筑物和土建部分标注相关标高。

压力管道应标注管中心标高，沟渠和重力流管道宜标注沟（管）内底标高。

标高的标注方法应符合下列规定：

①平面图中，管道标高应按图 2-10 所示的方式标注；沟渠标高应按图 2-11 所示的方式标注。

②剖面图中，管道及水位的标高应按图 2-12 所示的方式标注。

③轴测图中，管道标高应按图 2-13 所示的方式标注。

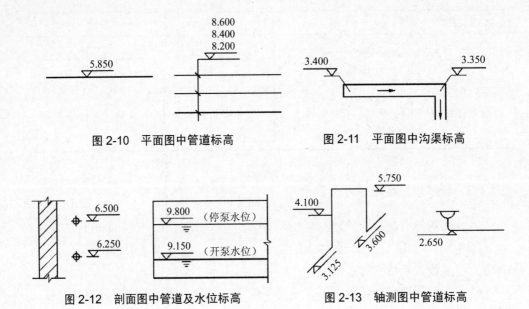

图 2-10　平面图中管道标高　　　　图 2-11　平面图中沟渠标高

图 2-12　剖面图中管道及水位标高　　　　图 2-13　轴测图中管道标高

2. 管径

管径应以毫米（mm）为单位。水煤气输送钢管（镀锌或非镀锌）、铸铁管等管材，管径宜以公称直径 DN 表示（如 DN15、DN50）；无缝钢管、焊接钢管（直缝或螺旋缝）、铜管、不锈钢管等管材，管径宜以外径 $D×$壁厚表示（如 $D108×4$、$D159×5$ 等）；钢筋混凝土（或混凝土）管、陶土管、耐酸陶瓷管、缸瓦管等管材，管径宜以内径 d 表示（如"$d230$"、"$d380$"等）；塑料管材，管径宜按产品标准的方法表示。当设计均用公称直径 DN 表示管径时，应用公称直径 DN 与相应产品规格对照表。

①单根管道时，管径应按图 2-14 标注。

②多根管道时，管径应按图 2-15 标注。

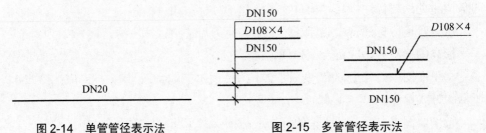

图 2-14　单管管径表示法　　　　图 2-15　多管管径表示法

3．管道的编号

①当建筑物的给水引入管或排水排出管的数量超过 1 根时，宜进行编号，编号宜按图 2-16 所示的方法表示。

②建筑物穿越楼层的立管，其数量超过 1 根时宜进行编号，编号宜按图 2-17 所示的方法表示。

③在总平面图中，当给排水附属构筑物的数量超过 1 个时，宜进行编号。编号方法为：构筑物代号—编号；给水构筑物的编号顺序宜为：从水源到干管，再从干管到支管，最后到用户；排水构筑物的编号顺序宜为：从上游到下游，先干管后支管。

④当给排水机电设备的数量超过 1 台时，宜进行编号，并应有设备编号与设备名称对照表。

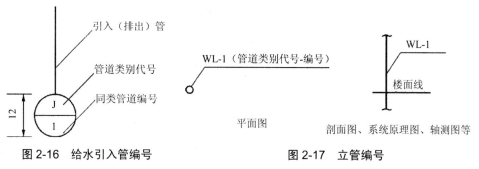

图 2-16　给水引入管编号　　　　　　图 2-17　立管编号

2.2　施工图认读

环境工程施工图一般由建筑施工图、结构施工图和设备施工图三部分组成。

①建筑工程图　主要用来表示房屋或构筑物设计内容，反映建筑物的规划位置、外部造型、内部布置、构造及施工要求等。建筑施工图包括总平面图、平面图、立面图、剖面图和详图等。

②结构施工图　主要表示房屋的结构设计内容，反映建筑物承重结构的布置、构建类型、材料、尺寸和构造做法等。结构施工图包括结构设计说明、基础图、结构布置平面图和各种结构构件详图。

③设备施工图　主要反映建筑物给排水、采暖、通风、电气照明等设备的布置和施工要求等，设备施工图包括各设备的平面布置图、系统图、详图和安

装图等。

　　将大量常用的房屋建筑及建筑构配件，按规定的统一模数，分不同的规格标准，设计编制成套的施工图，称为标准图。将标准图装订成册的标准图集，有相应的使用范围。分整幢房屋的标准设计（定型设计）和建筑构配件标准设计。

2.2.1　建筑施工图

　　建筑施工图按正投影法绘制。按照正投影原理绘制的物体图形称为视图，对于形状简单的物体，通常用三视图来表达，但建筑形体复杂，各个方向均有所不同，因此需要多个视图才能更为清楚地表达其形状结构。

　　表示一个物体可以有 6 个基本投射方向，相应的 6 个方向基本视图分别为正立面图、平面图、左侧立面图、底面图、背立面图、右侧立面图。6 个基本视图仍然保持"长对正、高平齐、宽相等"的投影特征。

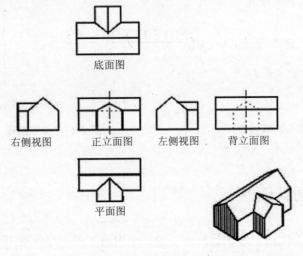

图 2-18　建筑 6 个基本视图

　　建筑施工图主要表示建筑物的内部平面布置情况、外部形状以及构造、装修做法，所用材料和施工要求等内容。包括总平面图、建筑平面图、建筑立面图、建筑剖面图和建筑详图等内容组成。

　　建筑施工图中总平面图、构筑物平面图、立面图、剖面图和局部放大图均使用缩小比例，具体数值见 2.1 节。

2.2.1.1 建筑总平面图

1．建筑总平面图基本知识

1）形成

将新建工程四周一定范围内的新建、拟建、原有和需拆除的建筑物、构筑物及其周围的地形、地物，用直接正投影法和相应的图例画出的图样，即建筑总平面布置图，简称总平面图。

2）用途

表达建筑的总体布局及其与周围环境的关系，是新建筑定位、放线及布置施工现场的依据。

3）图示特点

在画有等高线或坐标方格网的地形图上图示新设计、未来扩建的，以及原有的建筑、道路、绿化等。

4）比例

常用的比例：1∶500、1∶1 000、1∶2 000。

2．建筑总平面图认读方法

①看图名、比例、图例及有关的文字说明。

②了解拟建建筑、原有建筑物位置、形状。

在总平面图上将建筑物分成五种情况，即新建建筑物、原有建筑物、计划扩建的预留地或建筑物、拆除的建筑物和新建的地下建筑物或构筑物，当我们阅读总平面图时，要区分哪些是新建建筑物、哪些是原有建筑物。在设计中，为了清楚表示建筑物的总体情况，一般还在总平面图中建筑物的右上角以点数或数字表示楼房层数。

③了解地形情况和地势高低。一般用等高线表示，由等高线可以分析出地形的高低起伏情况。

④了解拟建房屋的平面位置和定位依据。

拟建建筑的定位有三种方式：一种是利用新建筑与原有建筑或道路中心线的距离确定新建筑的位置；第二种是利用施工坐标确定新建建筑的位置；第三种是利用大地测量坐标确定新建建筑的位置。

⑤了解拟建房屋的朝向和主要风向。指北针和风向频率玫瑰图。

风玫瑰用于反映建筑场地范围内常年主导风向和 6、7、8 三个月的主导风向

（用虚线表示），共有 16 个方向，图中实线表示全年的风向频率，虚线表示夏季
（6、7、8 三个月）的风向频率。风由外面吹过建设区域中心的方向称为风向。风
向频率是在一定的时间内某一方向出现风向的次数占总观察次数的百分比。

⑥看新建房屋的标高。

⑦了解道路交通及管线布置情况。主要表示道路位置、走向及与新建建筑的
联系等。

⑧了解绿化、美化的要求和布置情况。

总平面图示例见图 2-19。

2.2.1.2 建筑平面图

1. 建筑平面图基本知识

①形成　假想用一水平面剖切平面，沿着房屋各层窗台以上洞口处将房屋切
开，移去剖切平面以上部分，向下投影所做的水平剖面图，称为建筑平面图。除
屋顶平面图以外，其他建筑平面图均为水平全剖面图。

②作用　建筑平面图反映出房屋的形状、大小及房间的布置，墙、柱的位置
和厚度，门窗的类型和位置等。

建筑平面图是施工过程中施工放线、砌墙、安装门窗、预留孔洞、室内装修及
编制预算、施工备料等工作的重要依据，是施工图中最基本、最重要的图样之一。

③分类　建筑平面图分为底层平面图、标准层平面图、顶层平面图、屋顶平
面图和局部平面图。

④朝向　底层平面图标指北针，总平面图标风向频率玫瑰图，其他层平面图
上不标朝向，但所有平面图方向应一致。

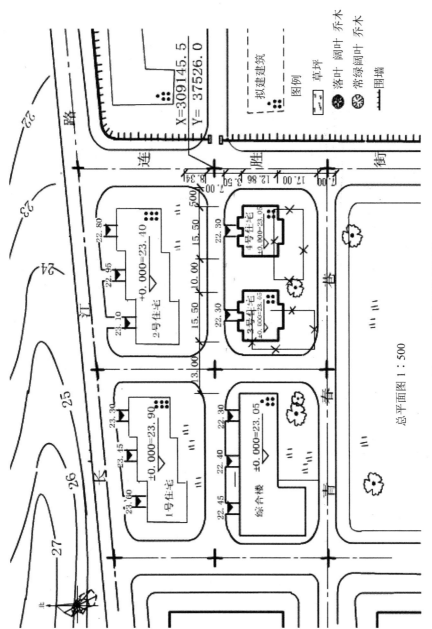

总平面图 1：500

图 2-19　某小区总平面图

2. 建筑平面图认读方法

①熟悉图例，了解图名、比例。

②注意定位轴线与墙、柱的关系。

③核实各道尺寸及标高。平面图外部尺寸分为三道，第一道尺寸表示建筑物外墙门、窗洞口等各细部位置的大小及定位尺寸；第二道表示定位轴线之间的距离，相邻横向定位轴线之间的尺寸称为开间，相邻纵向定位轴线之间的尺寸称为进深；第三道尺寸表示建筑物外墙轮廓的总尺寸，从一端外墙边到另一端外墙边的总长和总宽。

④核实图中门窗与门窗表中门窗的数量，并注意所选的标准图案。

⑤注意楼梯的形状、走向和级数。

⑥熟悉其他构件（台阶、雨篷、阳台等）的位置、尺寸及厨房、卫生间的布置。

3. 底层平面图

从底层平面图中可以看出建筑物底层的平面形状，各室的平面布置情况，出入口、走廊、楼梯的位置，各种门、窗的布置等。在厨房、卫生间内还可看到固定设备及其布置情况。底层平面图不仅要反映室内情况，还需反映室外可见的台阶、明沟（或散水）、花坛等。图中的楼梯间，由于底层平面图是底层窗台上方的一个水平剖视图，故只画出第一个梯段的下半部分楼梯，并按规定用倾斜折断线断开。图中的底层砖墙厚度为 240 mm，相当于一块标准砖的长度，通常称为一砖墙。

4. 标准层平面图

楼层平面图的图示内容与底层平面图相同。因为室外的台阶、花坛、明沟、散水和雨水管的形状和位置已经在底层平面图中表达清楚了，所以中间各层平面图除要表达本层室内情况外，只需画出本层的室外阳台和下一层室外的雨篷、遮阳板等。此外，因为剖切情况不同，楼层平面图中楼梯间部分表达梯段的情况与底层平面图也不同。标准层平面图中不绘制指北针和剖切符号。

5. 屋顶平面图

屋顶平面图比较简单，可用较小的比例绘制。屋顶平面图表明了屋顶的形状、屋面排水方向及坡度，天沟或檐沟的位置，还有女儿墙、屋檐线、雨水管理、上人孔及水箱的位置等。

屋顶构造复杂的还要加注详图索引符号，画出详图。

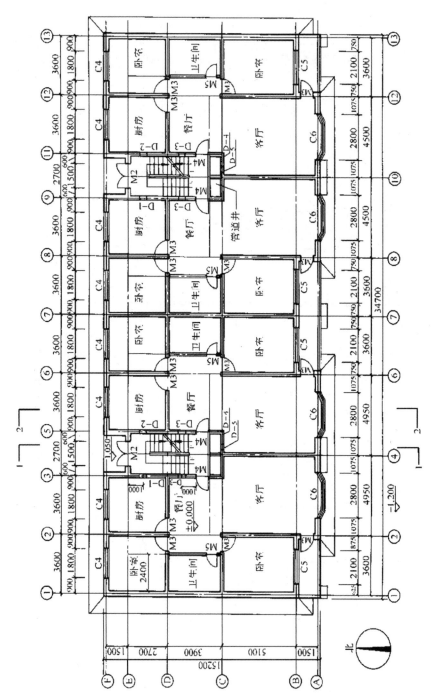

图 2-20　某建筑底层平面图（比例 1：100）

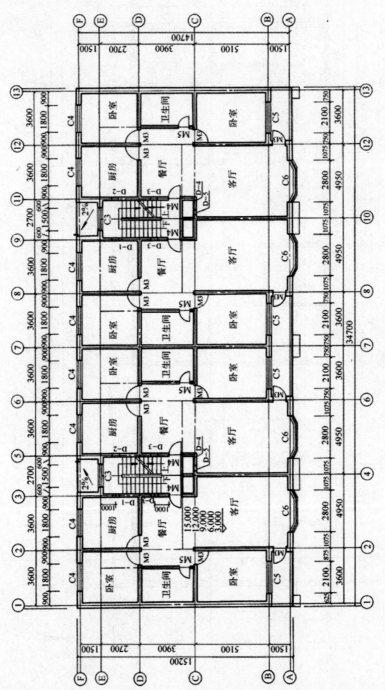

图 2-21 某建筑标准层平面图（比例 1：100）

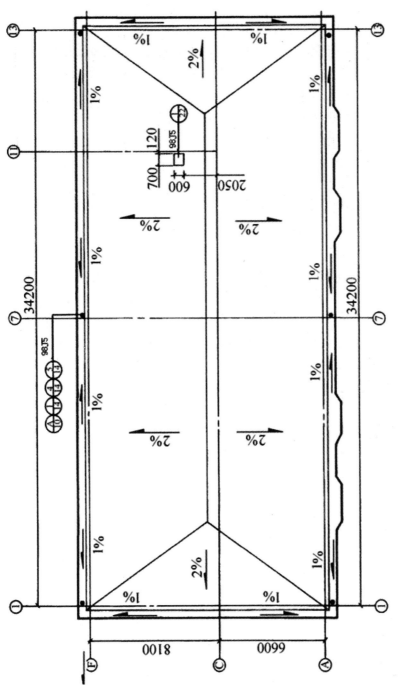

图 2-22　屋顶平面图（比例 1：100）

6. 局部平面图

当某些楼层的平面布置图基本相同，仅局部不同时，这些不同局部可用局部平面图表示。当某些局部布置由于比例较小而固定设备较多或者内部组合比较复杂时，也可另画较大比例的局部平面图。局部平面图的图示方法与底层平面图相同。为了清楚表明局部平面图所处的位置，必须标注与平面图一致的轴线及其编号。常见的局部平面图有厕所间、盥洗室、楼梯间等。

2.2.1.3　建筑立面图

1. 建筑立面图基本知识

1）形成

将房屋的各个立面按正投影法投影到与之平行的投影面上，得到的投影图。除屋顶平面图以外，其他建筑平面图均为水平全剖面图。

2）作用

表示建筑物的体型和外貌的图样，并表明外墙装修要求。

3）分类

根据建筑的主要入口位置可分为正立面图、背立面图、左侧立面图和右侧立面图；根据立面面向的方向，可分为南立面图、北立面图、东立面图、西立面图等；根据轴线顺序，可命名为①～⑩立面图或 A 立面图、B 立面图、C 立面图。每套施工图只采用一种分类（命名）方式。

4）尺寸标注

立面图只需标注各主要部位的标高——如室外地坪、出入口地面、各层楼面、窗台、雨篷底等的标高。

2. 建筑立面图认读方法

①确定图名、比例；

②熟悉立面两端的定位轴线及其编号；

③观察门窗的形状、位置及开启方向；

④熟悉屋顶外形及可能有的水箱位置；

⑤了解窗台、雨篷、阳台、台阶、雨水管、水斗、外墙面勒脚等的形状和位置，注明各部分的材料和外部装饰的做法；

⑥确定标高及必须标注的局部尺寸；

⑦了解详图索引符号；

⑧了解施工说明等。

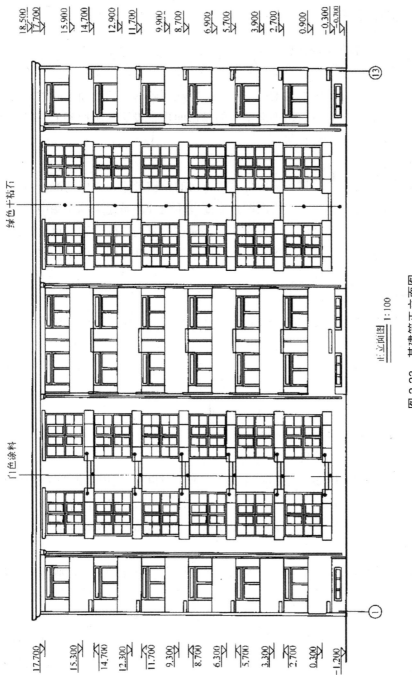

正立面图 1:100

图 2-23　某建筑正立面图

2.2.1.4　建筑剖面图

1．建筑剖面图基本知识

1）形成

假想用一个垂直剖切平面把房屋剖开，将观察者与剖切平面之间的部分房屋移开，把留下的部分对与剖切平面平行的投影面作正投影，所得到的正投影图，称为建筑剖面图，简称剖面图。

2）作用

建筑剖面图用来表达建筑物内部垂直方向的结构形式、分层情况、内部构造及各部位的高度等。它与建筑平面图、立面图相配合，是建筑施工图中不可缺少的重要图样之一。如剖切位置选在楼梯间并通过门窗洞口的位置，可借此来表示门窗的高度和在竖直方向的位置和构造，以便施工。剖面图的剖切位置和剖视方向可以从底层平面图中找到。

3）数量

根据房屋的复杂程度和施工实际需要确定数量，两层以上楼房至少要有一个楼梯间的剖面图。

4）尺寸标注

标注垂直尺寸和标高。

2．建筑剖面图认读方法

①找到图名、比例。

②确定定位轴线及其尺寸。

③确定剖切到的屋面（包括隔热层及吊顶）、楼面、室内外地面（包括台阶、明沟及散水等），剖切到的内外墙身及其门、窗（包括过梁、圈梁、防潮层、女儿墙及压顶），剖切到的各种承重梁和连系梁、楼梯梯段及楼梯平台、雨篷及雨篷梁、阳台、走廊等的位置。

④确定剖切后的可见部分，如可见的楼梯梯段、栏杆扶手、走廊端头的窗；可见的梁、柱，可见的水斗和雨水管，可见的踢脚和室内的各种装饰等。

⑤垂直方向的尺寸及标高：外墙的高度尺寸一般也注三道：最外侧一道为室外地面以上的总高尺寸；中间一道为层高尺寸，即底层地面到二层楼面、各层楼面到上一层楼面、顶层楼面到檐口处的屋面等，同时还注明室内外地面的高差尺寸；里面一道为门、窗洞及洞间墙的高度尺寸。

此外，还应标注某些尺寸，如室内门窗洞、窗台的高度及有些不另画详图的构配件尺寸等。剖面图上两轴线间的尺寸也必须注出。

在建筑剖面图上，室内外地面、楼面、楼梯平台面、屋顶檐口顶面都应注明建筑标高。某些梁的底面、雨篷底面等应注明结构标高。

⑥详图索引符号。

⑦施工说明等。

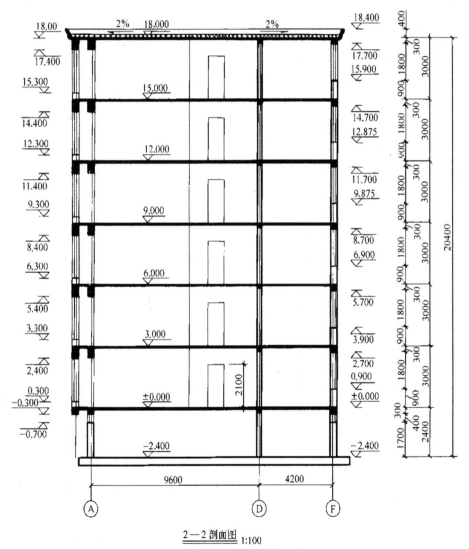

图 2-24　某建筑物剖面图

注意：被剖切到的墙、梁、板等轮廓线用粗实线表示，没有被剖切到但可见的部分用细实线表示。被涂黑的位置为钢筋混凝土墙和梁。

2.2.1.5　建筑详图

1．建筑详图基本知识

1）形成

根据施工需要而采用较大比例绘制的建筑细部的图样。建筑详图简称详图，也可称为大样图或节点图。

2）分类

房屋建筑图通常需要绘制如墙身详图、楼梯间详图、阳台详图、厨厕详图、门窗、壁柜等详图。

3）作用

建筑详图是建筑细部的施工图，是建筑平面图、立面图、剖面图等基本图纸的补充和深化，是建筑工程的细部施工、建筑构配件的制作及编制预决算的依据。

2．建筑详图认读方法

①熟悉图例，了解图名、比例。详图常用比例有：1∶1、1∶2、1∶5、1∶10、1∶15、1∶20、1∶25、1∶30、1∶50。详图与大图的关系通过索引符号联系，如需文字说明则通过引出线引出，索引符号和引出线表示方式见 2.1 节。

②确定构配件各部分的构造连接方法及相对位置关系。

③确定各部位、各细部的详细尺寸。

④确定构配件或节点所用的各种材料及其规格。

⑤确定有关施工要求及制作方法说明等。

3．外墙剖面详图

外墙剖面详图是墙身由地面至屋顶各部位的构造、材料、施工要求及墙身有关部位的连接关系，是砌墙、立门窗口、室内外装修等施工和编制工程预算的重要依据。

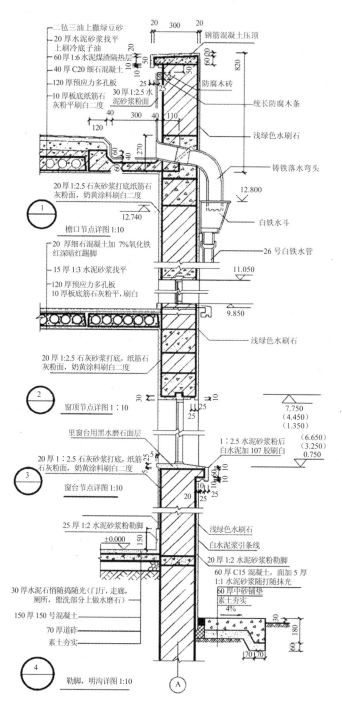

二毡三油上撒绿豆砂
20 厚水泥砂浆找平
上刷冷底子油
60 厚 1:6 水泥煤渣隔热层
40 厚 C20 细石混凝土
120 厚预应力多孔板
10 厚板底纸筋石
灰粉平刷白二度

钢筋混凝土压顶

防腐木砖

30 厚 1:2.5 水
泥砂浆粉面

统长防腐木条

浅绿色水刷石

铸铁落水弯头

12.800

20 厚 1:2.5 石灰砂浆打底纸筋石
灰粉面，奶黄涂料刷白二度

① 12.740

檐口节点详图 1:10

白铁水斗

20 厚细石混凝土加 7%氧化铁
红深暗红踢脚
15 厚 1:3 水泥砂浆找平
120 厚预应力多孔板
10 厚板底纸筋石灰粉平，刷白

26 号白铁水管

11.050

9.850

浅绿色水刷石

20 厚 1:2.5 石灰砂浆打底，纸筋石
灰粉面，奶黄涂料刷白二度

② 窗顶节点详图 1:10

7.750
(4.450)
(1.350)

里窗台用黑水磨石面层

1：2.5 水泥砂浆粉后
白水泥加 107 胶刷白

(6.650)
(3.250)
0.750

20 厚 1:2.5 石灰砂浆打底，纸筋
石灰粉面，奶黄涂料刷白二度

③ 窗台节点详图 1:10

25 厚 1:2 水泥砂浆粉勒脚

±0.000

浅绿色水刷石
白水泥浆引条线
20 厚 1:2 水泥砂浆粉勒脚
60 厚 C15 混凝土，面加 5 厚
1:1 水泥砂浆随打随抹光
60 厚中砂铺垫
素土夯实
4%

30 厚水泥石悄随捣随光（门厅、走廊、
厕所，盥洗部分上做水磨石）
150 厚 150 号混凝土
70 厚道砟
素土夯实

④ 勒脚，明沟详图 1:10

Ⓐ

图 2-25　外墙剖面详图

1）外墙剖面详图基本知识

（1）形成

外墙详图是建筑剖面图中的外墙身折断（从室外地坪到屋顶檐口分成几个节点）后画出的局部放大图。通常由几个外墙节点详图组合而成。一般包括底层、中间层、顶层三个部分。常用比例为 1∶20 或 1∶10，粗实线表示被剖切到的构配件轮廓线。细实线表示剖到可见轮廓线及尺寸线、图例线等。详图符号与索引符号相对应，在室内外地面、楼地面板、屋面、各层窗台、窗顶、女儿墙、檐口顶高、吊顶底面处标高。

（2）构成内容

在多层房屋中，各层构造情况基本相同，因此，外墙身详图只画墙脚、檐口、中间部分三个节点。为了简化作图，通常采用省略方法画，即在门窗洞口处断开。

墙脚：外墙墙脚主要是指一层窗台及以下部分，包括散水（或明沟）、防潮层、勒脚、一层地面、踢脚等部分的形状、大小、材料及其构造情况。

中间部分：主要包括楼板层、门窗过梁、圈梁的形状、大小、材料及其构造情况，还应表示出楼板与外墙的关系。

檐口：应表示出屋顶、檐口、女儿墙、屋顶圈梁的形状、大小、材料及其构造情况。

各部分如结构层、面层的构造均应详细表达出来，并画出相应的图例符号。

2）认读方法

①了解图例和比例。

②了解墙脚构造，如散水坡度。

③确定中间节点、如窗台、窗顶做法、标高等。

④确定檐口部位，如檐口、天沟、屋面做法等。

4. 楼梯详图

1）楼梯详图基础知识

（1）形成

楼梯是楼层间上下交通的主要设施，最常用的是钢筋混凝土楼梯。楼梯由楼梯段、休息平台（包括平台板和梁）和栏杆（或栏板）等组成。

（2）形式

单跑楼梯、双跑楼梯、三跑楼梯、转折楼梯、弧形楼梯、螺旋楼梯等。

板式楼梯和梁板式楼梯。

（3）组成

由楼梯平面图、楼梯剖面图和楼梯节点详图三部分组成。

2）楼梯详图认读

（1）楼梯平面图认读

①了解楼梯间在建筑物中的位置。

②了解楼梯间的开间、进深、墙体的厚度、门窗的位置。

③了解楼梯段、楼梯井和休息平台的平面形式、位置、踏步的宽度和数量。

④了解楼梯的走向以及上下行的起步位置，楼梯走向按箭头方向所示，平台的起步尺寸为±0.000 m。

⑤了解楼梯段各层平台的标高。

⑥在底层平面图中了解楼梯剖面图的剖切位置及剖视方向。

（2）楼梯剖面图认读

①了解楼梯的构造形式。

②了解楼梯在竖向和进深方向的有关尺寸。

③了解楼梯段、平台、栏杆、扶手等的构造和用料说明。

④被剖切梯段的踏步级数、踏步的尺寸一般在绘制楼梯剖面图或详图时注明。

⑤了解图中索引符号，从而知道楼梯细部做法。

5．门窗详图认读

门窗详图以立面图表明门窗形式、开启方式和方向、主要尺寸及节点索引符号。详图中用实线表示外开，虚线表示内开，开启线交点处表示旋转轴位置。

推拉窗在推拉扇上用箭头表示开启方向，固定窗则无开启线。窗樘用双细实线画出，也可用粗实线代替，窗扇和开启线均用细实线画出。

门窗立面图上注有两道尺寸：外面一道尺寸为门窗洞尺寸，也就是建筑平面图和剖面图上所注的尺寸；里面一道尺寸为门窗扇的尺寸。

弧形窗和转折窗应绘展开立面图。弧形窗或转折窗的洞口尺寸应标注展开尺寸。

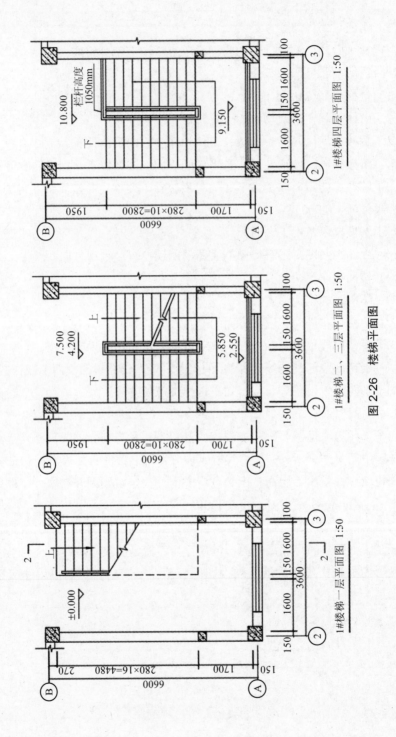

图 2-26 楼梯平面图

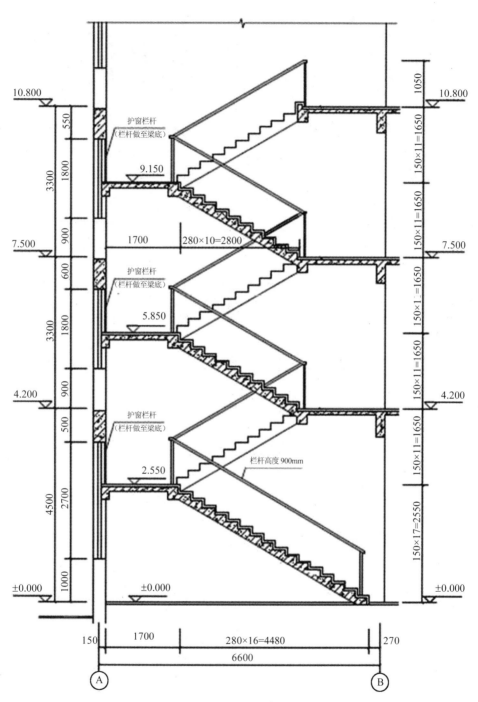

图 2-27 楼梯剖面图

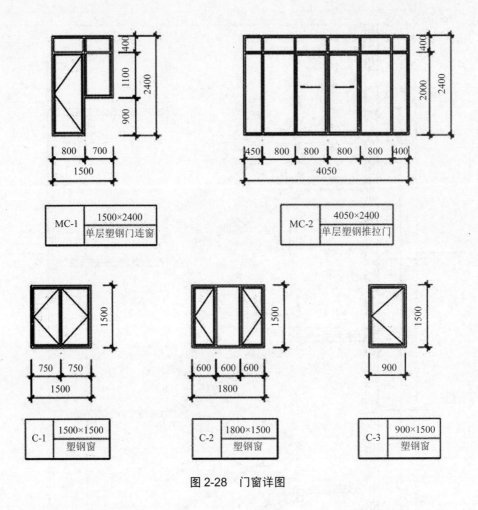

图 2-28 门窗详图

2.2.2 结构施工图认读

结构施工图主要包括基础施工图、楼层结构平面布置图、屋顶结构平面布置图和各种构件的结构详图等种类。建筑物承重构件所用的材料，有钢筋混凝土、钢、木及砖、石等。

结构施工图基本知识和图例见 2.1 节。

2.2.2.1 基础图

基础施工图主要反映建筑物室内地面以下基础部分的基础类型、平面布置尺寸、尺寸大小、材料及详细构造要求等。

基础施工图是建筑物地下部分承重结构的施工图，包括基础平面图、基础详图及必要的设计说明。基础施工图是施工放线、开挖基坑（基槽）、基础施工、计算基础工程量的依据。

基础的形式很多，主要分为深基础和浅基础两大类。深基础，目前用得最多的是桩基；浅基础又分为刚性基础和柔性基础，常用基础类型有砖基础、墙下钢筋混凝土条形基础、柱下钢筋混凝土独立基础、柱下十字交叉基础、筏板基础、箱形基础等。

基础的形式一般取决于它的上部承重结构的形式，若上部由墙来承重，则下部一般为条形基础，见图 2-29；若上部由柱子来承重，则下部一般为独立基础，见图 2-30。

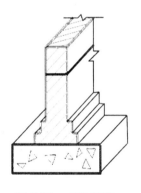

图 2-29　条形基础　　　　　　　　图 2-30　框架基础

条形基础埋入地下的墙称为基础墙，当采用砖墙和砖基础时，在基础墙和垫层之间做成阶梯形的砌体，称为大放脚；基础底下天然的或经过加固的土壤叫地基；基坑（基槽）是为基础施工而在地面上开挖的土坑；坑底就是基础的底面，基坑边线就是放线的灰线；防潮层是防止地下水对墙体侵蚀而铺设的一层防潮材料。

1. 基础平面图

基础平面图是假想用一个水平面沿房屋底层室内地面附近将整幢建筑物剖开后，移去上层的房屋和基础周围的泥土向下投影所得到的水平剖面图。

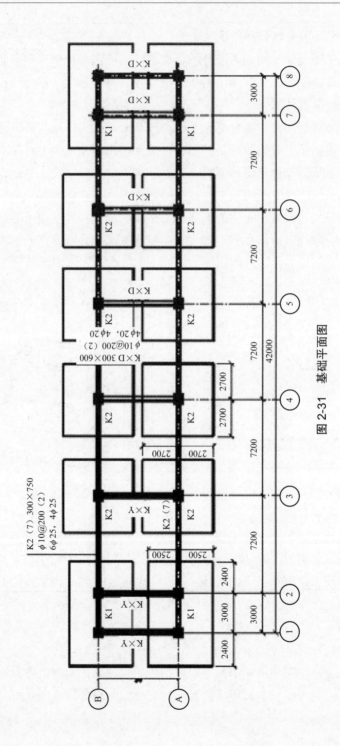

图 2-31 基础平面图

在基础平面图中，只画出基础墙、柱及基础底面的轮廓线，基础的细部轮廓（如大放脚）省略不画；凡被剖切到的基础墙、柱轮廓线，画成中实线，基础底面的轮廓线画成细实线。

基础平面图中采用的比例及材料图例与建筑平面图相同。

基础平面图上注出与建筑平面图相一致的定位轴线编号和轴线尺寸。

当基础墙上留有管洞时，应用虚线表示其位置，具体做法及尺寸另用详图表示。

基础平面图的尺寸标注分内部尺寸和外部尺寸两部分。外部尺寸只标注定位轴线的间距和总尺寸。内部尺寸应标注各道墙的厚度、柱的断面尺寸和基础底面的宽度等。

2．基础详图

基础平面图只表明了基础的平面布置，而基础各部分的形状、大小、材料、构造以及基础的埋置深度等都没有表达出来，这就需要画出各部分的基础详图。

1）基础详图基础知识

基础详图一般采用垂直断面图来表示。

在基础的某一处用铅垂剖切平面切开基础所得到的断面图称为基础详图。

常用 1∶10、1∶20、1∶50 的比例绘制。

基础详图表示了基础的断面形状、大小、材料、构造、埋深及主要部位的标高等。

2）基础详图认读方法

①了解图名（或基础代号）、比例。

②了解轴线及其编号。

③了解基础断面形状、大小、材料以及配筋。

④了解基础断面的详细尺寸和室内外地面标高及基础底面的标高。

⑤了解防潮层的位置和做法。

⑥了解施工说明等。

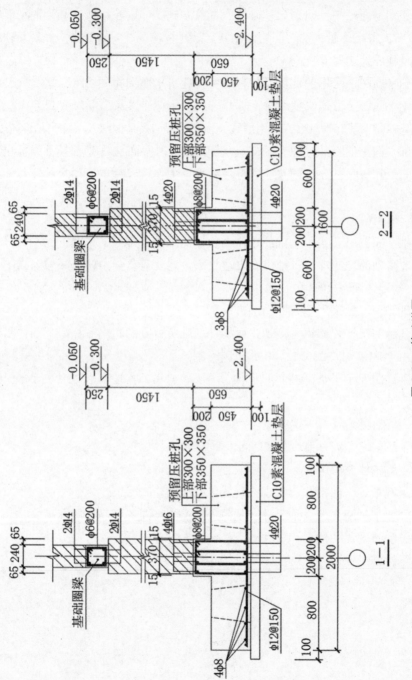

图 2-32　基础详图

2.2.2.2 结构平面图

结构平面图是表示建筑物室外地面以上各层平面承重构件（如梁、板、柱、墙、门窗过梁、圈梁等）布置的图样，一般包括楼层结构平面图和屋顶结构平面图，是现场安装或制作构件的施工依据。

1. 结构平面图的基础知识

形成：假想沿楼板面将房屋水平剖开后向下投影而得。表示每层的梁、板、柱、墙等承重构件的平面布置，以及现浇板的构造与配筋等。

表示方法：

①细线表示墙和板，粗点画线表示梁和过梁。

②对于多层建筑，按分层绘制楼层结构平面图。但如各层构件的类型、大小、数量、布置相同时，只画出标准层的楼层结构平面图。

③如平面对称，采用对称画法，一半画屋顶结构平面图，另一半画楼层结构平面图。楼梯间和电梯间应另有详图。

④当铺设预制楼板时，可用细实线分块画出板的铺设方向。

⑤当现浇板配筋简单时，直接在结构平面图中标明钢筋的弯曲及配置情况，注明编号、规格、直径、间距。当配筋复杂或不便表示时，用对角线表示现浇板的范围。

⑥圈梁、门窗过梁等按编号注出，若结构平面图中不能表达清楚时，则需另绘其平面布置图。

⑦楼层、屋顶结构平面图的比例同建筑平面图，一般采用 1∶100 或 1∶200 的比例绘制。

⑧楼层、屋顶结构平面图中一般用中实线表示剖切到或可见的构件轮廓线，图中虚线表示不可见构件的轮廓线。

⑨楼层结构平面图的尺寸，一般只注开间、进深、总尺寸及个别地方容易弄错的尺寸。定位轴线的画法、尺寸及编号应与建筑平面图一致。

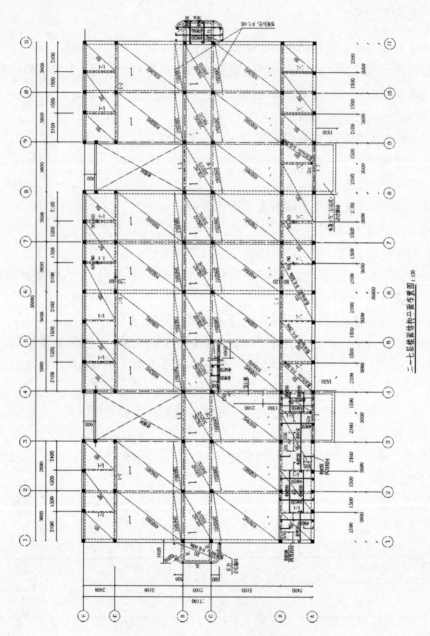

图 2-33　某建筑结构平面图

2. 结构平面图认读方法

①了解图名、比例。

②了解与建筑平面图相一致的定位轴线及编号。

③了解墙、柱、梁、板等构件的位置及代号和编号。

④了解预制板的跨度方向、数量、型号或编号和预留洞的大小及位置。

⑤了解轴线尺寸及构件的定位尺寸。

⑥确定详图索引符号及剖切符号。

⑦文字说明。

2.2.2.3 构件详图

钢筋混凝土梁、柱施工图。

梁是房屋结构中的主要承重构件，常见的有过梁、圈梁、楼板梁、框架梁、楼梯梁、雨篷梁等。梁的结构详图由配筋图和钢筋表组成，见图 2-34。

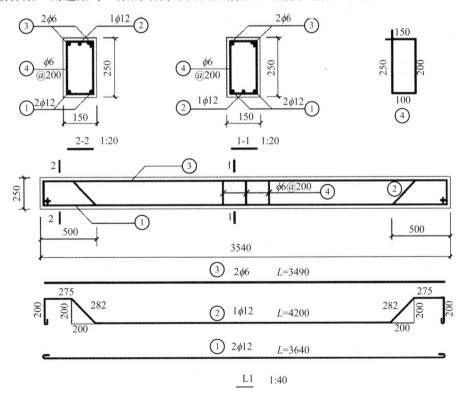

图 2-34 钢筋混凝土梁结构详图

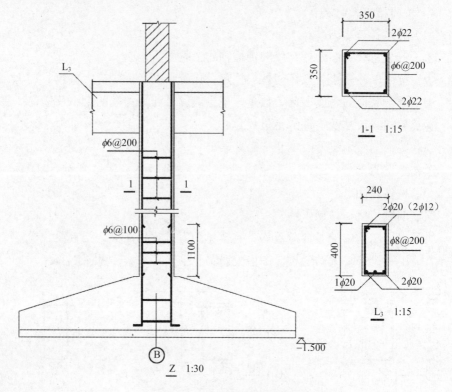

图 2-35 钢筋混凝土柱结构详图

钢筋混凝土柱构件详图与钢筋混凝土梁基本相同，对于比较复杂的钢筋混凝土柱，除画出构件的立面图和断面图外，还需画出模板图。

2.2.3 给排水施工图认读

环境工程给排水施工图一般由图纸目录、主要设备材料表、设计说明、图例、平面图、系统图（轴测图）、施工详图等组成。

室外小区给排水工程，根据工程内容还应包括管道断面图、给排水节点图等。

给排水施工图用来表达给排水管道类型、平面布置、空间布置、卫生设备形状、大小、位置和安装方式。

2.2.3.1 室内给排水施工图

1. 室内管道平面布置图

给水、排水平面图应表达给水、排水管线和设备的平面布置情况。

1）室内管道布置图基本要求

（1）管道布置图的作用

管道布置图用来表达卫生设施、管道及其附件在房屋中的平面位置。是给排水工程图中最基本的图样。

（2）管道布置图布置特点

①比例采用与房屋建筑平面图相同比例：1∶50、1∶100、1∶200 等比例；

②根据建筑规划，在设计图纸中，用水设备的种类、数量、位置，均要做出给水和排水平面布置；各种功能管道、管道附件、卫生器具、用水设备，如消火栓箱、喷头等，用各种图例表示。图例符号见 2.1 节。

③各种横干管、立管、支管的管径、坡度等，均应标出。

④平面图上管道都用单线绘出，沿墙敷设时应标注管道距墙面的距离。

⑤一张平面图上可以包括几种类型的管道，一般来说给水和排水管道可以在一张图中。若图纸管线复杂，也可以分别绘制，以图纸能清楚地表达设计意图而图纸数量又很少为原则。

⑥建筑内部给排水，以选用的给水方式来确定平面布置图的张数。底层及地下室必绘；顶层若有高位水箱等设备，也必须单独绘出。底层管道平面图上应能完整表达室内、外设施、管道连接及走向。

⑦建筑中间各层，只有卫生设施和管道布置的盥洗、卫生间即可，如卫生设备或用水设备的种类、数量和位置都相同，绘一张标准层平面布置图即可；否则，应逐层绘制。

⑧在各层平面布置图上，各种管道、立管应编号标明。

2）管道平面图认读方法

室内给排水管道平面图是施工图纸中最基本和最重要的图纸，常用的比例是 1∶100 和 1∶50 两种。它主要表明建筑物内给排水管道及卫生器具和用水设备的平面布置。图上的线条都是示意性的，同时管材配件如活接头、补心、管箍等也不画出来，因此在识读图纸时还必须熟悉给排水管道的施工工艺。

在识读管道平面图时，应该掌握的主要内容和注意事项如下：

①查明卫生器具、用水设备和升压设备的类型、数量、安装位置、定位尺寸。

②弄清给水引入管和污水排出管的平面位置、走向、定位尺寸、与室外给排水管网的连接形式、管径及坡度等。

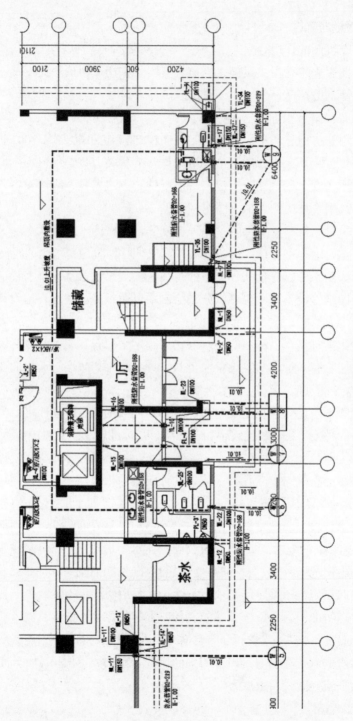

图 2-36 某建筑给排水平面图（部分）

③查明给排水干管、立管、支管的平面位置与走向、管径尺寸及立管编号。从平面图上可清楚地查明是明装还是暗装,以确定施工方法。

④消防给水管道要查明消火栓的布置、口径大小及消防箱的形式与位置。

⑤在给水管道上设置水表时,必须查明水表的型号、安装位置以及水表前后阀门的设置情况。

⑥对于室内排水管道,还要查明清通设备的布置情况,清扫口和检查口的型号和位置。

2．室内给排水系统图

系统图,也称"轴测图",其绘法取水平、轴测、垂直方向,完全与平面布置图比例相同。

1）室内给排水系统图基本要求

（1）给排水系统图的作用

系统图均按给水、排水、热水等各系统单独绘制,以便于施工安装和概预算应用。

（2）给排水系统图布置特点

①比例采用与房屋建筑平面图相同比例:1∶50、1∶100、1∶200 等比例;

②系统图上应标明管道的管径、坡度,标出支管与立管的连接处,以及管道各种附件的安装标高,标高的±0.00 应与建筑图一致。系统图上各种立管的编号应与平面布置图相一致。

③系统图中对用水设备及卫生器具的种类、数量和位置完全相同的支管、立管,可不重复完全绘出,但应用文字标明。当系统图立管、支管在轴测方向重复交叉影响识图时,常断开移到图面空白处绘制。

④建筑居住小区给排水管道一般不绘系统图,但有绘管道纵断面图。

2）给排水系统图认读方法

给排水管道系统图主要表明管道系统的立体走向。

在给水系统图上,卫生器具不画出来,只需画出水龙头、淋浴器莲篷头、冲洗水箱等符号;用水设备如锅炉、热交换器、水箱等则画出示意性的立体图,并在旁边注以文字说明。

在排水系统图上也只画出相应的卫生器具的存水弯或器具排水管。

在识读系统图时,应掌握的主要内容和注意事项如下:

①查明给水管道系统的具体走向,干管的布置方式,管径尺寸及其变化情况,阀门的设置,引入管、干管及各支管的标高。

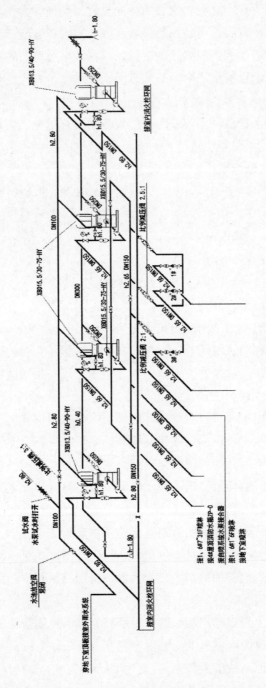

图 2-37 室内给排水系统图

②查明排水管道的具体走向，管路分支情况，管径尺寸与横管坡度，管道各部分标高，存水弯的形式，清通设备的设置情况，弯头及三通的选用等。识读排水管道系统图时，一般按卫生器具或排水设备的存水弯、器具排水管、横支管、立管、排出管的顺序进行。

③系统图上对各楼层标高都有注明，识读时可据此分清管路是属于哪一层的。

3．室内给排水详图

平面布置图、系统图中局部构造因受图面比例限制而表达不完善或无法表达时，为使施工概预算及施工不出现失误，应绘出施工详图。

通用施工详图系列，如卫生器具安装、排水检查井、雨水检查井、阀门井、水表井、局部污水处理构筑物等，均有各种施工标准图，施工详图宜首先采用标准图。

1）室内给排水详图基本要求

（1）给排水详图的作用

对平面图、系统图不能清楚表达的局部进行表达和说明。

（2）给排水详图布置特点

绘制施工详图的比例以能清楚绘出构造为依据选用。施工详图应尽量详细注明尺寸，不应以比例代替尺寸。

2）给排水详图认读方法

室内给排水工程的详图包括节点图、大样图、标准图，主要是管道节点、水表、消火栓、水加热器、开水炉、卫生器具、套管、排水设备、管道支架等的安装图及卫生间大样图等。

这些图都是根据实物用正投影法画出来的，图上都有详细尺寸，可供安装时直接使用。

室内给排水平面图、系统图和详图还需要有设计施工说明及主要材料设备表，用来说明用工程绘图无法表达清楚的给水、排水、热水供应、雨水系统等管材、防腐、防冻、防露的做法；或难以表达的诸如管道连接、固定、竣工验收要求、施工中特殊情况技术处理措施，或施工方法要求严格必须遵守的技术规程、规定等。工程选用的主要材料及设备表，应列明材料类别、规格、数量、设备品种、规格和主要尺寸。

2.2.3.2 室外给水排水施工图认读

室外给水排水工程图主要有平面图、断面图和节点图三种图样。

1. 室外给水排水平面图

室外给水排水平面图表示室外给水排水管道的平面布置情况。平面布置图中表达三种管道：给水管道、污水排水管道和雨水排水管道。

2. 室外给水排水管道断面图

1）形成和作用

室外给水排水管道断面图分为给水排水管道纵断面图和给水排水管道横断面图两种，其中，给水排水管道纵断面图更为常用。室外给水排水管道纵断面图是室外给水排水工程图中的重要图样，它主要反映室外给水排水平面图中某条管道在沿线方向的标高变化、地面起伏、坡度、坡向、管径和管基等情况。

2）认读方法

确定管道类型，确定管道中节点；在相应的室外给水排水平面图中查找该管道及其相应的各节点的位置；在该管道纵断面图的数据表格内查找其管道纵断面图形中各节点的有关数据。

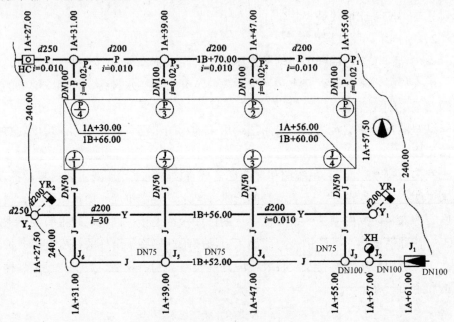

图 2-38　室外给排水平面图

3．室外给水排水节点图

1）作用

在室外给水排水平面图中，对检查井、消火栓井和阀门井以及其内的附件、管件等均不作详细表示。为此，应绘制相应的节点图，以反映本节点的详细情况。

室外给水排水节点图分为给水管道节点图、污水排水管道节点图和雨水管道节点图三种图样。通常需要绘制给水管道节点图，而当污水排水管道、雨水管道的节点比较简单时，可不绘制其节点图。

2）认读方法

室外给水管道节点图识读时可以将室外给水管道节点图与室外给水排水平面图中相应的给水管道图对照着看，或由第一个节点开始，顺次看至最后一个节点止。

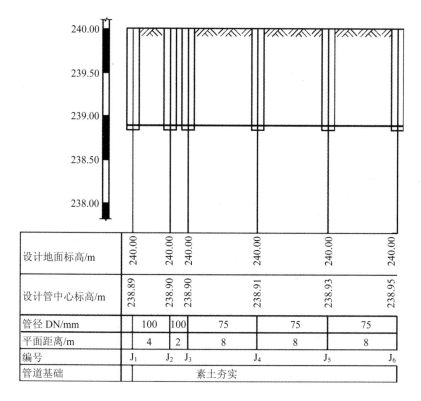

设计地面标高/m	240.00	240.00	240.00		240.00	240.00	240.00
设计管中心标高/m	238.89	238.90	238.90		238.91	238.93	238.95
管径 DN/mm		100	100	75		75	75
平面距离/m		4	2	8		8	8
编号	J₁	J₂	J₃		J₄	J₅	J₆
管道基础				素土夯实			

图 2-39 室外给水管道纵断面图

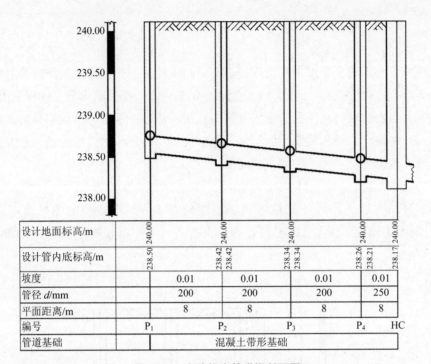

设计地面标高/m		240.00		240.00		240.00		240.00	240.00
设计管内底标高/m		238.50	238.42	238.42		238.34	238.34		238.26	238.21	238.17
坡度		0.01		0.01		0.01		0.01	
管径 *d*/mm		200		200		200		250	
平面距离/m		8		8		8		8	
编号		P_1		P_2		P_3		P_4	HC
管道基础		混凝土带形基础							

图 2-40 室外排水管道纵断面图

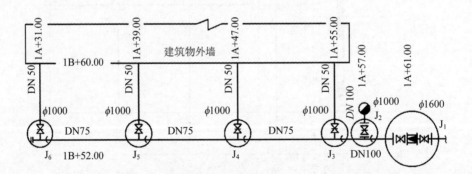

图 2-41 室外给水管道节点图

第3章 土建工程量计算

3.1 建筑面积计算

环境工程行业涉及多种建筑物和构筑物，其中包含有各类环保设施、办公楼、值班室、员工宿舍等，因环保行业的特殊性，部分环保设施不在建筑面积计算范畴之内，但是其他房屋建筑等要计算建筑面积，故在环保工程中可分别计算建筑面积和占地面积，本节建筑面积计算主要依据《建筑工程建筑面积计算规范》（GB/T 50353—2013），结合环境工程建筑面积计算实例，介绍建筑面积在环境工程领域的应用。

3.1.1 建筑面积和占地面积概述

3.1.1.1 建筑面积和占地面积的概念

1．建筑面积概念

建筑面积是指经规划和施工许可的各类建筑面积之和。一般分为单层建筑物和多层建筑物，其中单层建筑物的建筑面积，是指外墙勒脚以上的结构外围水平面积；多层建筑物的建筑面积，是指各层结构外墙外围水平面积的总和。

2．占地面积概念

占地面积是指经规划许可和施工许可的建筑物实际占用土地的面积。在污水处理厂、固废处理处置场等工程中一般指整个厂区外墙勒脚以上外围水平面积。

3.1.1.2 建筑面积的计算意义

①建筑面积是一项重要的技术经济指标。在国民经济一定时期内，完成建筑

面积的多少，也标志着一个国家的工农业生产发展状况、人民生活居住条件的改善和文化生活福利设施发展的程度。

②建筑面积是计算结构工程量或用于确定某些费用指标的基础。如计算出建筑面积之后，利用这个基数，就可以计算地面抹灰、室内填土、地面垫层、平整场地、脚手架工程等项目的预算价值。为了简化预算的编制和某些费用的计算，有些取费指标的取定，如中小型机械费、生产工具使用费、检验试验费、成品保护增加费等也是以建筑面积为基数确定的。

③建筑面积是计算单方造价的依据。建筑面积的计算对于建筑施工企业实行内部经济承包责任制、投标报价、编制施工组织设计、配备施工力量、成本核算及物资供应等，都具有重要的意义。

3.1.1.3　建筑面积的组成

建筑面积是建筑物外墙勒脚以上各层结构外围水平面积之和。它指建筑物长度、宽度的外包尺寸的乘积再乘以层数。它由使用面积、辅助面积和结构面积组成。其中使用面积是指建筑物各层平面中直接为生产或生活使用的净面积的总和。辅助面积指建筑物各层平面为辅助生产或生活活动所占的净面积的总和，例如，居住建筑中的楼梯、走道、厕所、厨房等。结构面积指建筑物各层平面中的墙、柱等结构所占面积的总和。所谓结构外围是指不包括外墙装饰抹灰层的厚度，因而建筑面积应按图纸尺寸计算，而不能在现场量取。

依据不同的使用目的建筑面积可分为以下几类：

①依据对建筑物建筑面积的组成部分可划分为地上建筑面积和地下建筑面积。它们可以描述独幢建筑物的总的建设规模，以及地上部分建筑规模的量和地下部分建筑规模的量。这些概念主要出现在《国有土地使用权出让合同》中土地出让金的计算依据、《建设工程规划许可证》中建设项目的建筑规模的审批情况说明、项目竣工验收后房屋的初始登记需做的《房屋测绘成果技术报告书》中等很多环节。

②依据是否产生经济效益划分为可收益的建筑面积、无收益的建筑面积和必须配套的建筑面积（无收益部分）。建筑物通过出售、转让、置换、租赁、投入运营等方式可产生经济收益，经常在估算房地产的买卖价格、租赁价格、抵押价值、保险价值、课税价值等时需要依据房地产（或建筑物）的可收益部分、无收益部分和必须配套部分的综合分析判断最终价值。

③按建筑物内使用功能不同划分为住宅功能的建筑面积、商业功能的建筑面积、办公功能的建筑面积、工业功能的建筑面积、配套功能的建筑面积和人防功能的建筑面积。这类划分主要依据人们对建筑物不同的使用功能来划分，能更好地满足人们生产或生活的不同需求。当然不同的使用功能所产生的经济效益和使用目的基本不同。

3.1.1.4　建筑面积和占地面积计算方法概述

建筑面积一般按照分块（层）计算，最终合计的原则进行计算，在环保工程中仅仅需要计算办公区域、风机房、泵房、污泥脱水间等设备的储存建筑以及其他需要计算的建筑物。

占地面积一般按照总的构筑物和建筑物所占地面面积进行计算。

3.1.2　建筑面积计算规则

3.1.2.1　环保工程术语解读

参考《建筑工程建筑面积计算规范》（GB/T 50353—2013），结合环境工程的行业特点，在该领域主要用到的术语如下：

①建筑面积：建筑物（包括墙体）所形成的楼地面面积。

②自然层：按楼地面结构分层的楼层。

③结构层高：楼面或地面结构层上表面至上部结构层上表面之间的垂直距离。

④围护结构：围合建筑空间的墙体、门、窗。

⑤建筑空间：以建筑界面限定的、供人们生活和活动的场所。

⑥结构净高：楼面或地面结构层上表面至上部结构层下表面之间的垂直距离。

⑦围护设施：为保障安全而设置的栏杆、栏板等围挡。

⑧地下室：室内地平面低于室外地平面的高度超过室内净高的 1/2 的房间。

⑨半地下室：室内地平面低于室外地平面的高度超过室内净高的 1/3，且不超过 1/2 的房间。

⑩结构层：整体结构体系中承重的楼板层。

⑪门斗：建筑物入口处两道门之间的空间。

⑫雨篷：建筑出入口上方为遮挡雨水而设置的部件。

⑬门廊：建筑物入口前有顶棚的半围合空间。

⑭楼梯：由连续行走的梯级、休息平台和维护安全的栏杆（或栏板）、扶手以及相应的支托结构组成的作为楼层之间垂直交通使用的建筑部件。

⑮阳台：附设于建筑物外墙，设有栏杆或栏板，可供人活动的室外空间。

⑯主体结构：接受、承担和传递建设工程所有上部荷载，维持上部结构整体性、稳定性和安全性的有机联系的构造。

⑰变形缝：防止建筑物在某些因素作用下引起开裂甚至破坏而预留的构造缝。

⑱勒脚：在房屋外墙接近地面部位设置的饰面保护构造。

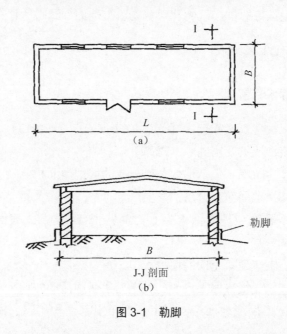

图 3-1　勒脚

⑲台阶：联系室内外地坪或同楼层不同标高而设置的阶梯形踏步。

3.1.2.2　建筑面积计算规则及应用

1. 房屋建筑的主体部分

1）单层建筑物

单层建筑物的建筑面积，应按其外墙勒脚以上结构外围水平面积计算。单层建筑物高度在 2.2 m 及以上的应计算全面积；层高不足 2.2 m 的应计算 1/2 面积。勒脚是指建筑物外墙与室外地面或散水接触部位墙体的加厚部分（图 3-1）；高度是指室内地面至屋面（最低处）结构标高之间的垂直距离。

勒脚是墙根部很矮的一部分墙体加厚，不能代表整个外墙结构，因此要扣除勒脚墙体加厚的部分，建筑面积只包括外墙的结构面积（抹灰材料厚度、装饰材料厚度不计算在内）。

单层建筑物设有局部楼层者，局部楼层的二层及以上楼层，有围护结构的应按其围护结构外围水平面积计算，无围护结构的应按其结构底板水平面积计算。层高在 2.2 m 及以上的应计算全面积；层高不足 2.2 m 的应计算 1/2 面积。围护结构是指围合建筑空间四周的墙体、门、窗等。

【例 3-1】某单层建筑物外墙轴线尺寸如图 3-2 所示，墙厚均为 240，轴线坐中，试计算建筑面积。

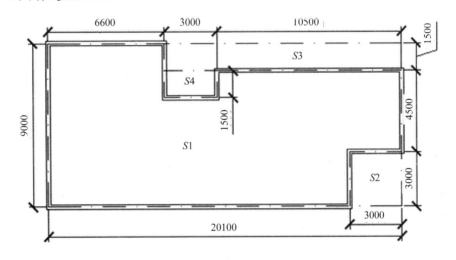

图 3-2　某单层建筑物尺寸图

解： $S = S1 - S2 - S3 - S4$

$=20.34×9.24 - 3×3 - 13.5×1.5 - 2.76×1.5=154.552（m^2）$

【分析】①单层建筑物不论其高度如何，均按一层计算建筑面积。其建筑面积按建筑物外墙勒脚以上结构的外围水平面积计算；②建筑面积计算的基本方法是面积分割法，对于矩形面积的组合图形，可先按最大的长、宽尺寸计算出基本部分的面积，然后将多余的部分逐一扣除。在计算扣除部分面积时，注意轴线尺寸的运用。

2）多层建筑物

多层建筑物的建筑面积应按不同的层高划分界限分别计算。首层应按其外墙勒脚以上结构外围水平面积计算；二层及以上楼层应按其外墙结构外围水平面积计算。层高在 2.2 m 及以上的应计算全面积；层高不足 2.2 m 的应计算 1/2 面积。可将这种算法简称为"层高界限计算法"。层高是指上下两层楼面（或地面至楼面）结构标高之间的垂直距离；其中，最上一层的层高是其楼面至屋面（最低处）结构标高之间的垂直距离。

【例 3-2】某两层建筑物的各层建筑面积一样，底层外墙尺寸如图 3-3 所示，墙厚均为 240，试计算建筑面积。（轴线坐中）

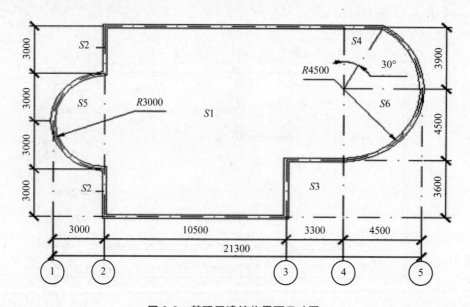

图 3-3　某双层建筑物平面尺寸图

解：用面积分割法进行计算：

（1）②、④轴线间矩形面积

$$S1 = 13.8×12.24 = 168.912（m^2）$$

（2）$S2 = 3×0.12×2 = 0.72（m^2）$

（3）扣除 $S3 = 3.6×3.18 = 11.448（m^2）$

（4）三角形 $S4 = 0.5×4.02×2.31 = 4.643（m^2）$

（5）半圆 $S5 = 3.14×3.122×0.5 = 15.283$（$m^2$）

（6）扇形 $S6 = 3.14×4.622×150°/360° = 27.926$（$m^2$）

（7）总建筑面积：

$$S = (S1+S2-S3+S4+S5+S6)×2$$
$$= (168.912+0.72-11.448+4.643+15.283+27.926)×2$$
$$= 412.072 (m^2)$$

【分析】①多层建筑物建筑面积，按各层建筑面积之和计算，其首层建筑面积按外墙勒脚以上结构的外围水平面积计算，二层及二层以上按外墙结构的外围水平面积计算。同一建筑物如结构、层数不同时，应分别计算建筑面积；②当平面图形中含有圆弧形、三角形、梯形等非矩形的图形时，基本部分仍按矩形计算，而非矩形部分单独计算，然后再加（或减）到基本图形的面积上。

3）单（多）层建筑物的坡屋顶内空间

单（多）层建筑物的坡屋顶内空间，当设计加以利用时，其净高超过 2.1 m 的部位应计算全面积；净高在 1.2～2.1 m 的部位应计算 1/2 面积；净高不足 1.2 m 的部位不应计算面积。设计不利用时不应计算面积。可将这种算法简称为"净高界限计算法"。净高是指楼面或地面至上部楼板（屋面板）底或吊顶底面之间的垂直距离。

4）地下建筑、架空层

地下室、半地下室（包括相应的有永久性顶盖的出入口）建筑面积，应按其外墙上口（不包括采光井、外墙防潮层及其保护墙）外边线所围水平面积计算。层高在 2.2 m 及以上的应计算全面积；层高不足 2.2 m 的应计算 1/2 面积。房间地平面低于室外地平面的高度超过该房间净高 1/2 的为地下室；房间地平面低于室外地平面的高度超过该房间净高的 1/3，且不超过 1/2 的为半地下室；永久性顶盖是指经规划批准设计的永久使用的顶盖。

坡地建筑物吊脚架空层和深基础架空层的建筑面积，设计加以利用并有围护结构的，按围护结构外围水平面积计算。层高在 2.2 m 及以上的应计算全面积；层高不足 2.2 m 的应计算 1/2 面积。设计加以利用、无围护结构的建筑吊脚架空层，应按其利用部位水平面积的 1/2 计算；设计不利用的建筑吊脚架空层和深基础架空层，不应计算面积。

【例 3-3】 计算如图 3-4 所示建筑物的建筑面积。

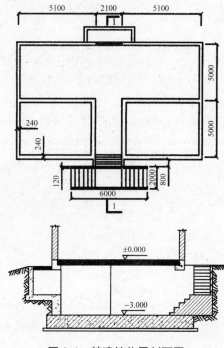

图 3-4 某建筑物平剖面图

解: 建筑面积=地下室建面+出入口建面

$S_{地下室}=（12.30+0.24）×（10.00+0.24）=128.41（m^2）$

$S_{出入口}=2.10×0.80+6.00×（2.00+0.24）=15.12（m^2）$

$S_{总}=128.41+15.12=143.53（m^2）$

【分析】 按照规范采光井不计入建筑面积，故计算建筑面积时无须考虑。

5）建筑物的门厅、大厅、回廊

建筑物的门厅、大厅按一层计算建筑面积。门厅、大厅内设有回廊时，应按其结构底板水平面积计算。层高在 2.2 m 及以上的应计算全面积；层高不足 2.2 m 的应计算 1/2 面积。回廊是指在建筑物门厅、大厅内设置在二层或二层以上的回形走廊。

6）室内楼梯、井道

建筑物内的室内楼梯间、电梯井、观光电梯井、提物井、管道井、通风排气竖井、垃圾道、附墙烟囱应按建筑物的自然层计算，并入建筑物面积内。自然层是指按楼板、地板结构分层的楼层。如遇跃层建筑，其共用的室内楼梯应按自然层计算面积；上下错层户室共用的室内楼梯，应选上一层的自然层计算面积。

7）建筑物顶部

建筑物顶部有围护结构的楼梯间、水箱间、电梯间房等，按围护结构外围水平面积计算。层高在 2.2 m 及以上的应计算全面积；层高不足 2.2 m 的应计算 1/2 面积。无围护结构的不计算面积。

8）以幕墙作为围护结构的建筑物

应按幕墙外边线计算建筑面积。建筑物外墙外侧有保温隔热层的建筑物，应按保温隔热层外边线计算建筑面积。

9）外墙（围护结构）向外倾斜的建筑物

设有围护结构不垂直于水平面而超出底板外沿的建筑物，应按其底板面的外围水平面积计算。层高在 2.2 m 及以上的应计算全面积；层高不足 2.2 m 的应计算 1/2 面积。如遇到向建筑物内倾斜的墙体，则应视为坡屋顶，应按坡屋顶内空间有关条文计算面积。

2．房屋建筑的附属部分

1）挑廊、走廊、檐廊

建筑物外有围护结构的挑廊、走廊、檐廊，应按其围护结构外围水平面积计算。层高在 2.2 m 及以上的应计算全面积；层高不足 2.2 m 的应计算 1/2 面积。有永久性顶盖但无围护结构的应按其结构底板水平面积的 1/2 计算。

走廊是指建筑物的水平交通空间；挑廊是指挑出建筑物外墙的水平交通空间；檐廊是指设置在建筑物底层出檐下的水平交通空间。

2）架空走廊

建筑物之间有围护结构的架空走廊，应按其围护结构外围水平面积计算。层高在 2.2 m 及以上的应计算全面积；层高不足 2.2 m 的应计算 1/2 面积。有永久性顶盖但无围护结构的应按其结构底板水平面积的 1/2 计算。无永久性顶盖的架空走廊不计算面积。架空走廊是指建筑物与建筑物之间，在二层或二层以上专门为水平交通设置的走廊。

3）门斗、橱窗

建筑物外有围护结构的门斗、落地橱窗，应按其围护结构外围水平面积计算。层高在 2.2 m 及以上的应计算全面积；层高不足 2.2 m 的应计算 1/2 面积。有永久性顶盖但无围护结构的应按其结构底板水平面积的 1/2 计算。门斗是指在建筑物出入口设置的建筑过渡空间，起分隔、挡风、御寒等作用；落地橱窗是指突出外墙面根基落地的橱窗。

4）阳台、雨篷

建筑物阳台，不论是凹阳台、挑阳台、封闭阳台还是敞开式阳台，均按其水平投影面积的 1/2 计算。阳台是供使用者进行活动和晾晒衣物的建筑空间。

雨篷，不论是无柱雨篷、有柱雨篷还是独立柱雨篷，其结构的外边线至外墙结构外边线的宽度超过 2.1 m 的，应按其雨篷结构板的水平投影面积的 1/2 计算。宽度在 2.1 m 及以内的不计算面积。雨篷是指设置在建筑物进出口上部的遮雨、遮阳篷。

5）室外楼梯

有永久性顶盖的室外楼梯，应按建筑物自然层的水平投影面积的 1/2 计算。

无永久性顶盖，或不能完全遮盖楼梯的雨篷，则上层楼梯不计算面积，但上层楼梯可视作下层楼梯的永久性顶盖，下层楼梯应计算面积（即少算一层）。

3．特殊的房屋建筑

特殊的房屋建筑主要包括立体库房（含立体书库、立体仓库和立体车库）、场馆看台、站台、车（货）棚、加油站和收费站，因绝大部分环保工程中不包含这些特殊房屋建筑，故本部分不作具体介绍。

4．不计算建筑面积的范围

其他不计算建筑面积的范围（除上述已提到的除外）：

①与建筑物内不相连通的建筑部件。

②露台、露天游泳池、花架、屋顶的水箱及装饰性结构构件。

③建筑物内的操作平台、上料平台、安装箱和罐体的平台。

④勒脚、附墙柱、垛、台阶、墙面抹灰、装饰面、镶贴块料面层、装饰性幕墙，主体结构外的空调室外机搁板（箱）、构件、配件，挑出宽度在 2.10 m 以下的无柱雨篷和顶盖高度达到或超过两个楼层的无柱雨篷。

⑤窗台与室内地面高差在 0.45 m 以下且结构净高在 2.10 m 以下的凸（飘）窗，窗台与室内地面高差在 0.45 m 及以上的凸（飘）窗。

⑥室外爬梯、室外专用消防钢楼梯。

⑦无围护结构的观光电梯。

⑧建筑物以外的地下人防通道，独立的烟囱、烟道、地沟、油（水）罐、气柜、水塔、贮油（水）池、贮仓、栈桥等构筑物。

依据建筑面积计算规范，在环保工程中，像污水处理厂的各类水池、大气处理设施中的烟囱、除尘设备地基等构筑物均属于不计算建筑面积的范围，但是因为这些构筑物其实是构成污水处理厂、大气处理中心、固废处理处置场的主体部分，故可以通过将占地面积和建筑面积相结合计算的方式体现其经济性。

3.1.2.3 占地面积计算规则

占地面积主要包含建筑占地的地下（埋在地中）看不见部分、竖直墙的外围地面肉眼看见部分和整个建筑物竖直向地面投影范围部分。

占地面积计算可以按照以下规则执行：

①占地面积主要来计算占地实际的面积，包括建筑物在地下的部分，在计算的时候楼面建筑面积可以平分到每个建筑单位上，若是瓦屋则需要按照瓦檐的外展滴水线来进行计算。若是普通的混合结构在计算占地面积的时候多数要把排水沟计算在内。

②占地面积计算的时候按照建筑物竖立的外墙的外延所占有的横向比例来计算，这样计算可以与建筑物之间的距离进行规划，一般都是计算楼盘的容积率的时候会使用这样的方式计算占地面积。

③按照建筑物的外墙投影的范围来计算占地面积，这样的计算方式在目前来看属于比较科学的，虽然说和前两种计算方法一样存在一定的争议，但是多数的工程师在规划时都采用此种方式，这样房屋建筑的飘窗一般都是不计划在内的。

【例3-4】请计算图3-5中某小型污水处理厂的建筑面积和占地面积，该污水厂为地埋式构筑物，除值班室、风机房和污泥脱水间在地面上以外，其余构筑物均为地下结构。

值班室、风机房和脱水间：$8.04 \times 3.84 = 30.87$（m^2）

污泥浓缩池和沉淀池：$8.9 \times 4.1 = 36.49$（m^2）

好氧生物池和调节池：$11.1 \times 12.2 = 135.42$（$m^2$）

总建筑面积：30.87（m^2）

总占地面积：$30.87 + 36.49 + 135.42 = 202.78$（$m^2$）

【分析】建筑面积计算：在污水厂的建筑中，一般只有办公和居住区域等涉及建筑面积的计算，小型污水站一般涉及的建筑物是值班室、污泥脱水间、风机房和设备间。本污水厂建筑面积计算中仅考虑值班室、脱水间和风机房的面积计算，而且建筑面积在计算时一般根据图纸外围的尺寸来计算。占地面积计算：在污水厂的占地面积计算中应包含所有构筑物和建筑物的最外围占地面积，即从平面图上看应依据最外墙的尺寸进行计算。

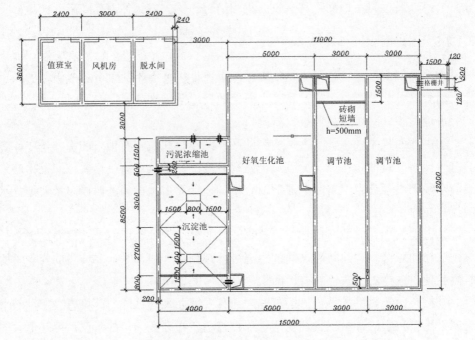

图 3-5 某中小型污水处理厂平面图

3.2 土石方工程

3.2.1 土石方工程概述

3.2.1.1 土的工程分类

在环境工程施工中往往需要先知道土的性质以确定具体的开挖机械，从而精准的计价。而土根据开挖的难易程度主要分为松软土、普通土、坚土、沙砾坚土、软石、次坚石、坚石和特坚石八类土。

一类土（松软土）为略有黏性的砂土、粉土、腐殖土及疏松的种植土，泥炭（淤泥），适合用锹、少许用脚蹬或用板锄挖掘；二类土（普通土）为潮湿的黏性土和黄土，软的盐土和碱土，含有建筑材料碎屑、碎石、卵石的堆积土和种植土，适合用锹、条锄挖掘、需用脚蹬，少许用镐；三类土（坚土）为中等密实的黏性土或黄土，含有碎石、卵石或建筑材料碎屑的潮湿的黏性土或黄土，可以用镐、条锄，少许用锹；四类土（沙砾坚土）为坚硬密实的黏性土或黄土，含有碎石、砾石（体积在 10%～30% 重量在 25 kg 以下石块）的中等密实黏性土或黄土，硬化的重盐土，软泥灰岩全部用镐、条锄挖掘，少许用撬棍挖掘；五类土（软石）为硬的石炭纪黏土，胶结不紧的砾岩，软的、节理多的石灰岩及贝壳石灰岩，坚实的白垩，中等坚实的页岩、泥灰岩，适合用镐或撬棍、大锤挖掘，部分使用爆破方法；六类土（次坚石）为坚硬的泥质页岩，坚实的泥灰岩，角砾状花岗岩，泥灰质石灰岩，黏土质砂岩，云母页岩及砂质页岩，风化的花岗岩、片麻岩及正长岩，滑石质的蛇纹岩，密实的石灰岩，硅质胶结的砾岩，砂岩，砂质石灰质页岩，适合用爆破方法开挖，部分用风镐；七类土（坚石）为白云岩，大理石，坚实的石灰岩、石灰质及石英质的砂岩，坚硬的砂质页岩，蛇纹岩，粗粒正长岩，有风化痕迹的安山岩及玄武岩，片麻岩，粗面岩，中粗花岗岩，坚实的片麻岩，辉绿岩，玢岩，中粗正长岩，适合用爆破方法开挖；八类土（特坚石）为坚实的细粒花岗岩，花岗片麻岩，闪长岩，坚实的玢岩、角闪岩、辉长岩、石英岩、安山岩、玄武岩，最坚实的辉绿岩、石灰岩及闪长岩，橄榄石质玄武岩，特别坚实的辉长岩、石英岩及玢岩，适合用爆破方法开挖。

3.2.1.2　土石方工程内容

土石方工程包含人工、机械土石方两大部分，不管是人工还是机械土石方工程均需按照以下步骤进行施工：平整场地、挖土、回填土、土方运输。其中挖土包含挖沟槽、挖基坑和挖土方，回填土包含基础回填土和房心回填土，土方运输包含余土外运和亏土内运。机械土石方工程和人工土石方工程施工过程基本类似，只是在施工过程中用到了大量机械设备来替代人工，比如推土机推土、铲运机铲运土、挖土机挖土和自卸汽车运土等。在环保工程中进行土石方工程量的计算，对于确定应用人工还是机械方式开展该工程项目具有重要意义。

3.2.2 土石方工程量计算前所需的其他计算

3.2.2.1 土方体积

土方体积，均以挖掘前的天然密实体积为准计算。如遇有必须以天然密实体积折算时，可按表 3-1 所列数值换算。

表 3-1　土方体积折算表

虚方体积	天然密实度体积	夯实后体积	松填体积
1.00	0.77	0.67	0.83
1.30	1.00	0.87	1.08
1.50	1.15	1.00	1.25
1.20	0.92	0.80	1.00

3.2.2.2 土方边坡与土壁支撑

在基坑开挖时，当基坑较深、地质条件不好时，要采取加固措施，以确保安全施工，常采用放坡、支护来保持土壁稳定。常见的维持土壁稳定的方式有土方边坡和土壁支撑。

1. 土方边坡

在土方工程中挖或填成倾斜的自由面称为土方边坡。人工沟槽及基坑如果土层深度较深，土质较差，为了防止坍塌和保证安全，需要将沟槽或基坑边壁修成一定的倾斜坡度，称为放坡。沟槽边坡坡度以挖沟槽或基坑的深度"H"与边坡底宽"B"之比表示，即

$$土方坡度 = \frac{H}{B} = \frac{1}{\left(\frac{H}{B}\right)} = 1:\frac{B}{H} = 1:K \qquad （式 3-1）$$

式中，K 为放坡系数。

$$放坡系数 K = \frac{B}{H} = \frac{边坡宽度（坡底至坡顶的水平距离）}{边坡高度（基坑开挖的深度）} \qquad （式 3-2）$$

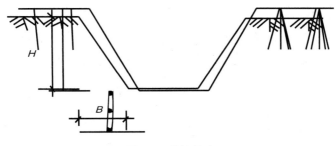

图 3-6　放坡示意

放坡系数计算方法如下：

①计算工程量时，地槽交界处放坡产生的重复工程量不予扣除。

②因土质不好，基础处理采用挖土、换土时，其放坡点应从实际挖深开始。

③在挖土方、槽、坑时，如遇不同土壤类别，应根据地质勘测资料分别计算。

④边坡放坡系数可根据各土壤类别及深度加权取定。

⑤土类单一土质时，普通土（一、二类）开挖深度大于 1.2 m 开始放坡（K=0.50），坚土（三、四类）开挖深度大于 1.7 m 开始放坡（K=0.30）。

⑥土类混合土质时，开挖深度大于 1.5 m 开始放坡，然后按照不同土质加权计算放坡系数 K。

表 3-2　放坡系数表

土类别	放坡起点/m	人工挖土	机械挖土		
			在沟槽、坑内作业	在沟槽侧、坑边上作业	顺沟槽方向坑上作业
一、二类土	1.20	1：0.5	1：0.33	1：0.75	1：0.50
三类土	1.50	1：0.33	1：0.25	1：0.67	1：0.33
四类土	2.00	1：0.25	1：0.10	1：0.33	1：0.25

注：①该表不通用于国内所有地区，各地区可以根据地质实际情况参考；②沟槽、基坑中土壤类别不同时，分别按其土壤类别、放坡比例以不同土壤厚度分别计算；③计算放坡工程量时交接处的重复工程量不扣除，符合放坡深度规定时才能放坡，放坡高度应自垫层下表面至设计室外地坪标高计算。

2．土壁支撑

1）浅基础开挖

浅基础开挖采用设挡土板等土壁支撑。挡土板的支撑形式主要分为断续支挡土板和连续支挡土板（见图 3-7）。其中断续支挡土板适用于湿度小的黏性土，当挖土深度小于 3 m 时可用断续式水平挡土板支撑；连续支挡土板适用于松散、湿度大的土，可用连续式水平挡土板支撑，挖土深度可达 5 m；对松散和湿度很高的土，可用垂直挡土板支撑，挖土深度不限。

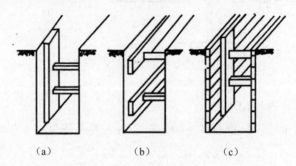

（a） （b） （c）

图 3-7　挡土板支撑形式

（图中 a、b 为断续支挡土板，c 为连续支挡土板）

2）深基坑支护方案

深基坑支护主要分为两种类型，一种为支护型，即将支护墙（排桩）作为主要受力构件，如板桩墙、排桩、地下连续墙等；另一种为加固型，即充分利用加固土体的强度。如水泥搅拌桩、高压旋喷桩、注浆等。

常用的深基坑支护结构主要有板桩、灌注桩、深层搅拌桩和地下连续墙等。

3.2.2.3　工作面

工作面是指工人在施工中所需的工作空间，具体而言是根据基础施工的需要，挖土时按基础垫层的双向尺寸向周边放出一定范围的操作面积，作为工人施工时的操作空间，这个单边放出的宽度，就称为工作面（见图 3-8）。

工作面宽度由施工组织设计确定，当施工组织设计中无规定时，目前，可参考以下取值进行计算：

①砖基础每边增加 200 mm；

②浆砌毛石、条石基础每边加 150 mm；

③混凝土基础垫层支模板每边加 300 mm；

④混凝土基础需支模板的每边加 300 mm；

⑤基础垂直面做防水层每边增加 800 mm。

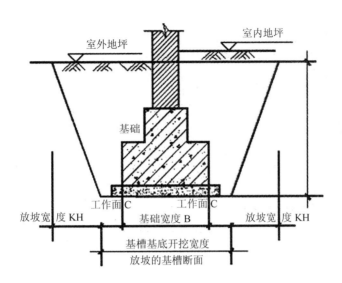

图 3-8 工作面示意

3.2.2.4 强夯地基

强夯地基是用强夯法使地基受到压实加固。

强夯法是用起重机械将重锤（一般为 80～300 kN）吊起从高处（一般为 6～30 m）自由落下，给地基以冲击力和振动，从而提高地基土的强度并降低其压缩性的一种有效的地基加固方法。该法具有效果好、速度快、节省材料、施工简便，但施工时噪声大、振动大等特点。适用于碎石土、砂土、黏性土、湿陷性黄土和填土地基等的加固处理。

在环境工程中，需要强夯地基的项目一定要将这部分工程进行计价。

3.2.3 工程量计算规则及应用

土方工程的工程量计算应该包含平整场地、挖土、回填土和土方运输四大部分，四大部分缺一不可，以下就四个部分的土方工程工程量计算规则进行具体说明。而石方工程可以直接参照土方工程进行计算。

3.2.3.1 平整场地

1. 概念

平整场地是指在土方开挖前，对施工场地高低不平的部位进行平整工作。工作内容包括厚度在±30 cm 以内的就地挖、填、找平。平均厚度大于±30 cm 的竖向土方，执行挖一般土方相应定额子目。

2. 工程量计算方法

1）清单规则

按设计图示尺寸以建筑物首层面积计算。

2）定额规则

按设计图示尺寸以建筑物外墙外边线每边各加 2 m 以平方米面积计算。

平整场地计算公式如下：

$$S=（A+4）\times（B+4）=S_底+2L_外+16 \qquad （式 3\text{-}3）$$

式中：S——平整场地工程量；

A——建筑物长度方向外墙外边线长度；

B——建筑物宽度方向外墙外边线长度；

$S_底$——建筑物底层建筑面积；

$L_外$——建筑物外墙外边线周长。

该公式适用于任何由矩形组成的建筑物或构筑物的场地平整工程量计算。

3）环保工程中的应用

因环保工程中，因为很多污水处理厂等平面布置依据水质水量定，很难完全拼接成完整的矩形，故比较合适的平整场地的方式为在平面图外围尺寸线基础上，每边向外扩充 2 m 进行计算，如果完全按照首层面积计算，因为构筑物不同于建筑物，后续还有很多安装工程需要在构筑物外围完成，故平整场地面积要比平面图尺寸面积大合适。

【例 3-5】请计算图 3-9 所示某污水厂的水处理构筑物平整场地面积。

解：$S_{平整}=（10.3+4）\times（10.3+4）=204.49（m^2）$

【分析】在环保工程的构筑物中像格栅井一类的构筑物，它的水力停留时间短，所占的平面面积和深度都不大不高，在实际情况中可以根据其所占的平面比例，可以选择格栅井外围也拓宽 2 m 进行场地平整，也可以不另外将格栅井场地平整拓宽计算。

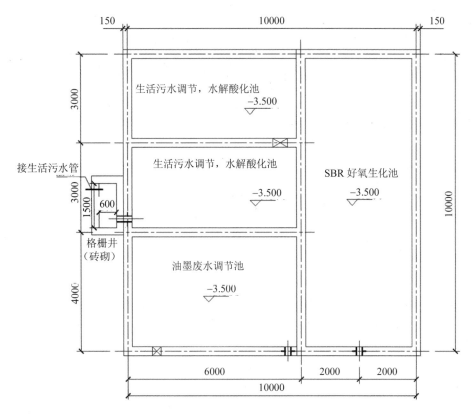

图 3-9 某污水厂水处理构筑物平面图

4）计算注意事项

①有的地区定额规则的平整场地面积：按外墙外皮线外放 2 m 计算。计算时按外墙外边线外放 2 m 的图形分块计算，然后与底层建筑面积合并计算；或者按"外放 2 m 的中心线×2=外放 2 m 面积" 与底层建筑面积合并计算。这样的话计算时会出现以下难点：

- 划分块比较麻烦，弧线部分不好处理，容易出现误差。
- 2 m 的中心线计算起来较麻烦，不好计算。
- 外放 2 m 后可能出现重叠部分，到底应该扣除多少不好计算。

②清单环境下投标人报价时可能需要根据现场的实际情况计算平整场地的工程量，每边外放的长度不一样。

3.2.3.2 挖土

1. 概述

土方开挖包括人工或机械挖地槽、挖土方两个部分，而挖土方又包括带形基础、独立基础、满堂基础（包括地下室基础）及设备基础、人工挖孔桩等的挖土方。

2. 沟槽、基坑划分

凡图示沟槽底宽在 3 m 以内，且沟槽长大于槽宽 3 倍以上的，均为沟槽。

凡图示基坑底面积在 20 m² 以内的均为基坑。

凡图示沟槽底宽 3 m 以外、坑底面积 20 m² 以外、平整场地挖土方厚度在 30 cm 以外的，均按挖土方计算。

3. 人工挖沟槽工程量计算方法

挖沟槽一般适用于设计图纸中采用带型混凝土基础或带型垫层，而且大部分采用人工操作，极少采用机械。

挖沟槽工程量按沟槽的横截面面积×槽长以 m³ 计算，沟槽中内外凸出部分（垛、附墙烟囱）体积并入沟槽工程量内计算，即

$$V = S \times L \tag{式 3-4}$$

式中：L——沟槽长度（m），外墙按图示基础中心线长度计算，内墙按图示基础底宽加工作面宽度之间净长度计算；

S——沟槽截面积（m²），$S = B \times h$；

B——沟槽宽度（m）按设计宽度加工作面宽度计算。

沟槽截面积计算按照放坡形式主要分为以下几种：

①不设工作面、不放坡和不支挡土板（见图 3-10）

$$S_{断} = a \cdot h \tag{式 3-5}$$

②设工作面、不放坡和不支挡土板（见图 3-11）

$$S_{断} = (a+2c) \times h \tag{式 3-6}$$

③设工作面和放坡（见图 3-12）

● 单面放坡，单面支挡土板时

$$S_{断} = (a+2c+0.1) \times h + 0.5Kh^2 \tag{式 3-7}$$

● 双面放坡时

$$S_{断} = （a+2c）\times h+Kh^2 \qquad\qquad （式 3\text{-}8）$$

式中：a——垫层宽度；

h——挖土深度；

K——放坡系数；

c——工作面宽度。

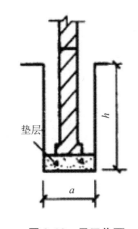

图 3-10   无工作面

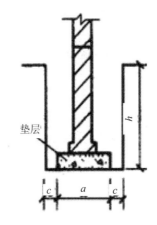

图 3-11   有工作面

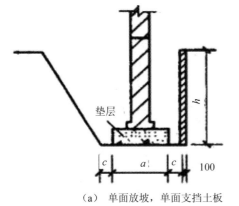

（a） 单面放坡，单面支挡土板

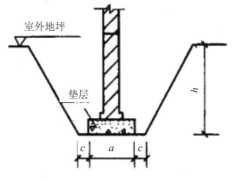

（b）双面放坡

图 3-12   有工作面和放坡

4. 人工挖基坑工程量计算方法

人工挖基坑工程量计算一般按基坑体积计算，基坑常见的形态有长方体、圆台和棱台（见图 3-13）。其计算公式如下：

$$长方体\ V = a \cdot b \cdot h \qquad\qquad (式\ 3-9)$$

$$倒圆台\ V = h/3 \times h\ (R^2 + r^2 + r \cdot R) \qquad\qquad (式\ 3-10)$$

$$倒棱台\ V = h/6\ [A \cdot B + (A+a)(B+b) + a \cdot b] \qquad\qquad (式\ 3-11)$$

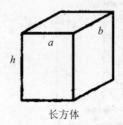
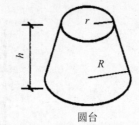
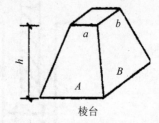

长方体　　　　　　　圆台　　　　　　　棱台

图 3-13　基坑形态

5. 挖土方工程量计算方法

图示槽底宽度在 3 m 以上，坑底面积在 20 m² 以上，平整场地深度在 300 mm 以外的，均称为挖土方。

1）开挖土方计算规则

（1）清单规则

①挖基础土方按设计图示尺寸以基础垫层底面积乘挖土深度计算。

②不管是人工挖土还是机械挖土，凡是挖至桩顶以下时，土方量应扣除桩头所占的体积。

（2）定额规则

人工或机械挖土方的体积应按槽底面积乘以挖土深度计算。槽底面积应以槽底的长乘以槽底的宽，槽底长和宽是指混凝土垫层外边线加工作面，如有排水沟的应算至排水沟外边线。排水沟的体积应纳入总土方量内。当需要放坡时，应将放坡的土方量合并于总土方量中。

2）开挖土方计算方法

（1）清单规则

①计算挖土方底面积有两种方法：

方法一是利用底层的建筑面积+外墙外皮到垫层外皮的面积。外墙外边线到垫层外边线的面积计算（按外墙外边线外放图形分块计算或者按"外放图形的中心线×外放长度"计算）。

方法二是分块计算垫层外边线的面积（同分块计算建筑面积）。

②计算挖土方的体积：

$$土方体积=挖土方的底面积×挖土深度$$

（2）定额规则

利用棱台体积公式计算挖土方的上下底面积（见图3-14）。

$$土方体积\ V=1/6×H×（A_1+4×A_0+A_2） \qquad （式3-12）$$

式中：A_1——上底面积；

A_0——中截面积；

A_2——下底面面积。

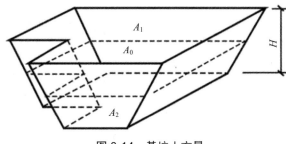

图3-14 基坑土方量

6. 机械挖土方工程量计算规则

①机械挖土方分场地机械平整碾压、挖掘机挖土、推土机推土、铲运机铲土、人力机械装土、自卸汽车运土。

②机械挖土工程量按施工组织设计规定的开挖范围及有关内容计算，计算同人工挖土的方法。

③机械挖土定额已包括机械挖不到的土方（包括地下室底板下翻梁及承台土方）。

7. 管（沟）土石方工程量计算方法

管（沟）土石方工程量按设计图示以管道中心线计算（不扣除检查经所占长度）。有管沟设计时，平均深度以沟垫层底表面标高至交付施工场地标高计算；无管沟设计时，直埋管深度按管底外表面标高至交付施工场地标高的平均高度计算。挖管道沟槽按图示中心线长度计算，沟底宽度，设计有规定的，按设计规定尺寸计算，设计无规定的，可按表 3-3 规定度计算。

表 3-3　管道地沟沟底宽度　　　　　　　　　　　　　　　单位：m

管径/mm	铸铁管、钢管、石棉水泥管	混凝土、钢筋混凝土、预应力混凝土管	陶土管
50～70	0.60	0.80	0.70
100～200	0.70	0.90	0.80
250～350	0.80	1.00	0.90
400～450	1.00	1.30	1.10
500～600	1.30	1.50	1.40
700～800	1.60	1.80	
900～1 000	1.80	2.00	
1 100～1 200	2.00	2.30	
1 300～1 400	2.20	2.60	

注：①按上表计算管道沟土方工程量时，各种井类及管道（不含铸铁给排水管）接口等处需加宽增加的土方量不另行计算，底面积大于 20 m^2 的井类，其增加工程量并入管沟土方内计算。
②铺设铸铁给排水管道时其接口等处土方增加量，可按铸铁给排水管道地沟土方总量的 2.5%计算。

8. 石方工程量计算方法

石方工程量的计算均按设计图示尺寸以体积计算，方法同挖土方。

3.2.3.3　回填土

回填土工程按照回填方式的不同，分为基础回填土、房心回填土、场地回填土和管沟回填土，不同的回填方式计算稍有不同，下面一一介绍。

1. 基础回填土工程量计算

基础回填土是指基础工程完工后，将槽、坑四周未做基础部分进行回填至室外设计标高。环境工程施工中，绝大部分都构筑物回填属于基础回填土。计算公式如下：

$$V = V_{挖土} - V_{室外设计地坪以下被埋设的基础和垫层} \qquad (式3-13)$$

2. 房心回填土工程量计算

房心回填土又称室内回填土，是指由室外设计地坪填至室内地坪垫层地面标高的夯填土。一般用于建筑物内部的回填，在环保工程中主要用于办公楼、风机房和污泥脱水间等建筑物的室内回填。计算公式如下：

$$V = S_{净} \times (h - h_1 - h_2 - h_3) \qquad (式3-14)$$

式中：$S_{净}$——室内净面积；

　　　h——室内外高差；

　　　h_1——面层厚；

　　　h_2——垫层厚；

　　　h_3——找平层厚。

3. 场地回填土工程量计算

场地回填土是指室外场地上所需回填的土层。在环境工程项目中，因为近年来采用频率较高的地埋式构筑物设计，造成场地回填土的大量应用，场地回填土在项目中主要用于地埋式构筑物上部覆土。计算公式如下：

$$V = S \times H \qquad (式3-15)$$

式中：S——回填土面积；

　　　H——平均厚度。

4. 管沟回填土工程量计算

因环保工程中运用到了大量的 PVC 管、钢管等管材管件，而考虑到不影响外部环境，很多管件都是预埋在地面以下，故常常需要计算管沟回填土的工程量。管沟回填土工程量计算有两种方法：一种是经验值法，即挖地槽原土回填的工程量，可按地槽挖土工程量乘以系数 0.6 计算；另一种是实际计算法，计算公式如下：

$$V = 挖土体积 - 垫层和直径大于 200\,mm\,的管沟体积$$

实际计算法较经验法准确，但是计算工作量大，在实际应用中选哪种方法可以根据实际情况和工程所提要求来定。

【例 3-6】某建筑物的基础见图 3-15，图中轴线为墙中心线，墙体为普通黏土实心一砖墙，室外地面标高为-0.2 m，室外地坪以下埋设的基础体积为 22.23 m³，求该基础挖地槽、回填土的工程量（Ⅲ类干土）。

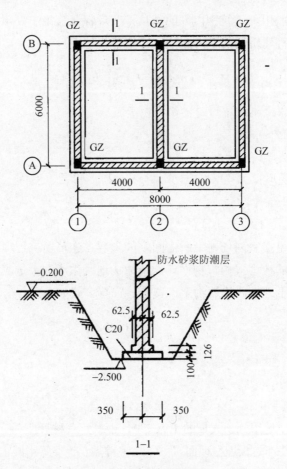

图 3-15　某建筑物基础图

解： $h = 2.5 - 0.2 = 2.3$ m > 1.5 m　所以，要放坡

工作面宽度 $c = 200$ mm　放坡系数 $k = 0.33$

开挖断面上宽度 $B = a + 2c + 2kh$

$$= 0.7 + 2 \times 0.2 + 2 \times 0.33 \times 2.3$$

$$= 2.618 \text{（m）}$$

开挖断面下宽度 $b = a + 2c = 0.7 + 2 \times 0.2 = 1.1$（m）

沟槽断面积 $S = (B + b) \times h \div 2 = (2.618 + 1.1) \times 2.3 \div 2 = 4.275\,7$（m²）

外墙沟槽长度 $= (8 + 6) \times 2 = 28$（m）

内墙沟槽长度 $= 6 - (0.24 + 2 \times 0.062\,5 + 2 \times 0.2) = 5.235$（m）

挖基槽 $V = S \times L = 4.275\,7 \times (28 + 5.235) = 142.10$（m³）

回填土 $V =$ 挖沟槽体积 $-$ 埋设的基础体积

$\qquad\qquad = 142.10 - 22.23 = 119.87$（m³）

【分析】一般计算的挖土方高度大于 1.5 m，需要放坡，放坡系数和工作面的宽度可以通过表格查询。

3.2.3.4 土方运输

土方运输工程指土方开挖后，把不能用于回填或用于回填后多余的土运至指定地点，称为余土外运；或是所挖土方量不能满足回填土的用量，需从购土地点将外购土运到现场，称为取土运输。计算公式如下：

$$V_运 = V_挖 - V_填 \qquad\qquad （式 3\text{-}16）$$

式中：$V_运$——运土体积；

$\qquad V_挖$——挖土体积；

$\qquad V_填$——填土体积。

$$填土体积 = 基础回填土 + 室内回填土 + 其他零星回填土$$

另外，根据式（3-16），计算结果有可能为正值，有可能为负值，当计算结果为正值时为余土外运，负值时为取土内运。

3.3 地基工程

3.3.1 地基工程概述

3.3.1.1 定义

1. 地基

地基是指承受由基础传下来荷载的土体或岩体。地基承受建筑物荷载而产生的应力和应变是随着土层深度的增加而减小，在达到一定的深度以后就可以忽略不计。

2．基础

基础是指建筑物地面以下的承重构件。它承受建筑物上部结构传下来的荷载，并把这些荷载连同本身的自重一起传给地基。环境工程中需修建大量的设备基础。

3．地基处理

地基处理一般是指用于改善支承建筑物的地基（土或岩石）的承载能力或抗渗能力所采取的工程技术措施，主要分为基础工程措施和岩土加固措施。

4．其他概念

持力层是指直接承受建筑荷载的土层。持力层以下的土层为下卧层。

基础埋深是指由室外地坪至基础底皮的高度尺寸。基础埋深由勘测部门根据地基情况决定。

3.3.1.2　地基与基础的关系

为保证建筑物的安全和正常使用，必须要求基础和地基都有足够的强度与稳定性。基础是建筑物的组成部分，它承受建筑物的上部荷载，并将这些荷载传给地基，地基不是建筑物的组成部分。基础的强度与稳定性既取决于基础的材料、形状与底面积的大小以及施工的质量等因素，还与地基的性质有着密切的关系。地基的强度应满足承载力的要求，如果天然地基不能满足要求，应考虑采用人工地基；地基的变形应有均匀的压缩量，以保证有均匀的下沉。若地基下沉不均匀时，建筑物上部会产生开裂变形；地基的稳定性要有防止产生滑坡、倾斜方面的能力，必要时（特别是较大的高度差时）应加设挡土墙，以防止滑坡变形的出现。

3.3.1.3　基础类型

从基础的材料及受力来划分，可分为刚性基础（指用砖、灰土、混凝土、三合土等抗压强度大、而抗拉强度小的刚性材料做成的基础）和柔性基础（指用钢筋混凝土制成的抗压、抗拉强度均较大的基础）。从基础的构造形式，可分为条形基础、独立基础、筏形基础、箱形基础、桩基础等。下面介绍几种常用基础的构造特点。

1．刚性基础

由于刚性材料的特点，这种基础只适合于受压而不适合承受弯矩、拉力和剪力，因此基础剖面尺寸必须满足刚性条件的要求。一般砖混结构房屋的基础常采用刚性基础，部分环保设备基础也采用刚性基础。

1）砖基础

用作基础的砖，可采用页岩烧结砖，其强度等级一般在 MU10 以上，砂浆强度等级一般不低于 M5。基础墙的下部要做成阶梯形，以使上部的荷载能均匀地传到地基上。阶梯放大的部分一般叫作"大放脚"。砖基础施工简便，适应面广。为了节省"大放脚"的材料，可在砖基础下部做灰土垫层。

2）毛石基础

一般采用未经雕琢成形的石块，不小于 M5 砂浆砌筑。毛石形状不规则，一般应搭板满槽砌筑。毛石基础厚度和台阶高度均不小于 100 mm，当台阶多于两阶时，每个台阶伸出宽度不宜大于 150 mm。为便于砌筑上部砖墙，可在毛石基础的顶面浇铺一层 60 mm 厚、C10 的混凝土找平层。毛石基础的优点是可以就地取材，但整体性欠佳，故有震动的房屋很少采用。

3）毛石混凝土基础

为了节约水泥用量，对于体积较大的混凝土基础，可以在浇筑混凝土时加入 20%～30%的毛石，这种基础叫毛石混凝土基础。毛石的尺寸不宜超过 300 mm，当基础埋深较大时，也可用毛石混凝土做成台阶形，每阶宽度不应小于 400 mm。如果地下水对普通水泥有侵蚀作用时，应采用矿渣水泥或火山灰水泥拌制混凝土。

2. 柔性基础

柔性基础一般指钢筋混凝土基础。这种基础的做法需在基础底板下均匀浇筑一层素混凝土垫层，目的是保证基础钢筋和地基之间有足够的距离，以免钢筋锈蚀，而且还可以作为绑扎钢筋的工作面。垫层一般采用 C10 素混凝土，厚度 100 mm，垫层常伸出基础边界 100 mm，钢筋混凝土基础由底板及基础墙（柱）组成。现浇底板是钢筋混凝土的主要受力结构，其厚度和配筋数量均由计算确定。基础底板的外形一般有锥形和阶梯形两种。锥形基础可节约混凝土，但浇筑时不如阶梯形方便。钢筋混凝土基础应有一定的高度，以增加基础承受基础墙（柱）传来上部荷载所形成的一种冲切力，并节省钢筋用量。钢筋混凝土柱下独立基础与柱子一起浇筑，也可以做成杯口形，将预制柱插入。条形基础的受力钢筋仅在平行于槽宽方向放置；独立基础的受力钢筋应在两个方向垂直放置。环保工程中很多构筑物采用的基础就是钢筋混凝土柔性基础。

3.3.1.4 地基与基础工程措施

地基与基础工程措施主要分为浅基础和深基础。通常把埋置深度不大，只需经过挖槽、排水等普通施工程序就可以建造起来的基础称为浅基础，它可扩大建筑物与地基的接触面积，使上部荷载扩散。如独立基础、条形基础、筏形基础等。当浅层土质不良，需把基础埋置于深处的较好地层时，就要建造各种类型的深基础，它将上部荷载传递到周围地层或下面较坚硬地层上。如桩基础、墩基础、沉井或沉箱基础、地下连续墙等。

3.3.2 地基处理计算方法

3.3.2.1 总计算规则

地基与基础按设计图示尺寸以体积计算，其中强夯地基按设计图示处理范围以面积计算。

另外，强夯地基按设计图示尺寸以面积计算。设计无明确规定时，以建筑物基础外边线外延 5 m 计算，即

$$强夯地基工程量=S_{轴包}+L_{外轴}×5+4×25 =S_{轴包}+L_{外轴}×5+100 \ m^2$$

3.3.2.2 地基与基础工程分类别计算方法

1. 满堂基础垫层工程量计算方法

满堂基础垫层（见图 3-16）从下至上包含素土垫层、灰土垫层和素砼垫层，因为 3 个垫层的几何体形状有些差异，故需要分开计算。

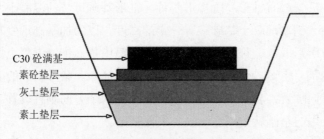

图 3-16 满堂基础垫层示意

1）素土垫层体积的计算：

利用棱台的计算公式：

$$素土垫层体积\ V=1/6\times H\times（S_上+4\times S_中+S_下）\qquad（式3\text{-}17）$$

式中：$S_上$——上底面积；

　　　$S_中$——中截面面积；

　　　$S_下$——下底面面积。

2）灰土垫层体积的计算：

利用棱台的计算公式：

$$灰土垫层体积\ V=1/6\times H\times（S_上+4\times S_中+S_下）\qquad（式3\text{-}18）$$

式中：$S_上$——上底面积；

　　　$S_中$——中截面面积；

　　　$S_下$——下底面面积。

3）素砼体积的计算

基础垫层与混凝土基础按混凝土的厚度划分，混凝土的厚度在 12 cm 以内的执行垫层子目；厚度在 12 cm 以外的执行基础子目。

$$垫层体积=垫层面积\times垫层厚度$$

4）垫层模板的计算

$$垫层模板=垫层的周长\times垫层高度$$

2．满堂基础工程量计算方法

满堂基础（见图 3-17）工程量计算方法主要有 3 种：

1）计算方法一

满堂基础体积=满堂基础最大面积的底面积×满基底板厚度-多算部分三角带的体积

满堂基础最大面积的底面积=建筑面积+外墙外皮到满堂外边线的面积

三角带的体积=斜坡中心线周长×多算部分三角形截面积

2）计算方法二

满堂基础体积=满堂基础顶面积×满堂基础底板的厚度+梯形带的体积

满堂基础顶面积=建筑面积+外墙外皮到满堂外边线的面积−斜坡宽度的面积

梯形带体积=斜坡中心线长度×梯形截面面积

3）计算方法三

满堂基础体积=满堂基础最大面积的底面积×满堂基础底板未起边的厚度+

起边棱台体积

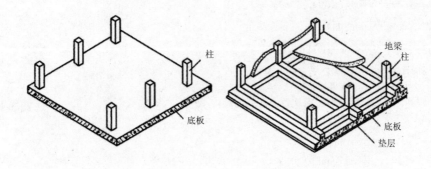

（a）无梁式满堂基础 　　　　　（b）无梁式满堂基础

图3-17　满堂基础示意

3．条形基础工程量计算方法

条形基础（见图3-18）计算方法如下：

1）素土垫层工程量

外墙条基素土工程量=外墙素土中心线的长度×素土的截面积

内墙条基素土工程量=内墙素土净长线的长度×素土的截面积

2）灰土垫层工程量

外墙条基灰土工程量=外墙灰土中心线的长度×灰土的截面积

内墙条基灰土工程量=内墙灰土净长线的长度×灰土的截面积

3）砼垫层工程量

外墙条基砼垫层基础=外墙条形基础砼垫层的中心线长度×砼垫层的截面积

内墙条基砼垫层基础=内墙条形基础砼垫层的净长线长度×砼垫层的截面积

4）条形基础工程量

外墙条形基础的工程量=外墙条形基础中心线的长度×条形基础的截面积

内墙条形基础的工程梁=内墙条形基础净长线的长度×条形基础的截面积

5）砼垫层模板

计算方法一：按砼垫层以体积计算。

计算方法二：有的地区定额规则的砼垫层模板=砼垫层的侧面净长×砼垫层高度

6）砼条基模板

计算方法一：按砼条基以体积计算。

计算方法二：有的地区定额规则的砼条基模板=砼条基侧面净长×砼条基高度

7）地圈梁工程量

外墙地圈梁的工程量=外墙地圈梁中心线的长度×地圈梁的截面积

内墙地圈梁的工程梁=内墙地圈梁净长线的长度×地圈梁的截面积

8）地圈梁模板

计算方法一：按地圈梁以体积计算。

计算方法二：有的地区定额规则的地圈梁模板=地圈梁侧面净长×地圈梁高度

9）基础墙工程量

外墙基础墙的工程量=外墙基础墙中心线的长度×基础墙的截面积

内墙基础墙的工程梁=内墙基础墙净长线的长度×基础墙的截面积

10）基槽的土方体积

基槽的土方体积=基槽的截面面积×基槽的净长度

外墙地槽长度按外墙槽底中心线计算，内墙地槽长度按内墙槽底净长计算，槽宽按图示尺寸加工作面的宽度计算，槽深按自然地坪至槽底计算。当需要放坡时，应将放坡的土方量合并于总土方量中。

11）支挡土板工程量

支挡土板工程量，以槽的垂直面积计算，支挡土板后，不得再计算放坡。

12）槽底钎探工程量

槽底钎探工程量，以槽底面积计算。

4. 独立基础工程量计算方法

完整的独立基础（见图 3-18）工程量计算应包含独立基础、独立基础模板、独立基础垫层、独立基础垫层模板、基坑土方和槽底钎探工程量六大部分，在环保工程中会应用到部分独立基础作为除尘设备等环保设施的基础，但因为环保工程中是设备基础多用来承受如风机等重型设备，故独立基础这一块多采用钢筋混凝土结构，可以参考本书中 3.5 节钢筋混凝土的工程量计算方式分别计算钢筋、混凝土和模板的工程量，这里对独立基础六大部分做大体的计算介绍：

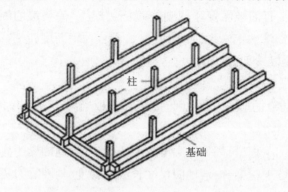

图 3-18 条形基础在建筑房屋中的位置

1）独立基础垫层的体积

$$垫层体积=垫层面积×垫层厚度$$

2）独立基础垫层模板

$$垫层模板=垫层周长×垫层高度$$

3）独立基础体积

$$独立基础体积=各层体积相加（用长方体和棱台公式）$$

4）独立基础模板

$$独立基础模板=各层周长×各层模板高$$

5）基坑土方工程量

基坑土方的体积应按基坑底面积乘以挖土深度计算。基坑底面积应以基坑底的长乘以基坑底的宽，基坑底长和宽是指混凝土垫层外边线加工作面，如有排水沟的应算至排水沟外边线。排水沟的体积应纳入总土方量内。当需要放坡时，应将放坡的土方量合并于总土方量中。

6）槽底钎探工程量

槽底钎探工程量，以槽底面积计算。

5. 地下连续墙工程量计算方法

地下连续墙是基础工程在地面上采用一种挖槽机械，沿着深开挖工程的周边轴线，在泥浆护壁条件下，开挖出一条狭长的深槽，清槽后，在槽内吊放钢筋笼，然后用导管法灌筑水下混凝土筑成一个单元槽段，如此逐段进行，在地下筑成一道连续的钢筋混凝土墙壁，作为截水、防渗、承重、挡水结构。"地下连续墙"项目适用于各种导墙施工的复合型地下连续墙工程。

地下连续墙工程量计算规则是按设计图示墙中心线长乘以厚度乘以槽深以体积计算。地下连续墙的钢筋网、锚杆支护、土钉支护的锚杆及钢筋网片等，应按"混凝土及钢筋混凝土工程"中的钢筋工程量清单项目编码列项。

3.4 桩基工程

3.4.1 桩基工程概述

3.4.1.1 概念

桩基础是人类在软弱地基上建造建筑物的一种创造，是最古老、最基本的一种基础类型，也是目前土木工程中利用最为广泛的一种，高层建筑占到 70% 以上。

由桩和连接桩顶的桩承台（简称承台）组成的深基础（见图 3-19）或由柱与桩基连接的单桩基础，简称桩基。若桩身全部埋于土中，承台底面与土体接触，则称为低承台桩基；若桩身上部露出地面而承台底位于地面以上，则称为高承台桩基。建筑桩基通常为低承台桩基础。高层建筑中，桩基础应用广泛。

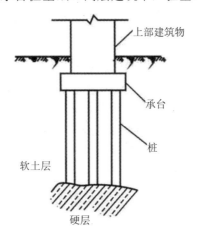

图 3-19 桩基础示意

3.4.1.2 桩的分类

①按照基础的受力原理大致可分为摩擦桩和承载桩。

● 摩擦桩：系利用地层与基桩的摩擦力来承载构造物并可分为压力桩及拉力桩，大致用于地层无坚硬之承载层或承载层较深。完全设置在软弱土层中，将软弱土层挤密实，以提高土的密实度和承载能力，上部结构的荷载由桩尖阻力和桩身侧面与地基土之间的摩擦阻力共同承受。

● 端承桩：系让基桩坐落于承载层上（岩盘上），使其可以承载构造物。是穿过软弱土层而达到坚硬土层或岩层上的桩，上部结构荷载主要由岩层阻力承受；施工时以控制贯入度为主，桩尖进入持力层深度或桩尖标高可做参考。

②按照施工方式可分为预制桩和灌注桩。

● 预制桩：通过打桩机将预制的钢筋混凝土桩打入地下。优点是材料省，强度高，适用于较高要求的建筑，缺点是施工难度高，受机械数量限制施工时间长。预制桩又分为混凝土预制桩、钢桩和木桩。

● 灌注桩：首先在施工场地上钻孔，当达到所需深度后将钢筋放入浇灌混凝土。优点是施工难度低，尤其是人工挖孔桩，可以不受机械数量的限制，所有桩基同时进行施工，大大节省时间，缺点是承载力低，费材料。

③按桩身材料划分为混凝土桩、钢桩和组合材料桩。

● 混凝土材料桩：混凝土材料桩分为现场灌注混凝土桩和预制混凝土桩，是目前应用最广泛的桩。预制混凝土桩桩身材料强度高，其中预应力管桩桩身材料强度可达到 C80。预制混凝土桩可在现场制作，或在工厂直接生产。

灌注桩适用于任何地层，可灵活调整桩长、桩径，是目前主要使用的桩型。

● 钢桩：钢桩可根据承载力要求，减小挤土效应而灵活调整截面。它具有抗冲击性能强、接桩方便、施工质量稳定等特点。但由于造价高，使用量不多，目前常用的有开口或敞口管桩、H 型钢桩或其他异型钢桩。

● 组合桩：桩身是由两种或两种以上材料组成的桩，一般结合材料强度和地质条件，是为降低造价、发挥材料特性而组合成的桩。近年在天津、上海等地研发的搅拌劲芯（性）桩为典型的组合桩，即在水泥土搅拌桩中插入钢筋混凝土预制桩，应用在一些多层建筑物中取得很好的效果。

④接成桩方法划分为打入桩、灌注桩和静压桩。

● 打入桩：通过锤击、振动等方式将预制桩沉入地层至设计要求标高形成的桩。

- 灌注桩：通过钻、冲、挤或沉入套管至设计标高后，灌垃混凝土形成的桩。
- 静压桩：将预制桩采用无噪声的机械压入至设计标高形成的桩。

3.4.1.3 打桩方法

打桩方法主要分为锤击法、振动法和静力压桩法三种，每种打桩方法各有其特点和适用条件（见表3-4），在计价中应根据其特点分别计价。

表3-4 打桩方法特点及适用条件

	定　义	特　点	适用条件
锤击法	是用桩锤把桩击入地基的沉桩方法	①施工速度快，机械化程度高，适用范围广 ②产生较大的振动、挤土和噪声，在城区和夜间施工有所限制 ③引起邻近建筑物或地下管线的附加沉降或隆起（故施工时应加强对邻近建筑物和地下管线的变形监测和施工控制，并采取周密的防护措施）	适用于松软土地质条件和较空旷的地区
振动法	是在桩顶装上振动器，使预制桩随着振动下沉至设计标高	产生较大的振动、挤土和噪声（施工时应考虑振动、噪声和挤土效应的影响）	振动法适用于砂土地基，尤其在地下水位以下的砂土，受震动使砂土发生液化，桩易于下沉。振动法对于桩的自重不大的钢桩的沉桩效果最好。这种方法不适合一般的黏土地基
静力压桩法	是利用无噪声、无振动的静压力将桩压入土中	①无噪声、无振动 ②挤土效应仍不可忽略	①持力层上覆盖为松软地层，无坚硬夹层 ②持力层表面起伏变化不大，桩长易于控制 ③水下桩基工程 ④大面积打桩工程。由于压入桩的工效高，在桩数量多的情况下，可抵消静压桩价格较高的缺点，而取得经济效益

3.4.1.4 桩基础施工顺序

了解桩基础施工顺序，可对清单计价进行有效的查漏补缺，桩基础的施工顺序主要有两种，一种是预制桩施工顺序，另一种是现浇桩施工顺序。

预制桩的施工顺序：桩的制作→运输→堆放→打（压）桩→接桩→送桩

现浇桩的施工顺序：桩位成孔→安放钢筋笼→浇混凝土成桩

3.4.2 桩基础工程工程量通用计算方法

3.4.2.1 概念介绍

①设计桩长：设计桩顶到桩底长度，设计桩顶标高到桩尖的长度。

②送桩：在打桩过程中，有时要将顶面打到低于桩架操作平台以下，由于打桩机的安装和操作的要求，桩锤不能直接锤击到桩头，而必须把另一根桩（也称冲桩、送桩器）接到桩的上端，然后再往下施打，直至把原来桩顶端送到设计要求标高，然后把冲桩拔出，此过程称为送桩。不宜太深，一般在 2 m 以内为宜。

③接桩（概念）：多根桩连续打的过程。由于预制方桩一般每节长度为 6～12 m，当打桩深度超过单个预制方桩时就需要接桩。

3.4.2.2 工程量计算规则

1. 预制钢筋混凝土桩

1）预制钢筋混凝土方桩

工程量按桩截面面积乘以设计桩顶面标高至自然地坪长度计算：

$$V=S \times L \times n \qquad \text{（式 3-19）}$$

式中：V——沉桩体积，m^3；

S——桩设计截面面积，m^2；

L——桩顶面至自然地坪标高，m；

n——送桩根数。

2）预制钢筋混凝土管桩

工程量按桩截面面积乘以设计桩顶面标高至自然地坪长度计算：

$$V=S\times L\times n \qquad\qquad (式\ 3\text{-}20)$$

式中：V——沉桩体积，m^3；

    S——桩设计截面面积，m^2；

    L——桩顶面至自然地坪标高，m；

    n——送桩根数。

3）送桩

送桩工程量按桩截面面积乘以设计桩顶面标高至自然地坪另加 0.5 m 长度计算：

$$V=S\times（L+0.5）\times n \qquad\qquad (式\ 3\text{-}21)$$

式中：V——送桩体积，m^3；

    S——桩设计截面面积，m^2；

    L——桩顶面至自然地坪标高，m；

    n——送桩根数。

打送桩时，相应定额人工、机械乘以表 3-5 的系数。

表 3-5　送桩深度系数

送桩深度	系　数
2 m 以内	1.12
4 m 以内	1.25
4 m 以外	1.50

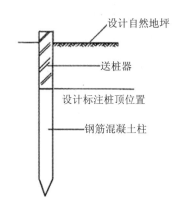

图 3-20　送桩示意

4）接桩

接桩方式分为焊接法和硫磺胶泥浆锚法，目前市面上比较通用的是焊接法（见图 3-21）。

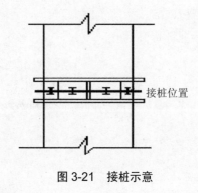

接桩位置

图 3-21　接桩示意

焊接法是将上一节桩末端的预埋铁件，与下一节桩顶端的桩帽盖用焊接法焊牢。焊接法接桩按设计接头数，以个为单位计算。

硫磺胶泥接桩法是将上节桩下端的预留伸出锚筋，插入下节桩上端预留的锚孔内，并灌以硫磺胶泥胶黏剂，使两端黏结起来。硫磺胶泥接桩按桩断面以平方米计算。

2．灌注桩

1）钻孔混凝土灌注桩

总规则：钻孔按实钻孔长度乘以设计桩截面面积计算，灌注混凝土按设计桩长（包括桩尖，不扣除桩尖虚体积）与超灌长度之和乘以设计桩断面面积以立方米计算。超灌长度设计有规定的，按设计规定；设计无规定的，按 0.25 m 计算。泥浆运输按成孔体积以立方米计算。

成孔工程量，计量单位为 m^3，按下列公式计算：

$$钻土孔\ V=S\times h_0 \qquad （式\ 3\text{-}22）$$

$$钻岩孔\ V=S\times h_1 \qquad （式\ 3\text{-}23）$$

式中：S——桩径截面积；

　　　h_0——自然地面至岩石表面的深度；

　　　h_1——入岩深度。

混凝土灌入工程量，计量单位为 m^3，公式如下：

$$V=S \times L_0 \qquad\qquad （式 3-24）$$

有效桩长设计有规定按规定，无规定按下列公式：

$$L_0=L_1+D \qquad\qquad （式 3-25）$$

式中：L_0——有效桩长；

　　　L_1——设计桩长，指桩顶标高至桩底标高，基础超灌长度按设计要求另行计算；

　　　D——桩直径。

泥浆运输工程量，工程量按成孔工程量计取。

【例 3-7】某工程需要如图 3-22 所示钢筋混凝土灌注方桩，共 50 根，求其工程量。

图 3-22　钢筋混凝土方桩

解： 钢筋混凝土方桩　工程量=0.5×0.5×（24+0.6）×50=307.50 m^3

2）打孔沉管灌注桩

打孔（沉管）灌注桩按下列规定计算：

①混凝土桩、砂桩、砂石桩、碎石桩、CFG 桩的体积，按设计桩长（包括桩尖，不扣除桩尖虚体积）乘以设计规定桩径，如设计无规定时，桩径按钢管管箍外径截面面积计算。

②扩大桩的体积用复打法时按单桩体积乘以次数计算；用翻插法时按单桩体积乘以 1.5 系数。

③打孔后先埋入预制混凝土桩尖，再灌注混凝土者，桩尖按定额手册"混凝土及钢筋混凝土工程"相应项目计算。灌注桩按设计长度（自桩尖顶面至桩顶面高度）乘以钢管管箍外径截面面积计算。

$$V = S_1 \times (L_1 + L_2) \qquad\qquad (式3\text{-}26)$$

式中：S_1——管外径截面积；

  L_1——设计桩长，根据设计图纸长度如使用活瓣桩尖包括预制桩尖，使用预制钢筋混凝土桩尖则不包括；

  L_2——加灌长度，用来满足砼灌注充盈量，按设计规定；无规定时，按0.25 m计取。

【例3-8】 某工程采用C30混凝土灌注桩，单根桩设计长度为8 m，桩截面为ϕ800，共33根。

解：（1）计算工程量

工程数量为：$3.14 \times 0.40^2 \times (8.00 + 0.50) \times 33 = 132.73$（$m^3$）

（2）混凝土灌注桩分部分项工程量清单的编制

根据"5.2.1混凝土桩"，确定清单工程量。

项目编码：01020100301；项目名称：混凝土灌注桩；项目待征：①桩长：8 m；②桩径ϕ800；③混凝土强度等级：C30。计量单位为：m^3。工程量计算规则：按设计桩长（包括桩尖）乘以桩径，以立方米计算。工程内容：①成孔、固壁；②混凝土制作、运输、灌注、振捣、养护；③泥浆池及沟槽砌筑、拆除；④泥浆制作、运输；⑤清理、运输。

将上述结果及相关内容填入"分部分项工程量清单"，如表3-6所示。

表3-6 分部分项工程量清单

工程名称：某工程 　　　　　　　　　　　　　　　　　第1页 共1页

序号	项目编号	项目名称	项目特征描述	计量单位	工程量
1	010301002	混凝土灌注桩	①桩长：8 m ②桩径：ϕ800 ②混凝土强度等级：C30	m^3	132.73

3）夯扩桩

夯扩桩按下列方式计算：

V_1（一、二次夯扩）=标准管内径截面积 ×设计夯扩投料长度（不包括预制桩尖）

V_2（最后管内灌注砼）=标准管外径截面积 ×（设计桩长+0.25）

其中，设计夯扩投料长度——按设计规定计算。

3. 人工挖孔桩

人工挖孔混凝土桩按下列规定计算：

①挖土按实挖体积以立方米计算。如设计无混凝土护壁的，挖土尺寸按设计桩身直径加 200 mm 计算，项目中包括垂直运输及 100 m 以内水平运输。

②设计有混凝土护壁的，护壁混凝土按图示尺寸以立方米计算。设计无混凝土护壁的，护壁厚度按 100 mm，高度按孔身高度计算。

③扩大头如需锚杆支护时，另行计算。

④人工挖孔混凝土桩从桩承台以下，按设计图示尺寸以立方米计算，混凝土护壁已另列项目，不得重复计算。

人工挖孔工程量按下式计算：

$$V_{（人工挖土）}=护壁外围截面积×成孔长度$$

其中，成孔长度——自然地坪至设计桩底标高。

$$V_{（淤泥、流砂、岩石）}=实际开挖（凿）量$$

砖、混凝土护壁及灌注桩芯混凝土工程量按设计图示尺寸的实体积。

4. 水泥搅拌桩、粉喷桩

水泥搅拌桩、粉喷桩，以立方米计算工程量，具体计算方法如下：

$V=$（设计桩长+500 mm）×设计桩截面面积（长度如有设计要求则按设计长度）

双轴的工程量不得重复计算，群桩间的搭接不扣除。

5. 长螺旋或旋挖法钻孔灌注桩

长螺旋或旋挖法钻孔灌注桩，以立方米计算工程量，具体计算方法如下：

$V=$（设计桩长+500 mm）×设计桩截面面积或螺旋外径面积（长度如有设计 要求则按设计长度）

6. 基坑锚喷护壁成孔及孔内注浆

基坑锚喷护壁成孔及孔内注浆按设计图纸以延长米计算工程量。

7. 护壁喷射混凝土

护壁喷射混凝土按设计图纸以平方米计算工程量。

【例 3-9】某工程二类土，打预制方桩 20 根，截面为 400×400，设计桩长 18 m，其中桩的砼为 C30（40 石、325 水泥、现场搅拌机拌制）、现场运输 1.5 km，试求清单工程量。

解：求清单工程量

打预制方桩：18×20 =360 m

分部分项工程量清单见表 3-7。

表 3-7 分部分项工程量清单表

序号	项目编码	项目名称	项目特征	计量单位	工程量
1	010301001	预制钢筋混凝土桩	①二类土 ②设计桩长 18 m ③方桩截面 400×400 ④打桩 ⑤桩运距 1.5 km ⑥桩混凝土 C30、40 石、325 水泥、现场搅拌	m	360

3.5 钢筋混凝土工程

3.5.1 钢筋混凝土工程定额说明

①钢筋混凝土工程定额编制了几种施工方式：现浇构件、现场预制构件、加工厂预制构件及构筑物等。

②混凝土石子粒径取定：设计有规定的按设计规定，无设计规定按表 3-8 的规定计算。

表 3-8 混凝土石子粒径

石子粒径	构件名称
5～16 mm	预制板类构件、预制小型构件
5～31.5 mm	现浇构件：矩形柱（构造柱除外）、圆柱、多边形柱（L、T、十形柱除外）、框架梁、单梁、连续梁、地下室防水混凝土墙； 预制构件：柱、梁、桩
5～20 mm	除以上构件外均用此料径
5～40 mm	基础垫层、各种基础、道路、挡土墙、地下室墙、大体积混凝土

③现浇柱、墙定额中，均已按规范规定综合考虑了底部铺垫 1∶2 水泥砂浆的用量。

④室内净高超过 8 m 的现浇柱、梁、墙、板（各种板）的人工工日分别乘以下列系数：净高在 12 m 以内乘以 1.18；净高在 18 m 以内乘以 1.25。

⑤现场预制构件，如在加工厂制作，混凝土配合比按加工厂配合比计算；加工厂构件及商品混凝土改在现场制作，混凝土配合比按现场配合比计算；其工料、机械台班不调整。

⑥加工厂预制构件其他材料费中已综合考虑了掺入早强剂的费用，现浇构件和现场预制构件未考虑使用早强剂费用，设计需要时，可以另行计算早强剂增加费用。

⑦预制混凝土构件定额按采用成品形式，成品构件按外购列入混凝土构件安装子目，定额含量包含了构件安装的损耗。成品构件的定额取定价包括混凝土构件制作及运输、钢筋制作及运输、预制混凝土模板五项内容。

⑧混凝土定额按自然养护制定，如发生蒸气养护，可另增加蒸气养护费。

⑨构筑物中混凝土、抗渗混凝土已按常用的强度等级列入基价，设计与定额取定不符综合单价调整。

⑩构筑物中的混凝土、钢筋混凝土地沟是指建筑物室外的地沟，室内钢筋混凝土地沟按现浇构件相应定额执行。

⑪泵送混凝土定额中已综合考虑了输送泵车台班，布拆管及清洗人工、泵管摊销费、冲洗费。当输送高度超过 30 m 时，输送泵车台班（含 30 m 以内）乘以 1.10；输送高度超过 50 m 时，输送泵车台班（含 50 m 以内）乘以 1.25；输送高度超过 100 m 时，输送泵车台班（含 100 m 以内）乘以 1.35；输送高度超过 150 m 时，输送泵车台班（含 150 m 以内）乘以 1.45；输送高度超过 200 m 时，输送泵车台班（含 200 m 以内）乘以 1.55。

⑫现场集中搅拌混凝土按现场集中搅拌混凝土配合比执行，混凝土拌和楼的费用另行计算。

⑬实际使用的混凝土的强度等级与定额子目设置的强度等级不同时，可以进行换算。

⑭构造柱只适用先砌墙后浇柱的情况，如构造柱为先浇柱后砌墙的，无论断面大小，均按周长 1.2 m 以内捣制矩形柱定额执行。墙心柱按构造柱定额及相应说明执行。

⑮捣制整体楼梯，如休息平台为预制构件，仍套用捣制整体楼梯，预制构件不另行计算。阳台为预制空心板时，应计算空心板体积，套用空心板相应子目。

⑯定额中不包括施工缝处理，根据工程的各种施工条件，如需留施工缝的，技术上的处理按施工验收规范，经济上按实结算。

⑰钢筋工程内容包括：除锈、平直、制作、绑扎（点焊）、安装以及浇灌混凝土时维护钢筋用工。

⑱钢筋搭接所耗用的电焊条、电焊机、铅丝和钢筋余头损耗已包括在定额内，设计图纸注明的钢筋接头长度以及未注明的钢筋接头按规范的搭接长度应计入设计钢筋用量中。

⑲对构筑物工程，其钢筋可按表3-9系数调整定额中人工和机械用量。

表 3-9 构筑物人工、机械调整系数

项目	构筑物					
构件名称	烟囱烟道	水塔水箱	贮仓		栈桥通廊	水池油池
			矩形	圆形		
人工、机械调整系数	1.70	1.70	1.25	1.50	1.20	1.20

3.5.2 钢筋混凝土工程量计算规则

3.5.2.1 现浇混凝土

混凝土工程量除另有规定外，均按图示尺寸以体积计算。不扣除构件内钢筋、支架、螺栓孔、螺栓、预埋铁件及墙、板中不大于 0.3 m² 内的孔洞所占体积。留洞所增加工、加料不再另增费用。

1. 混凝土基础垫层

①混凝土基础垫层是指砖、石、混凝土、钢筋混凝土等基础下的混凝土垫层，按图示尺寸以体积计算。不扣除伸入承台基础的桩头所占体积。

②外墙基础垫层长度按外墙中心线长度计算，内墙基础垫层长度按内墙基础垫层净长计算。

2．基础

①带形基础长度：外墙下条形基础按外墙中心线长度、内墙下带形基础按基底、有斜坡的按斜坡间的中心线长度、有梁部分按梁净长计算，独立柱基间带形基础按基底净长计算。

②满堂（板式）基础有梁式（包括反梁）、无梁式应分别计算，仅带有边肋的，按无梁式满堂基础套定额。

③设备基础除块体以外，其他类型设备基础分别按基础、梁、柱、板、墙等有关规定计算，套相应定额。设备基础定额中未包括地脚螺栓。地脚螺栓一般应包括在成套设备价值内。

④混凝土基础与墙或柱的划分，均按基础扩大顶面为界。

⑤有梁式带形基础的梁高与梁宽之比在 4∶1 之内的按有梁式带形基础计，超过 4∶1 时，梁套用墙定额，下部套用无梁式带形基础子目。

⑥楼层上的设备基础按有梁板定额项目计算，设备基础除块体以外，其他类型设备基础分别按基础、梁、柱、板、墙等有关规定计算，套相应的定额项目计算。

3．柱

现浇混凝土柱综合基价中，柱划分为矩形柱、异形柱、圆形柱和构造柱四大类。其中，矩形柱综合基价根据柱断面周长不同，划分为 1.2 m 以内、1.8 m 以内、1.8 m 以外三个综合基价子目；异形柱不分断面大小，综合为一个综合基价子目。圆形柱综合基价根据柱直径不同，划分为 0.5 m 以内、0.5 m 以外两个综合基价子目；构造柱不分断面形式及大小，综合为一个综合基价子目。

柱按图示断面尺寸乘柱高以体积计算，应扣除构件内型钢体积。柱高按下列规定确定：

①有梁板的柱高，应自柱基上表面（或楼板上表面）至上一层楼板上表面之间的高度计算，不扣除板厚 ［图 3-23（a）］。

②无梁板的柱高，自柱基上表面（或楼板上表面）至柱帽下表面的高度计算 ［图 3-23（b）］。

③有预制板的框架柱柱高自柱基上表面至柱顶高度计算 ［图 3-23（c）］。

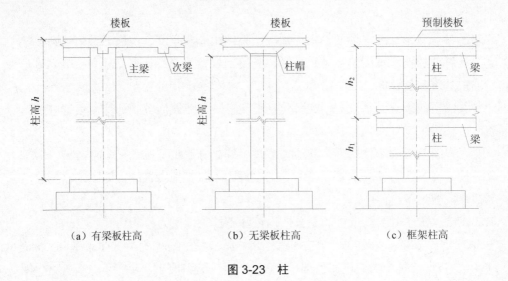

（a）有梁板柱高　　　　（b）无梁板柱高　　　　（c）框架柱高

图 3-23　柱

④构造柱按全高计算，与砖墙嵌接部分的混凝土体积并入柱身体积内计算。如需分层计算时，首层构造柱高应自柱基或地圈梁上表面算至上一层圈梁上表面，其他各层为各楼层上下两道圈梁上表面之间的距离。若构造柱上、下与主、次梁连接，则以上、下与主、次梁间净高计算柱高。构造柱按设计图示尺寸（包括与砖墙咬接部分）计算其断面面积。

⑤依附柱上牛腿和升板的柱帽，并入相应柱身体积内计算。

4．梁

梁按图示断面尺寸乘梁长以体积计算。梁长按下列规定确定：

①主、次梁与柱连接时，梁长算至柱侧面。

②主梁与次梁连接时，次梁长算至主梁侧面。伸入砖墙内的梁头、梁垫体积并入梁体积内计算。梁头处有捣制梁垫者，其体积并入梁内计算。

③圈梁、过梁应分别计算。过梁长度按图示尺寸，图纸无明确表示时，按门窗洞口外围宽另加 500 mm 计算。平板与砖墙上混凝土圈梁相交时，圈梁高应算至板底面。

④依附于梁、墙、板（包括阳台梁、圈过梁、挑檐板、混凝土栏板、混凝土墙外侧）上的混凝土线条（包括弧形线条）按小型构件定额执行（梁、墙、板宽算至线条内侧）。

⑤现浇挑梁按挑梁计算，其压入墙身部分按圈梁计算；挑梁与单、框架梁连

接时，其挑梁应并入相应梁内计算。

⑥框架梁、单梁突出墙面的钢筋混凝土挑口（作装饰用），突出宽度在 12 cm 以内的，挑出部分与梁合并，仍执行梁的定额；宽度在 12 cm 以上的，突出墙外部分执行挑檐定额。

⑦阳台系梁突出阳台水平投影部分挑口造型，突出部分体积执行异形梁定额。

⑧有梁板是指梁（包括主、次梁）与板构成一体并至少有三边是以承重梁支承的，其工程量应以梁板体积总和计算。框架有梁板外边悬挑水平部分板带并入梁板计算。

5. 板、墙

按图示面积乘板厚以体积计算（梁板交界处不得重复计算），不扣除单个面积 0.3 m² 以内的柱、垛以及孔洞所占体积。应扣除构件中压形钢板所占体积。其中：

①有梁板按梁（包括主、次梁）、板体积之和计算，有后浇板带时，后浇板带（包括主、次梁）应扣除。厨房间、卫生间墙下设计有素混凝土防水坎时，工程量并入板内，执行有梁板定额。

②无梁板是指不带梁直接用柱头支承的板，其体积按板和柱帽之和计算。

③平板是指无柱、梁，直接用墙支承的板，以体积计算。

④现浇挑檐、天沟与板（包括屋面板、楼板）连接时，以外墙面为分界线，与圈梁（包括其他梁）连接时，以梁外边线为分界线。外墙边线以外或梁外边线以外为挑檐、天沟。天沟底板与侧板工程量应分别计算，底板按板式雨篷以板底水平投影面积计算，侧板按天沟、檐沟竖向板以体积计算。

⑤后浇墙、板带（包括主、次梁）按设计图示尺寸以体积计算。

【例 3-10】如图 3-24、图 3-25 所示，求有梁板的工程量。

解： 板工程量=（9+0.15×2）×（6+0.15×2）×0.1=5.86（m³）

主梁工程量=0.3×0.6×（6−0.15×2）×2=2.05（m³）

次梁工程量=0.25×0.3×（9−0.15×2）=0.65（m³）

有梁板工程量=5.86+2.05+0.65=8.56（m³）

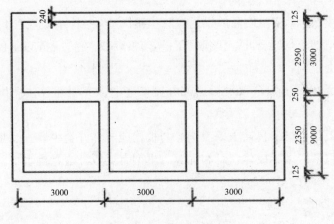

图 3-24　有梁板平面图

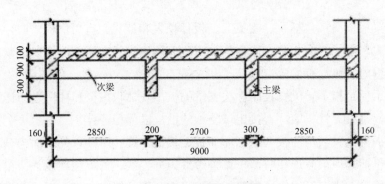

图 3-25　有梁板剖面图

6. 楼梯

包括休息平台、平台梁、斜梁及楼梯梁，按水平投影面积计算，不扣除宽度在 500 mm 以内的楼梯井，伸入墙内部分不另增加，楼梯与楼板连接时，楼梯算至楼梯梁外侧面。当现浇楼板无梯梁连接时，以楼梯的最后一个踏步边缘加 300 mm 计算。

7. 其他构件

①台阶按水平投影以面积计算，设计混凝土用量超过定额含量时，应调整。台阶与平台的分界线以最上层台阶的外口增 300 mm 宽度为准，台阶宽以外部分并入地面工程量计算。

②空调板按板式雨篷以板底水平投影面积计算。

③墙、间壁墙、电梯井墙应扣除门窗洞口及 0.3 m² 以上的孔洞面积，大钢模板混凝土墙中的圈梁、过梁及外墙的八字角处应并入墙体积计算。

④短支剪力墙长度是墙厚的 4 倍以内的为柱，4 倍以上的为墙。

⑤阳台、雨篷（包括遮阳板、空调机板）均按伸出墙外的水平投影面积计算，伸出墙外的牛腿已包括在定额内，不另计算，但嵌入墙内的梁按相应定额执行。雨篷上带有钢筋混凝土立板时，立板部分另行计算工程量，执行挑檐子目。

⑥挑出墙面（外墙皮）长度 1.5 m 以上的现浇带梁大雨篷执行有梁板定额；柱头支承的无梁大雨篷执行无梁板定额。压入墙的梁端另列项目计算，执行圈梁或过梁定额。挑出墙面（外墙皮）长度 1.5 m 以上的现浇有梁板阳台，执行有梁板定额；有柱的不论挑出多少，均执行有梁板定额。

⑦小型构件系指每件体积在 0.05 m³ 以内未列项目的构件。钢筋混凝土造型体积在 1 m³ 内的，按零星构建计算。

⑧现浇梁、板、基础梁、地圈梁、挑檐、墙、栏板、楼梯等是弧形或折线型时，可以调整，按相应定额中模板人工乘以系数 1.25。圆弧形带形基础，其圆弧部分可按相应定额模板人工乘以系数 1.20。

3.5.2.2 预制混凝土构件的成品安装及接头灌缝

①混凝土工程量除另有规定外，均按图示尺寸以体积计算，不扣除构件内钢筋、铁件、后张法预应力钢筋灌浆及板内小于 0.3 m² 以内的孔洞所占体积。

②钢筋混凝土构件接头灌缝，包括构件坐浆、灌缝、堵板孔、塞板缝、塞梁缝等，均按预制钢筋混凝土构件实体积计算。

3.5.2.3 构筑物工程：贮水（油）池

混凝土工程量除另有规定外，均按图示尺寸以体积计算。不扣除构件内钢筋、支架、螺栓孔、螺栓、预埋铁件及壁、板中 0.3 m² 以内的孔洞所占体积。留洞所增加工、料不再另增费用。

①池底为平底执行平底定额，其平底体积应包括池壁下部的扩大部分；池底有余坡的，执行锥形底定额。均按图示尺寸以体积计算。

②池壁有壁基梁时，锥形底应算至壁基梁底面，池壁应从壁基梁上口开始，壁基梁应从锥形底上表面算至池壁下口；无壁基梁时锥形底算至坡上表面，池壁

应从锥形底的上表面开始。

③无梁池盖柱的柱高，应由池底上表面算至池盖的下表面，柱帽和柱座应并在池内柱的体积内。

④池壁应分别按不同厚度计算，其高度不包括池壁上下处的扩大部分；无扩大部分时，则自池底上表面（或壁基梁上表面）至池盖下表面。

⑤无梁盖应包括与池壁相连的扩大部分的体积；肋形盖应包括主、次梁及盖板部分的体积；球形盖应自池壁顶面以上，包括边侧梁的体积在内。

⑥各类池盖中的进水孔、透气管、水池盖以及与盖相连的结构，均包括在定额内，不另计算。

⑦沉淀池水槽系指池壁上的环形溢水槽及纵横、U 形水槽，但不包括与水槽相连接的矩形梁；矩形梁可按现浇构件分部的矩形梁定额计算。

3.5.2.4　钢筋工程量计算

①钢筋工程量应区分不同钢种和规格按设计长度（指钢筋中心线）乘以单位质量以吨计算。

②计算钢筋工程量时，设计（含标准图集）已规定钢筋搭接长度的，按规定搭接长度计算；设计未按规定搭接长度的，已包括在钢筋的损耗之内，不另计算搭接长度。

③植筋按设计数量以根数计算。

④在加工厂制作的铁件（包括半成品铁件）、已弯曲成型钢筋的场外运输均以质量计算。各种砌体内的钢筋加固分绑扎、不绑扎以质量计算。

⑤混凝土柱中埋设的钢柱，其制作、安装应按相应的钢结构制作、安装定额执行。

⑥钢筋长度的计算：

梁、板为简支，钢筋为 Ⅱ、Ⅲ 级钢时，可按下列规定计算：

● 直钢筋净长=$L-2c$（c 为钢筋保护层厚度）

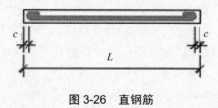

图 3-26　直钢筋

- 弯起钢筋净长=$L-2c+2\times0.414H'$

当θ=30°时，公式内 0.414 改为 0.268；

当θ=60°时，公式内 0.414 改为 0.577。

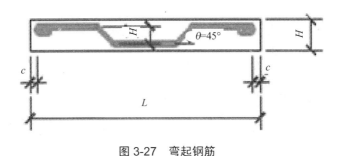

图 3-27　弯起钢筋

- 弯起钢筋两端带直钩净长=$L-2c+2H''+2\times0.414H'$

当θ=30°公式内 0.414 改为 0.268；

当θ=60°时，公式内 0.414 改为 0.577。

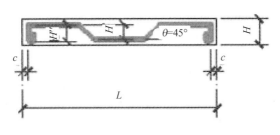

图 3-28　弯起钢筋两端带直钩

- 箍筋末端应作 135°弯钩，弯钩平直部分长度 e，一般不应小于箍筋直径的 5 倍；对有抗震要求的结构不应小于箍筋直径的 10 倍。

当平直部分为 $5d$ 时，箍筋长度 $L=（a-2c+2d）\times2+（b-2c+2d）\times2+14d$；

当平直部分为 $10d$ 时，箍筋长度 $L=（a-2c+2d）\times2+（b-2c+2d）\times2+24d$。

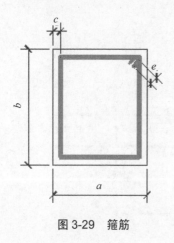

图 3-29　箍筋

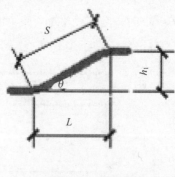

图 3-30　弯起钢筋

● 弯起钢筋终弯点外应留有锚固长度，在受拉区不应小于 $20d$；在受压区不应小于 $10d$。弯起钢筋斜长按表 3-10 系数计算。

表 3-10　弯起钢筋斜长系数表

弯起角度	$\theta=30°$	$\theta=45°$	$\theta=60°$
斜边长度 s	$2h_0$	$1.414h_0$	$1.155h_0$
底边长度 L	$1.732h_0$	h_0	$0.577h_0$
斜长比底长增加	$0.268h_0$	$0.414h_0$	$0.577h_0$

⑦先张法预应力钢筋，按构件外形尺寸计算长度，后张法预应力钢筋按设计图规定的预应力钢筋预留孔道长度，并区别不同的锚具类型，分别按下列规定计算：

● 低合金钢筋两端采用螺杆锚具时，预应力的钢筋按预留孔道长度减 0.35 m，螺杆另行计算。

● 低合金钢筋一端采用徽头插片，另一端螺杆锚具时，预应力钢筋长度按预留孔道长度计算，螺杆另行计算。

● 低合金钢筋一端采用徽头插片，另一端采用帮条锚具时，预应力钢筋增加 0.15 m，两端采用帮条锚具时预应力钢筋共增加 0.3 m 计算。

● 低合金钢筋采用后张硅自锚时，预应力钢筋长度增加 0.35 m 计算。

● 低合金钢筋或钢绞线采用 JM、XM、QM 型锚具孔道长度在 20 m 以内时，预应力钢筋长度增加 1 m；孔道长度 20 m 以上时预应力钢筋长度增加 1.8 m

计算。

● 碳素钢丝采用锥形锚具，孔道长在 20 m 以内时，预应力钢筋长度增加 1 m；孔道长在 20 m 以上时，预应力钢筋长度增加 1.8 m。

● 碳素钢丝两端采用镦粗头时，预应力钢丝长度增加 0.35 m 计算。

⑧钢筋的混凝土保护层厚度。

● 受力钢筋的混凝土保护层厚度，应符合设计要求，当设计无具体要求时，不应小于受力钢筋直径，并应符合表 3-11 的要求。

表 3-11　钢筋的混凝土保护层最小厚度

构建类别	工作条件	保护层最小厚度/mm
墙、板、壳	与水，土接触或高湿度	30
	与污水接触或受水气影响	35
	其他情况	20
梁、柱	与水，土接触或高湿度	35
	与污水接触或受水气影响	40
	其他情况	25
基础、底板	有垫层的下层筋	40
	无垫层的下层筋	70

● 处于室内正常环境由工厂生产的预制构件，当混凝土强度等级不低于 C20 且施工质量有可靠保证时，其保护层厚度可按表中规定减少 5 mm，但预制构件中的预应力钢筋的保护层厚度不应小于 15 mm；处于露天或室内高湿度环境的预制构件，当表面另作水泥砂浆抹面且有质量可靠保证措施时其保护层厚度可按表中室内正常环境中的构件的保护层厚度数值采用。

● 钢筋混凝土受弯构件，钢筋端头的保护层厚度一般为 10 mm；预制的肋形板，其主肋的保护层厚度可按梁考虑。

● 板、墙、壳中分布钢筋的保护层厚度不应小于 10 mm；梁、柱中的箍筋和构造钢筋的保护层厚度不应小于 15 mm。

⑨钢筋的弯钩长度。

Ⅰ级钢筋末端需要做 180°、135°、90°、弯钩时，其圆弧弯曲直径 D 不应小于钢筋直径 d 的 2.5 倍，平直部分长度不宜小于钢筋直径 d 的 3 倍；HRRB335 级、HRB400 级钢筋的弯弧内径不应小于钢筋直径 d 的 4 倍，弯钩的平直部分长度应符合设计要求。180°的每个弯钩长度=6.25 *d*（*d* 为钢筋直径 mm）。

⑩弯起钢筋的增加长度。

弯起钢筋的弯起角度一般有 30°、45°、60°三种，其弯起增加值是指钢筋斜长与水平投影长度之间的差值。

⑪箍筋的长度。

箍筋的末端应作弯钩，弯钩形式应符合设计要求。当设计无具体要求时，用Ⅰ级钢筋或低碳钢丝制作的箍筋，其弯钩的弯曲直径 *D* 不应大于受力钢筋直径，且不小于箍筋直径的 2.5 倍；弯钩的平直部分长度，一般结构的，不宜小于箍筋直径的 5 倍；有抗震要求的结构构件，其箍筋弯钩的平直部分长度不应小于箍筋直径的 10 倍。

⑫钢筋的锚固长度。

钢筋的锚固长度，是指各种构件相互交界处彼此的钢筋应互相锚固的长度。设计图纸有明确规定的，钢筋的锚固长度按图纸计算；当设计无具体要求时，则按《混凝土结构设计规范》的规定计算。

受拉钢筋的锚固长度应按下列公式计算：

普通钢筋：$La = a (f_y/f_t) d$

预应力钢筋：$La = a (f_{py}/f_t) d$

式中：f_y、f_{py} —— 普通钢筋、预应力钢筋的抗拉强度设计值；

f_t —— 混凝土轴心抗拉强度设计值，当混凝土强度等级高于 C40 时，按 C40 取值；

d —— 钢筋直径；

a —— 钢筋的外形系数（光面钢筋 a 取 0.16，带肋钢筋 a 取 0.14）。

注：当符合下列条件时，计算的锚固长度应进行修正：

● 当 HRB335、HRB400 及 RRB400 级钢筋的直径大于 25 mm 时，其锚固长度应乘以修正系数 1.1；

● 当 HRB335、HRB400 及 RRB400 级的环氧树脂涂层钢筋，其锚固长度应乘以修正系数 1.25；

● 当 HRB335、HRB400 及 RRB400 级钢筋在锚固区的混凝土保护层厚度大于钢筋直径的 3 倍且配有箍筋时，其锚固长度可应乘以修正系数 0.8；

● 经上述修正后的锚固长度不应小于按公式计算锚固长度的 0.7 倍，且不应小于 250 mm；

● 纵向受压钢筋的锚固长度不应小于受拉钢筋锚固长度的 0.7 倍。

纵向受拉钢筋的抗震锚固长度 LaE 应按下列公式计算：

一、二级抗震等级：LaE=1.15La

三级抗震等级：LaE=1.05La

四级抗震等级：　LaE=La

⑬钢筋计算其他问题。

在计算钢筋用量时，还要注意设计图纸未画出以及未明确表示的钢筋，如楼板中双层钢筋的上部负弯矩钢筋的附加分布筋、满堂基础底板的双层钢筋在施工时支撑所用的马凳及钢筋混凝土墙施工时所用的拉筋等。这些都应按规范要求计算，并入其钢筋用量中。

3.6　砖石工程

砖石工程的定额项目，主要有：砖石基础，普通砖墙、空斗墙、空心砖墙、砌块墙、空花墙、填充墙和毛石砌体、各类砖柱、砖平拱、砖弧拱和钢筋砖过梁，以及火墙、锅台和炉灶等零星砌体定额项目。砌筑砂浆主要包括水泥砂浆和混合砂浆。

3.6.1　砖石工程定额说明

3.6.1.1　砌砖、砌块

①标准砖墙不分清、混水墙及艺术形式复杂程度。砖拱、砖过梁、砖圈梁、砖垛、砖挑檐及附墙烟囱等因素已综合在定额内，不得另列项目计算。

②砌体使用配砖与定额不同时，不做调整。

③砖墙定额中已包括先立门窗框的调直用工以及腰线、窗台线、挑檐等一般出线用工。

④砖砌体均包括了原浆勾缝用工，加浆勾缝时，另按相应定额计算。

⑤单面清水砖墙（含弧形砖墙）按相应的混水砖墙定额执行，人工乘以系数1.15。

⑥清水方砖柱按混水方砖柱定额执行，人工乘以系数 1.06。

⑦各种砖砌体的砖、砌块是按表 3-12 编制的，规格不同时，可以换算。

表 3-12 常用砌块尺寸

砖名称	规格/mm
标准砖	240×115×53
KP1 多孔砖	240×115×90
多孔砖	240×240×115　　240×115×115
KM1 空心砖	190×190×90　　190×90×90
三孔砖	190×190×90
六孔砖	190×190×140
九孔砖	190×190×190
页岩模数多孔砖	240×190×90　　240×140×90 240×90×90　　190×120×90
普通混凝土小型空心砌块（双孔）	390×190×190
普通混凝土小型空心砌块（单孔）	190×190×190　　190×190×90
七五配砖	190×90×40
粉煤灰硅酸盐砌块	880×430×240　　580×430×240 430×430×240　　280×430×240
加气混凝土块	600×240×150　　600×200×250　　600×100×250

⑧围墙按实心砖砌体编制，如砌空花、空斗等其他砌体围墙，可分别按墙身、压顶、砖柱等套用相应定额。

⑨砖砌体内的钢筋加固及转角、内外墙的搭接钢筋，按设计图示钢筋长度乘以单位理论质量计算，执行"钢筋工程"的相应子目。

⑩砖砌挡土墙时，两砖及以上执行砖基础定额，两砖以内执行砖墙定额。

⑪砖水箱内外壁，区分不同壁厚执行相应的砖墙定额。

⑫检查井、化粪池适用建设场地范围内上下水工程。定额已包括土方挖、运、填、垫层板、墙、顶盖、粉刷及刷热沥青等全部工料在内。但不包括池顶盖板上的井盖及盖座、井池内进水套管、支架及钢筋铁件的工料。化粪池容积 50 m^3 以上的，分别列项套用相应定额。

⑬砖砌圆弧形空花、空心砖墙及圆弧形砌块砌体墙按直形墙相应定额项目，人工乘以系数 1.10。

3.6.1.2　砌石

①定额分为毛石、方整石砌体两种。

②毛石护坡高度超过 4 m 时，定额人工乘以系数 1.15。

3.6.1.3　砂浆

定额项目中砌筑砂浆按常用规格、强度等级列出，实际与定额不同时，砂浆可以进行换算。

3.6.1.4　基础垫层

①整板基础下垫层采用压路机碾压时，人工乘以系数 0.9，垫层材料乘以系数 1.15，增加光轮压路机（8 t）0.022 台班，同时扣除定额中的电动夯实机台班（已有压路机的子目除外）。

②混凝土垫层应另行执行"混凝土工程"相应子目。

3.6.2　砌筑工程量计算规则

3.6.2.1　砌砖、砌块

①计算墙体工程量时，应扣除门窗、洞口、嵌入墙内的钢筋砼柱、梁、过梁、圈梁、挑梁，以及凹进墙内的壁龛、管槽、暖气槽、消火栓箱所占体积，不扣除梁头、板头、檩头、垫木、木楞头、沿椽木、木砖、门窗走头、砖砌体内的加固钢筋、木筋、铁件、钢管及单个面积不大于 0.3 m² 的孔洞所占的体积。凸出墙面的砖南侧并入墙体体积内计算。

②附墙砖垛、三皮砖以上的腰线、挑檐等体积，并入墙身体积内计算。

③附墙烟囱、通风道、垃圾道按其外形体积并入所依附的墙体积内合并计算，不扣除每个横截面在 0.1 m² 以内的孔洞体积。

④弧形墙按其弧形墙中心线部分的体积计算。

⑤砌筑弧形墙时，人工乘以系数 1.10、材料乘以系数 1.03。

3.6.2.2　墙体厚度按如下规定

①计算标准砖计算厚度按表 3-13 计算。

表 3-13　标准砖计算厚度

砖墙计算厚度	1/4	1/2	3/4	1	3/2	2	5/2	3
标准砖	53	115	178	240	365	490	615	740

定额中砖的规格是按 240 mm×115 mm×53 mm 的标准砖编制的，空心砖、多孔砖、砌块规格是按常用规格编制的。设计采用非标准砖、非常用规格砌筑材料，与定额不同时可以换算，但每定额单位消耗量不变。

②砖墙按墙长乘墙高乘墙厚以 m³ 计算工程量，应扣除门窗洞口、过人洞、空圈、嵌入墙身的钢筋混凝土柱、梁（包括过梁、圈梁、挑梁）、砖平旋、平砌砖过梁和暖气包壁龛及内墙板头的体积，不扣除梁头、外墙板头、檩头、垫木、木楞头、沿椽木、木砖、门窗走头、砖墙内的加固钢筋、木筋、铁件、钢管及每个面积在 0.3 m² 以下的孔洞等所占的体积，突出墙面的窗台虎头砖、压顶线、山墙泛水、烟囱根、门窗套及三皮砖以内的腰线和挑檐等体积亦不增加。砖垛、三皮砖以上的腰线和挑檐体积，并入墙身体积内计算。附墙烟囱（包括附墙通风道、垃圾道）按其外形体积计算，并入所依附的墙体体积内，不扣除每一个孔洞横截面在 0.1 m² 以下的体积，但孔洞内的抹灰工程量亦不增加。计算公式如下：

墙体工程量=墙长×墙高×墙厚±应并入（或扣除）体积

3.6.2.3　砌筑界线的划分

①砖墙

● 基础与墙（柱）身使用同一种材料时，以设计室内地坪为界，以下为基础，以上为墙（柱）身。有地下室的，以地下室室内设计地坪为界，以下为基础，以上为墙（柱）身［图 3-31（a）］。

● 条形基础与墙身使用不同材料，且分界线位于设计室内地坪±300 mm 以内，以不同材料为分界线，超过±300 mm，以设计室内地坪分界［图 3-31（b）］。

②石墙：外墙以设计室外地坪，内墙以设计室内地坪为界，以下为基础，以上为墙身（图 3-32）。

③砖石围墙以设计室外地坪为分界线，以下为基础，以上为墙身（图 3-33）。

④两砖以上砖挡土墙执行砖基础项目，两砖以内执行砖墙相应项。

⑤室内柱以设计室内地坪为界，以下为柱基础，以上为柱。室外柱以设计室外地坪为界，以下为柱基础，以上为柱。

⑥挡土墙与基础的划分以挡土墙设计地坪标高低的一侧为界，以下为基础，以上为墙身（图3-34）。

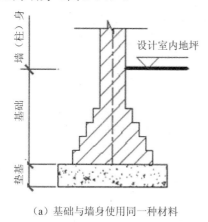

（a）基础与墙身使用同一种材料

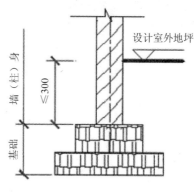

（b）基础与墙身使用不同材料

图 3-31　基础与墙身的划分示意

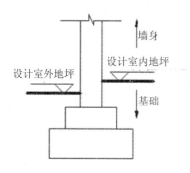

图 3-32　石墙基础与墙身划分示意

图 3-33　砖石围墙基础与墙身划分示意

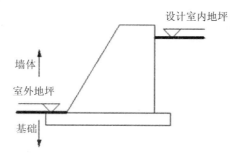

图 3-34　挡土墙基础与墙身划分示意

⑦墙身高度：外墙墙身以设计室内地坪为计算起点，内墙首层以室内地坪、二层及二层以上楼板面为起点，不同类型的内、外墙和山墙按下列规定计算：

● 外墙墙身高度：斜（坡）屋面无檐口天棚的算至屋面板底；有屋架，且室内外均有天棚的，算至屋架下弦底面另加200；无天棚的算至屋架下弦底加300，出檐宽度超过600时，应按实砌高度计算；平屋面有挑檐的算至挑檐板底，平屋面有女儿墙无檐口的算至钢筋混凝土板顶。

● 内墙墙身高度：位于屋架下弦的，其高度算至屋架底；无屋架的算至天棚底另加100；有钢筋混凝土楼板隔层的算至板底；有框架梁时算至梁底面。

● 内、外山墙墙身高度：按其平均高度计算。

3.6.2.4 砖石基础长度的确定

①外墙墙基按外墙中心线长度计算，内墙墙基按内墙基净长计算。

②基础大放脚T形接头处重叠部分以及嵌入基础的钢筋、铁件、管道、基础防水砂浆防潮层、整个基础单个面积在 $0.3 \ \mathrm{m}^2$ 以内孔洞所占的体积不扣除，但靠墙暖气沟的挑檐亦不增加。附墙垛基础宽出部分体积，并入所依附的基础工程量内。

● 砖石基础工程量计算公式：

$$V_{基础}=L_{基础} \times S_{断面}-V_{扣}+V_{垛}$$

● 砖基础大放脚通常采用等高式和不等高式两种砌筑法，如图3-35所示。

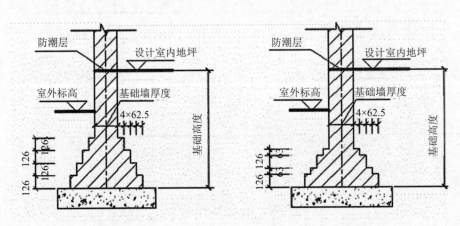

图 3-35　大放脚砖基础示意

为了简便砖砌大放脚基础工程量的计算，可将大放脚部分的面积折成相等墙基断面的面积，即墙基厚×折算高；或者按照规则砖墙尺寸计算后再加上增加的断面面积。

基础断面面积计算公式：

$$S_{断面}=（H_1+H_2）×B（\text{m}^2）$$

或

$$S_{断面}=H_1×B+S_{放脚}（\text{m}^2）$$

式中：$S_{断面}$——基础断面面积；

$S_{放脚}$——大放脚折加面积；

H_1+H_2——分别为基础设计高度和大放脚折加高度；

B——基础墙厚度。

一般情况下，大放脚的体积要并入所附基础墙内，可根据大放脚的层数、所附基础墙的厚度及是否等高放脚等因素。

【例 3-11】如图 3-36、图 3-37 所示，求砖基础工程量。

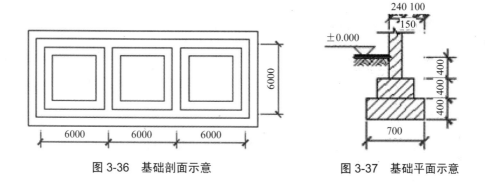

图 3-36　基础剖面示意　　　　　　图 3-37　基础平面示意

解： 砖基础工程量计算如下：

V=砖基础断面面积×（外墙中心线长度+内墙净长度）

　　=（0.7×0.4+0.5×0.4+0.24×0.4）×［（15.0+6.0）×2+5.76×2］

　　=0.576×53.52

　　=30.83（m³）

3.6.2.5　墙身长度的确定

外墙按外墙中心线，内墙按内墙净长线计算。弧形墙按中心线处长度计算。

3.6.2.6 墙身高度的确定，设计有明确高度时以设计高度计算，未明确时按下列规定计算

1. 外墙

坡（斜）屋面无檐口天棚的，算至墙中心线屋面板底；无屋面板的，算至椽子顶面；有屋架且室内外均有天棚的，算至屋架下弦底面另加 200 mm；无天棚的，算至屋架下弦底另加 300 mm，出檐宽度超过 600 mm 时按实砌高度计算；有现浇钢筋混凝土平板楼层的，应算至平板底面。

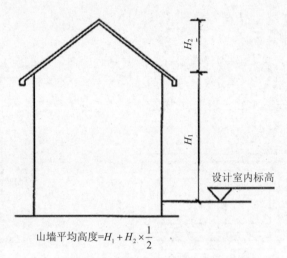

山墙平均高度 $=H_1+H_2\times\dfrac{1}{2}$

图 3-38　内外山墙墙体高度计算示意

2. 内墙

①内墙位于屋架下弦的，其高度算至屋架下弦底；无屋架的，算至天棚底另加 100 mm；有钢筋混凝土楼板隔层的，算至钢筋混凝土楼板底；有框架梁时，算至梁底面；同一墙上板厚不同时，按平均高度计算（如图 3-39、图 3-40、图 3-41 所示）。

②应扣除（或并入）的体积：

● 应扣除门窗洞口、过人洞、空圈、嵌入墙身的钢筋混凝土柱、梁（包括过梁、圈梁、挑梁）和暖气、壁龛以及单个面积在 0.3 m² 以上的孔洞等所占的体积；

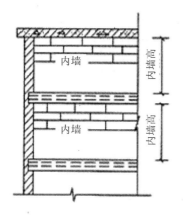

图 3-39 有混凝土楼板隔层时墙体高度示意

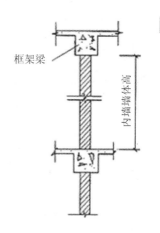

图 3-40 有框架梁时内墙墙体高度示意

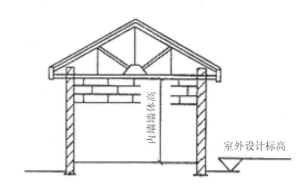

图 3-41 屋架下弦内墙墙体高度示意

- 不扣除梁头、板头、檩头、垫木、木楞头、木砖、门窗走头、砖墙内的加固钢筋、木筋、铁件、钢管及单个面积在 0.3 m² 以下的孔洞等所占的体积；

- 不增加突出墙面的窗台虎头砖、压顶线、山墙泛水、烟囱根、门窗套、三皮砖以内的腰线和挑檐等的体积；

- 要并入砖垛、附墙烟囱、三皮砖以上的腰线等的体积。

【例 3-12】某一层砖混结构房屋，如图 3-42、图 3-43 所示。砖墙体采用 M5.0 混合砂浆砌筑。M1 为 1 000 mm×2 400 mm，C1 为 1 500 mm×1 500 mm，M1 过梁断面为 240 mm×240 mm，C1 过梁断面为 240 mm×240 mm。外墙均设圈

梁，断面为 240 mm×240 mm。计算墙体工程量。

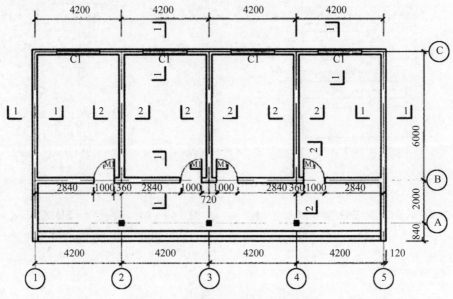

图 3-42 某一层砖混结构房屋平面图

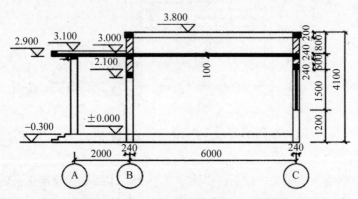

图 3-43 某一层砖混结构房屋 1-1 剖面图

解： $L_{外墙中} = (4.2 \times 4 + 6) \times 2 + (2 - 0.12 + 0.84 \times 2 = 51.04$（m）

$L_{内墙净} = (6 - 0.24) \times 3 = 17.28$（m）

（1）砖外墙工程量

$V_1 = \left[51.04 \times (3.8 - 0.2 - 0.24) - 1.5 \times 1.5 \times 4 - 1 \times 2.4 \times 4 \right] \times 0.24 - $
$0.24 \times 0.24 \times 2 \times 4 - 0.24 \times 0.24 \times 1.5 \times 4 = 35.89$（m³）

（2）砖内墙工程量

$$V_2 = 17.28 \times 2.9 \times 0.24 = 12.03 \ (\text{m}^3)$$

（3）混水砖墙（墙厚 mm）240 工程量

$$V_3 = 35.89 + 12.03 = 47.92 \ (\text{m}^3)$$

（4）女儿墙

从屋面板上表面算至女儿墙顶面；有混凝土压顶者，算至压顶下表面。分别以不同厚度按外墙定额执行。

3.6.2.7　框架间墙

不分内外墙，按墙体净尺寸以体积计算。框架外表面镶贴砖部分，按零星砌砖子目计算。

①框架间墙高度，内外墙自框架梁顶面算至上层框架梁底面；有地下室的，自基础底板（或基础梁）顶面算至上一层框架梁底。

②框架间墙长度按设计框架柱间净长线计算。

3.6.2.8　空斗墙、空花墙、围墙的计算

①空花墙：按空花部分的外形体积计算，不扣除空洞部分体积。空花墙外有实砌墙，其实砌部分应以体积另列项目计算。

②空斗墙：按外形尺寸以体积计算。墙角、内外墙交界处、门窗洞口立边、窗台砖及屋檐处的实砌部分已包括在定额内，不另行计算。但窗间墙、窗台下、楼板下、梁头下等实砌部分，应另行计算，套零星砌体定额项目。

③围墙：砖砌围墙按设计图示尺寸以体积计算，其围墙附垛、围墙柱及砖压顶应并入墙身工程量内；砖围墙上有混凝土花格、混凝土压顶时，混凝土花格及压顶应按混凝土工程的相应子目另行计算，其围墙高度算至混凝土压顶下表面。

3.6.2.9　多孔砖、空心砖墙

按图示墙厚以体积计算，不扣除砖孔空心部分体积。

3.6.2.10　填充墙

按设计图示尺寸以填充墙外形体积计算，其实砌部分及填充料已包括在定额内，不另计算。

【例3-13】如图 3-44、图 3-45、图 3-46 所示，求砖墙体工程量。

图注：①砖墙厚 240 mm，50#混合砂浆。

②圈梁用 C20 砼，Ⅰ级钢筋，沿外墙附设断面为 240 mm×180 mm。

③M-1：1.2 m×2.4 m，M-2：0.9 m×2.0 m。

④C-1：1.5 m×1.8 m。

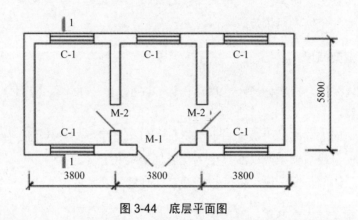

图 3-44　底层平面图

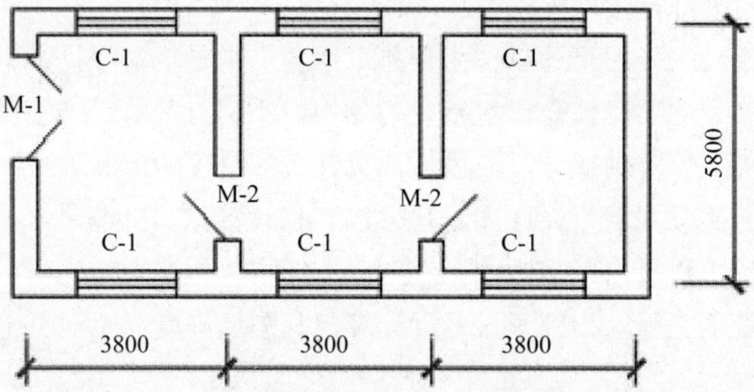

图 3-45　二、三层平面图

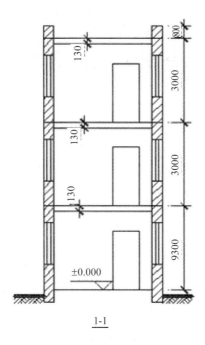

1-1

图 3-46　1-1 剖面图

解：外墙中心线长度：

$$L_{外}=（3.60×3+5.80）×2=33.20（m）$$

外墙面积：

$$S_{外墙}=33.20×（3.30+3.00×2+0.90）-门窗面积$$
$$=33.20×10.2-8.64（M-1）-45.9（C-1）$$
$$=284.10（m^2）$$

内墙净长度：

$$L_{内}=5.56×2=11.2（m）$$

内墙面积：

$$S_{内墙}=11.2×（9.3-0.13×2）-（M-2）$$
$$=11.2×9.04-10.80$$
$$=90.45（m^2）$$

墙体体积:

$$V=（284.10+90.45）×0.24-圈梁体积$$
$$=89.89-1.43$$
$$=88.46（m^3）$$

3.6.2.11　砖柱

按设计图示尺寸以体积计算。扣除混凝土及钢筋混凝土梁垫、梁头、板头所占体积。砖柱基、柱身不分断面，均以设计体积计算，柱身、柱基工程量合并套"砖柱"定额。柱基与柱身砌体品种不同时，应分开计算并分别套用相应定额。

3.6.2.12　砖砌地下室墙身及基础

按设计图示以体积计算，内、外墙身工程量合并计算按相应内墙定额执行。墙身外侧面砌贴砖按设计厚度以体积计算。

3.6.2.13　砖过梁

承受门窗洞口上部墙体的重量和楼盖传来的荷载的梁，称为过梁。无钢筋时叫砖平拱，有钢筋时叫钢筋砖过梁。

砖拱、钢筋砖过梁按图示尺寸以体积计算。如设计无规定时，砖平拱按门窗洞口宽度两端共加 100 mm，乘以高度（门窗洞口宽小于 1 500 mm 时，高度为 240 mm，洞口宽大于 1 500 mm 时，高度为 365 mm）计算；钢筋砖过梁按门窗洞口宽度两端共加 500 mm，高度按 440 mm 计算。

加气混凝土、硅酸盐砌块、小型空心砌块墙砌体中设计钢筋砖过梁时，应另行计算，套"零星砌砖"定额。

3.6.2.14　毛石墙、方整石墙

按图示尺寸以体积计算。方整石墙单面出垛并入墙身工程量内，双面出墙垛按柱计算。标准砖镶砌门、窗口立边、窗台虎头砖、钢筋砖过梁等按实砌砖体积另列计算，套"零星砌砖"定额。

3.6.2.15 墙基防潮层

按墙基顶面水平宽度乘以长度以面积计算,有附垛时将其面积并入墙基内。

3.6.2.16 其他

①砖砌台阶按水平投影面积以面积计算。

②毛石、方整石台阶均以图示尺寸以体积计算,毛石台阶按毛石基础定额执行。

③墙面、柱、底座、台阶的剁斧以设计展开面积计算。

④砖砌地沟不分沟底、沟壁工程量,按设计图示尺寸合并以体积计算。

⑤毛石砌体打荒、錾凿、剁斧按砌体裸露外表面积计算(錾凿包括打荒,剁斧包括打荒、錾凿,打荒、錾凿、剁斧不能同时列入)。

⑥空斗墙工程量,按其外形体积以 m^3 为单位计算,应扣除门窗洞口和钢筋混凝土构件等所占体积,在墙转角、内外墙交界处、门窗洞口立边,砖拱,钢筋砖过梁、窗台砖和屋檐处等实砌体积,已包括定额项目内,不另行计算,但基础以上实砌砖墙和柱项目,应另列项目分别计算。

⑦空心砖墙工程量,按其外形体积,分不同墙厚以 m^3 为单位计算,应扣除门窗洞口、嵌入墙身的钢筋混凝土构件和每个面积在 $0.3 m^2$ 以上的孔洞等所占体积,其镶砌普通砖部分,已综合在定额项目内,不另行计算,但设计要求采用钢筋加固或砌普通砖带(每隔一定高度砌几皮普通砖)的,应另列项目计算。

⑧空花墙工程量,按空花部分外形体积,以 m^3 为单位计算:空花部分虚体积不扣除,空花墙连接的附墙柱和实砌墙,以 m^3 另行计算。

⑨填充墙工程量,按外形体积以 m^3 为单位计算,应扣除门窗洞口和嵌入墙身的钢筋混凝土构件等所占体积,其实砌部分体积,已包括在定额项目内,不另行计算。

⑩暖气地沟、电缆沟和其他砖砌沟道项目:均按实体积以 m^3 为单位计算,如果沟壁以下为砖基础时,其工程量可以合并计算,选套相应砖砌地沟、砖砌明沟定额项目,上部铸铁盖板安装按实铺长度以延长米计算。

⑪厕所蹲台,小便槽、煤箱、垃圾箱,花台、花池,盥洗池,拖把池,池槽腿、教室讲台、台阶挡墙或梯带,以及毛石墙和毛石墙门窗口立边、窗台虎头砖等砌体,均按实砌体积以立方米为单位计算,选套零星砌体定额项目。

⑫锅台和炉灶项目，均按外形体积以 m³ 为单位计算，不扣除各种孔洞的体积。

⑬砖砌检查井及化粪池分别套用相应定额，其中有效容积为 50 m³ 以内的不分形状及深浅，按垫层以上实有外形体积计算。定额中已包括土方挖、运、填、垫层、板、墙、顶盖、粉刷及刷热沥青等全部工料在内，但不包括池顶盖板上的井盖及盖座、井池内进排水套管、支架及钢筋铁件的工料。有效容积 50 m³ 以上的，分别列项套用相应定额计算。

3.6.2.17 基础垫层

①基础垫层按设计图示尺寸以体积计算。

②外墙基础垫层长度按外墙中心线长度计算，内墙基础垫层长度按内墙基础垫层净长计算。

3.7 钢结构工程

3.7.1 钢结构工程定额说明

3.7.1.1 钢构件的制作、加工

①钢结构工程包含钢结构制作和安装。

②金属构件不论在专业加工厂、附属企业加工厂或现场制作，均执行钢结构工程定额。

③本节中各种钢材数量除定额已注明为钢筋综合、不锈钢管、不锈钢网架球的之外，均以型钢表示。实际不论使用何种型材，钢材总数量和其他人工、材料、机械（除另有说明外）均不变。

④本节的制作均按焊接编制，局部制作用螺栓或铆钉连接，亦按钢结构工程执行。轻钢檩条拉杆安装用的螺帽、圆钢剪刀撑用的花篮螺栓，以及螺栓球网架的高强螺栓、紧定钉，已列入本节相应定额中，执行时按设计用量调整。

⑤金属结构制作定额中钢材品种按普通钢材为准，如用锰钢等低合金钢的，其制作人工乘以系数 1.1。

⑥零星钢构件是指定额未列项目且单件重量在 50 kg 以内的小型构件。

3.7.1.2　钢构件的安装

①金属构件安装定额工作内容中未包括场内运输费的，如发生单件在 0.5 t 以内、运距在 150 m 以内的，每吨构件另加场内运输人工 0.08 工日，材料 8.56 元，机械 14.72 元；单件在 0.5 t 以上的金属构件按定额的相应项目执行。

②场内运距超过上述规定时，应扣去上列费用，另按 1 km 以内的构件运输定额执行。

③金属构件中轻钢檩条拉杆的安装是按螺栓考虑，其余构件拼装或安装均按电焊考虑，设计用连接螺栓，其连接螺栓按设计用量另行计算（人工不再增加），电焊条、电焊机应相应扣除。

④单层厂房屋盖系统构件如必须在跨外安装，按相应构件安装定额中的人工、吊装机械台班乘以系数 1.18。用塔吊安装不乘以此系数。

⑤履带式起重机（汽车式起重机）安装点高度在 20 m 以内为准，超过 20 m 在 30 m 内，人工、吊装机械台班（子目中起重机小于 25 t 者应调整到 25 t）乘以系数 1.20；超过 30 m 在 40 m 内，人工、吊装机械台班（子目中起重机小于 50 t 应调整到 50 t）乘以系数 1.40；超过 40 m，按实际情况另行处理。

⑥钢柱安装在混凝土柱上（或混凝土柱内），其人工、吊装机械乘以系数 1.43。混凝土柱安装后，如有钢牛腿或悬臂梁与其焊接时，钢牛腿或悬臂梁执行钢墙安装定额，钢牛腿执行铁件制作定额。

⑦钢管柱安装执行钢柱定额，其中人工乘以系数 0.5。

3.7.2　钢结构工程量计算规则

①金属结构制作按图示钢材尺寸以质量计算，不扣除孔眼、切肢、切角、切边的质量，电焊条、铆钉、螺栓、紧定钉等质量不计入工程量。计算不规则或多边形钢板时，以其外接矩形面积乘以厚度再乘以单位理论质量计算。

②钢柱制作工程量包括依附于柱上的牛腿及悬臂梁质量；制动梁的制作工程量包括制动梁、制动桁架、制动板质量；墙架的制作工程量包括墙架柱、墙架梁及连接杆件质量，轻钢结构中的门框、雨篷的梁柱按墙架定额执行。

③钢平台、走道应包括楼梯、平台、栏杆合并计算，钢梯子应包括踏步、栏杆合并计算。栏杆是指平台、阳台、走廊和楼梯的单独栏杆。

④钢漏斗制作工程量，矩形按图示分片，圆形按图示展开尺寸，并依钢板宽

度分段计算，每段均以其上口长度（圆形以分段展开上口长度）与钢板宽度按矩形计算，依附漏斗的型钢并入漏斗质量内计算。

⑤轻钢檩条以设计型号、规格按质量计算，檩条间的 C 型钢、薄壁槽钢、方钢管、角钢撑杆、窗框并入轻钢檩条内计算。

⑥预埋锚栓：按规格、长度分别计算（图 3-47）：

● 预算报价：以规格分类按套数计算报价

● 内部结算：以吨位计算=长度（$a+b$）×该规格的理论重量，螺母、垫板需另行计算（圆钢理论重量=$0.006\,17×d^2$）

⑦预埋件（图 3-48）：

● 钢柱预埋件：

柱脚板：$A×B$×该规格的理论重量

加劲板：$a×b$×该规格的理论重量

● 门框柱预埋件：

预埋板：$a_1×b_1$×该规格的理论重量

螺杆：（L_1+L_2）×该规格的理论重量

（钢板理论重量=$7.85×t$）（圆钢理论重量=$0.006\,17×d^2$）

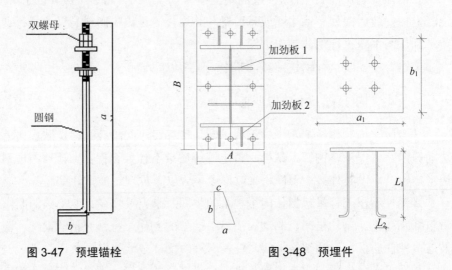

图 3-47　预埋锚栓　　　　　　　　图 3-48　预埋件

⑧钢柱（H 型）（图 3-49）：

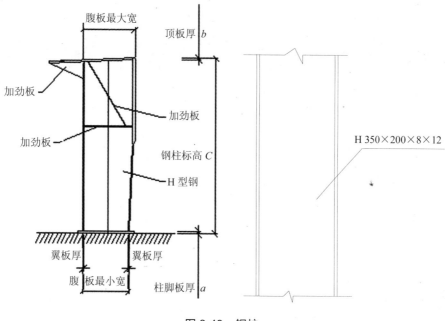

图 3-49 钢柱

- 钢柱（等截面）：

翼缘板=（钢柱顶标高-柱底板板底标高-柱脚板厚度-顶部节点板厚度）×翼
　　　　缘板宽度×翼缘板的理论重量

腹板=（钢柱顶标高-柱底板板底标高-柱脚板厚度-顶部节点板厚度）×（此
　　　腹板截面高度-两块翼缘板厚度）×腹板的理论重量

- 钢柱（变截面）：

翼缘板计算方法和等截面柱翼缘板的计算方法相同。

腹板=（钢柱顶标高-柱底板板底标高-柱脚板厚度-顶部节点板厚度）×（腹
　　　板最大截面高度与最小截面高度的平均值-两块翼缘板厚度）×腹
　　　板的理论重量（钢板理论重量=7.85×t）

⑨钢梁（H 型）（图 3-50）：

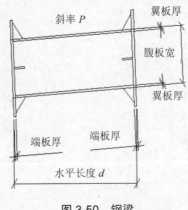

图 3-50　钢梁

钢梁（屋面有坡度）：

翼缘板=（梁实际长度−端头节点板厚度）×翼缘板宽度×翼缘板的理论重量

腹板=（梁实际长度−端头节点板厚度）×（腹板截面高度−两块翼缘板厚度）

　　　×腹板的理论重量

⑩钢屋架（图 3-51）：

按组成钢屋架的上下弦杆、直杆、斜撑的实际净长度×相应规格的理论重量。

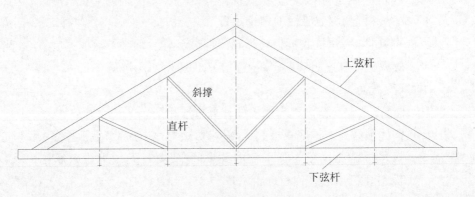

图 3-51　钢屋架

3.8　防水、防腐、保温工程

3.8.1　定额项目的划分

屋面防水保温及防腐工程项目的划分如图 3-52 所示。

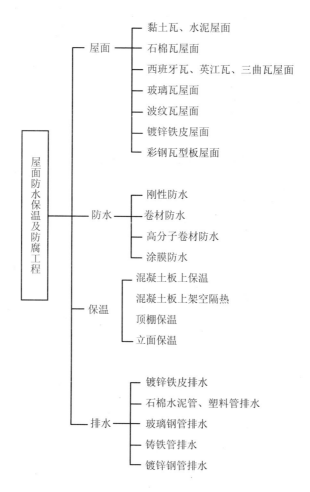

图 3-52　屋面防水保温及防腐工程项目的划分

3.8.2 防水、防腐、保温工程定额说明

本节包括屋面、防水、防腐及保温等内容。

3.8.2.1 屋面及防水工程

①瓦材规格与定额不同时，瓦的数量可以换算，其他不变。

②屋面：

● 设计屋面材料规格与定额规格（定额未注明具体规格的除外）不同时，可以换算，其他不变。水泥瓦或黏土瓦若穿铁丝钉元钉，每 10 m^2 增加 1.1 工日，镀锌低碳钢丝 22 号 0.35 kg，元钉 0.25 kg。

● 彩钢压型板屋面檩条，定额按间距 1～1.2 m 编制，设计与定额不同时，檩条数量可以换算，其他不变。

③屋面（地面、墙面）防水、排水：

● 防水工程适用于楼地面、墙基、墙身、室内厕所、浴室及构筑物、水池等防水，建筑物±0.00 以下的防水、防潮工程按墙、地面防水工程相应项目计算。

● 防水卷材的附加层、接缝、收头、找平层嵌缝、冷底子油等人工、材料均已计入定额内，不另计算。

● 变形缝填缝、盖缝、止水带如设计断面不同时，用料可以换算，人工不变。

● 刚性屋面、屋面水泥砂浆找平层、水泥砂浆或细石混凝土保护层均套用装饰定额楼地面工程相应子目。

● 细石混凝土防水层，使用钢筋网时，按规定计算。

3.8.2.2 防腐工程

防腐工程分为耐酸防腐和刷油防腐两大类。

刷油防腐是一种经济而有效的防腐措施。它对于各种工程建筑来说，不仅施工方便，而且具有优良的物理性能和化学性能，因此应用范围很广。刷油除防腐作用以外，还能起到装饰和标志作用。常用的防腐材料有：沥青漆、酚树脂漆、酚醛树脂漆、氯磺化聚乙烯漆、聚氨酯漆等。

耐酸防腐是运用人工或机械将具有耐腐蚀性能的材料浇筑、涂刷、喷涂、粘贴或铺砌在应防腐的工程构建表面上，以达到防腐蚀的效果。常用的防腐材料有：水玻璃耐酸砂浆、混凝土；耐酸沥青砂浆、混凝土；环氧砂浆、混凝土及各种玻

璃钢（纤维强化塑料）等。

①整体面层、隔离层适用于平面、立面的防腐耐酸工程，包括沟、坑、槽。

②块料面层以平面砌为准，立面砌时按平面砌的相应子目乘以系数 1.38，踢脚板人工乘以系数 1.56，块料乘以系数 1.01，其他不变。

③整体面层和平面砌块料面层，适用于楼地面、平台的防腐面积。整体面层厚度、砌块料面层的规格、结合层厚度、灰缝宽度、各种胶泥、砂浆、混凝土的配合比，设计与定额不同应换算，但人工、机械不变。

④花岗石板以六面剁斧的板材为准。如底面为毛面的，每 10 m² 定额单位耐酸沥青砂浆增加 0.04 m³。

⑤砂浆、混凝土、胶泥的种类、配合比及各种整体面层的厚度，设计与定额不同时可以换算，但块料面层的结合层砂浆、胶泥用量不变。

3.8.2.3 保温、隔热工程

保温工程主要是指外墙保温工程，外墙外保温是一项节能环保绿色工程，外墙外保温有保温和隔热两大显著优势，建筑物围护结构（包括屋顶、外墙、门窗等）的保温和隔热性能对于冬、夏季室内热环境和采暖空调能耗有着重要影响，围护结构保温和隔热性能优良的建筑物，不仅冬暖夏凉室内环境好，而且采暖、空调能耗低。

保温、隔热的作用是减弱室外气温对室内的影响，或者保持因采暖、降温措施而形成的室内气温。常用的保温隔热材料有石灰炉渣、水泥蛭石、水泥珍珠岩，泡沫混凝土和泡沫塑料等保温隔热性能较好的材料。炉渣、矿渣，通常用干铺等方法。

①外墙聚苯颗粒保温各级系统，根据设计要求套用相应的工序。

②外墙保温均包括界面剂、保温层、抗裂砂浆三部分，如设计与定额不同时，材料含量可以调整，人工不变。

③各类保温隔热涂料，如实际与定额取定厚度不同时，材料含量可以调整，人工不变。

④凡保温、隔热工程用于地面时，增加电动夯实机 0.04 台班/m³。

⑤保温层种类和保温材料配合比，设计与定额不同时可以换算，其他不变。

⑥隔热层铺贴，除松散保温材料外，其他均以石油沥青作胶结材料。松散材料的包装材料及包装用工已包括。

⑦墙面保温铺贴块体材料，包括基层涂沥青一遍。

⑧变形缝设计与定额不同时，变形缝材料可以换算，其他不变。

3.8.3 防水、防腐、保温工程量计算规则

3.8.3.1 屋面及防水工程

1. 屋面

①各种瓦屋面（包括挑檐部分），均按设计图示尺寸的水平投影面积乘以屋面坡度系数，以 m² 为单位计算。不扣除房上烟囱、风帽底座、风道、屋面小气窗、斜沟和脊瓦等所占面积，屋面小气窗的出檐部分也不增加。坡屋面示意图如图3-53所示。

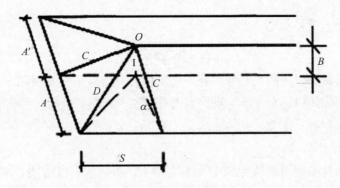

图3-53 坡屋面示意

注：①$A=A'$，$S=0$，等两坡屋面；$A=A'=S$ 时，等四坡屋面；

②屋面斜铺面积=屋面水平投影面积×C；

③等两坡屋面山墙泛水斜长 $A×C$；

④等四坡屋面斜脊长度 AD。

②琉璃瓦屋面的琉璃瓦脊、檐口线，按设计图示尺寸，以米计算。设计要求安装勾头（卷尾）或博古（宝顶）等，另按个计算。

2. 屋面防水

①卷材屋面按图示尺寸的水平投影面积乘以规定的坡度系数计算，但不扣除房烟囱、风帽底座、风道、屋面小气窗和斜沟所占面积。女儿墙、伸缩缝、天窗等处的弯起高度按图示尺寸计算并入屋面工程量内；如图纸无规定时，伸缩缝、

女儿墙的弯起高度按 250 mm 计算，天窗弯起高度按 500 mm 计算并入屋面工程量内；檐沟、天沟按展开面积并入屋面工程量内。

②油毡屋面均不包括附加层在内，附加层按设计尺寸和层数另行计算。

③其他卷材屋面已包括附加层在内，不另行计算；收头、接缝材料已列入定额内。

④屋面刚性防水按设计图示尺寸以面积计算，不扣除房上烟囱、风帽底座、风道等所占面积。

⑤屋面防水，按设计图示尺寸的水平投影面积乘以坡度系数，以 m² 为单位计算（补充：坡度小于屋面坡度系数表中的最小坡度时，按平屋面计算），不扣除房上烟囱、风帽底座、风道和屋面小气窗等所占面积，屋面的女儿墙、伸缩缝和天窗等处的弯起部分，按设计图示尺寸并入屋面工程量内计算。

【例 3-14】某建筑物轴线尺寸 50 m×16 m，墙厚 240 mm，四周女儿墙，无挑檐。屋面做法，水泥珍珠岩保温层，最薄处 60 mm，屋面坡度 $i-1.5\%$，1：3 水泥砂浆找平层 15 mm 厚，刷冷底子油一遍，二毡三油防水层，弯起 250 mm。计算防水层工程量。

解： 由于屋面坡度小于 1/20，因此按平屋面防水计算。

平面防水面积：（50.00−0.24）×（16.00−0.24）=784.22（m²）

上卷面积：[（50.00−0.24）+（16.00−0.24）]×2×0.25=32.76（m²）

由于冷底子油已包括在定额内容中，不另计算。

因此防水工程量=784.22+32.76=816.98（m²）

【例 3-15】某建筑物坡屋面如图 3-54 所示，求两面坡水、四面坡水（坡度 $B/A=1/2$ 的黏土瓦屋面）屋面的工程量。

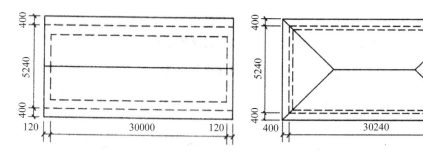

图 3-54 坡屋面

解：两面坡水屋面工程量为

$$（5.24+0.8）×（30.00+0.24）×1.118=204.20（m^2）$$

四面坡水屋面工程量为

$$（5.24+0.8）×（30.00+0.24+0.8）×1.118=209.60（m^2）$$

3．地面、墙面防水

①建筑物地面防水、防潮层、地下室防水层，按主墙间净面积计算，扣除凸出地面构筑物、设备基础等所占面积，不扣除附墙垛、柱、间壁墙、烟囱及 $0.3\ m^2$ 以内孔洞所占面积。与墙面连接外高度在 300 mm 以内的，按展开面积计算并入平面工程量内；超过 300 mm 时，按立面防水层计算。

②墙身防水层按设计图示尺寸以面积计算，扣除立面孔洞所占面积（$0.3\ m^2$ 以内孔洞不扣）。

③构筑物防水层按设计图示尺寸以面积计算，不扣除 $0.3\ m^2$ 以内孔洞面积。

④墙基防水、防潮层，外墙按外墙中心线长度、内墙按墙体净长度乘以宽度，以 m^2 为单位计算。

⑤涂膜防水的油膏嵌缝、屋面分格缝，按设计图示尺寸，以 m 为单位计算。

4．屋面排水

①玻璃钢、PVC、铸铁水落管、檐沟，均按图示尺寸以延长米计算。水斗、女儿墙弯头、铸铁落水口，均按只计算。

②阳台 PVC 管通水落管按只计算。每只阳台出水口至水落管中心线斜长按 1 m 计算（内含 2 只 135°弯头，1 只异径三通）。

③伸缩缝、盖缝、止水带按延长米计算，外墙伸缩缝在墙内、外双面填缝者，工程量应按双面计算。

3.8.3.2 防腐工程

①防腐工程项目应区分不同防腐材料种类及其厚度，按设计实铺面积计算。

②踢脚板按实铺长度乘以高度以面积计算，应扣除门洞所占面积，并相应增加侧壁展开面积。

③平面砌筑双层耐酸块料时，按单层面积乘以系数 2.0 计算。

④防腐卷材接缝、附加层、收头等人工、材料，已计入在定额中，不再另行计算。

⑤烟囱内表面涂抹隔绝层，按筒身内壁的面积计算，并扣除孔洞面积。

⑥钢结构防腐：计算钢材的表面积，形状不规则可以近似计算，然后根据膜厚度计算防腐涂料体积，最后根据采用喷涂方法确定损耗系数，算出防腐涂料用量。

⑦整体面层防腐工程量按设计图示尺寸以面积计算。平面防腐：扣除凸出地面的构筑物（室内的水池、排水沟、检查井等）、设备基础等所占的面积；立面防腐：砖垛等突出部分按展开面积并入墙面面积内。

⑧各式管道防腐蚀工程量计算公式：

● 设备筒体、管道表面积计算公式。

$$S=\pi \times D \times L$$

式中：π——圆周率；

    D——设备或管道直径；

    L——设备筒体高或管道延长米。

● 阀门表面积计算式（图3-55）：

$$S=\pi \times D \times 2.5D \times K \times N$$

式中：D——直径；

    K——1.05；

    N——阀门个数。

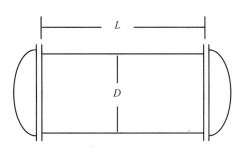

图3-55 阀门表面积计算

● 弯头表面积计算式（图3-56）：

$$S=\pi \times D \times 1.5D \times K \times 2\pi \times N/B$$

式中: D——直径;

K——1.05;

N——弯头个数;

B 值取定为: 90°弯头 $B=4$; 45°弯头 $B=8$。

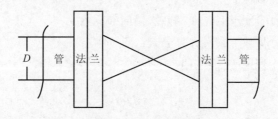

图 3-56　弯头表面积计算

● 法兰表面积计算式 (图 3-57):

$$S=\pi \times D \times 1.5D \times K \times N$$

式中: D——直径;

K——1.05;

N——法兰个数。

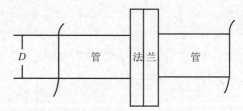

图 3-57　法兰表面积计算

● 设备和管道法兰翻边防腐蚀工程量计算式 (图 3-58):

$$S=\pi \times (D+A) \times A$$

式中: D——直径;

A——法兰翻边宽。

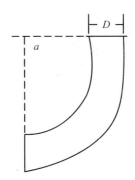

图 3-58 设备和管道法兰翻边防腐蚀工程量计算

● 带封头的设备防腐（或刷油）工程量计算式（图 3-59）：

$$S=L\times\pi\times D+(D/2)^2\times\pi\times1.5\times N$$

式中：N——封头个数；

1.5——系数值。

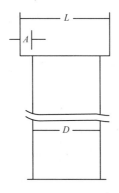

图 3-59 带封头的设备防腐（或刷油）工程量计算

【例 3-16】如图 3-60 所示地面为抹水玻璃耐酸砂浆，计算其工程量。

解： 水玻璃耐酸砂浆面层工程量按设计图示尺寸以面积计算，扣除凸出地面的构筑物、设备基础等所占的面积。

水玻璃耐酸砂浆面层工程量＝（9.9－0.24－0.24）×（5－0.24）+0.24×1.1+

0.24×1.5－0.24×0.3×2

＝45.32（m²）

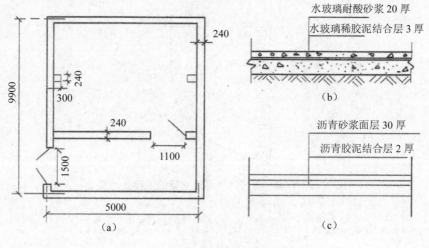

图 3-60 地面示例图

3.8.3.3 保温、隔热工程

①保温、隔热层按隔热材料净厚度（不包括胶结材料厚度）乘以设计图示面积按体积计算。

②地墙隔热层，按围护结构墙体内净面积计算，不扣除 0.3 m² 以内孔洞所占的面积。

③软木、聚苯乙烯泡沫板铺贴平顶以图示长乘宽乘厚以体积计算。

④外墙聚苯乙烯挤塑板外保温、外墙聚苯颗粒保温砂浆、屋面架空隔热板、保温隔热砖、瓦、天棚保温（沥青贴软木除外）层，按设计图示尺寸以面积计算。

⑤墙体隔热：外墙按隔热层中心线，内墙按隔热层净长乘以图示尺寸的高度（如图纸无注明高度时，则下部由地坪隔热层起算，带阁楼时算至阁楼板顶面止；无阁楼时则算至檐口）及厚度以体积计算，应扣除冷藏门洞口和管道穿墙洞口所占的体积。

⑥门口周围的隔热部分，按图示部位，分别套用墙体或地坪的相应子目以体积计算。

⑦梁头、管道周围及其他零星隔热工程，均按设计尺寸以体积计算，套用柱帽、梁面定额。

⑧池槽隔热层按设计图示池槽保温隔热层的长、宽及厚度以体积计算，其中

池壁按墙面计算，池底按地面计算。

⑨包柱隔热层，按设计图示柱的隔热层中心线的展开长度乘以图示尺寸高度及厚度以体积计算。

⑩外墙保温按图示尺寸以面积计算。

⑪门窗洞口侧壁的面积应该加上，高度应该计算至女儿墙顶。

⑫保温隔热墙，外墙按隔热层中心线、内墙按隔热层净长乘以图示尺寸的高度以面积计算，扣除门窗洞口所占面积，门窗洞口侧壁需做保温时，并入保温墙体工程量内。

⑬屋面保温层按设计图示面积乘以平均厚度，以 m^3 为单位计算。不扣除房上烟囱、风帽底座、风道和屋面小气窗等所占体积。

⑭地面保温层按主墙间净面积乘以设计厚度，以 m^3 为单位计算。扣除凸出地面的构筑物、设备基础等所占体积，不扣除柱、垛、间壁墙、烟囱等所占体积。

⑮顶棚保温层按主墙间净面积乘以设计厚度，以 m^3 为单位计算。不扣除保温层内各种龙骨等所占体积，柱帽保温按设计图示尺寸并入相应顶棚保温工程量内。

⑯各式管道绝热、防潮和保护层计算公式：

● 设备筒体或管道绝热、防潮和保护层计算公式：

$$V=\pi\times（D+1.033\delta）\times1.033\delta\times L$$

$$S=\pi\times（D+2.1\delta+0.008\ 2）\times L$$

式中：D——直径；

　　　1.033、2.1——调整系数；

　　　δ——绝热层厚度；

　　　L——设备筒体或管道长；

　　　0.008 2——捆扎线直径或钢带厚。

● 伴热管道绝热工程量计算式：

单管伴热或双管伴热（管径相同，夹角小于 90°时）：

$$D'=D_1+D_2+（10\sim20\ mm）$$

式中：D'——伴热管道综合值；

　　　D_1——主管道直径；

　　　D_2——伴热管道直径；

　　　10～20 mm——主管道与伴热管道之间的间隙。

双管伴热（管径相同，夹角大于 90°时）：

$$D'=D_1+1.5D_2+（10\sim20\ mm）$$

双管伴热（管径不同，夹角小于 90°时）：

$$D'=D_1+D_2+（10\sim20\ mm）$$

式中：D'——伴热管道综合值；

  D_1 ——主管道直径；

  D_2 ——伴热管道直径。

将上述 D' 计算结果分别代入相应公式计算出伴热管道的绝热层、防潮层和保护层工程量。

- 设备封头绝热、防潮和保护层工程量计算式。

$$V=[（D+1.033\delta）/2]^2 \times\pi\times1.033\delta\times1.5\times N$$

$$S=[（D+2.1\delta）/2]^2 \times\pi\times1.5\times N$$

- 阀门绝热、防潮和保护层计算公式。

$$V=\pi（D+1.033\delta）\times2.5D\times1.033\delta\times1.05\times N$$

$$S=\pi（D+2.1\delta）\times2.5D\times1.05\times N$$

- 法兰绝热、防潮和保护层计算公式。

$$V=\pi（D+1.033\delta）\times1.5D\times1.033\delta\times1.05\times N$$

$$S=\pi\times（D+2.1\delta）\times1.5D\times1.05\times N$$

- 弯头绝热、防潮和保护层计算公式。

$$V=\pi（D+1.033\delta）\times1.5D\times2\pi\times1.033\delta\times N/B$$

$$S=\pi\times（D+2.1\delta）\times1.5D\times2\pi\times N/B$$

- 拱顶罐封头绝热、防潮和保护层计算公式。

$$V=2\pi r\times（h+1.033\delta）\times1.033\delta$$

$$S=2\pi r\times（h+2.1\delta）$$

⑰聚氨酯发泡保温，区分不同的发泡厚度，按设计图示尺寸，以 m^2 为单位计算。

⑱混凝土板上架空隔热，不论架空高度如何，均按设计图示尺寸，以 m^2 为单位计算。

⑲其他保温，均按设计图示保温面积乘以保温材料的净厚度（不含胶结材料），以 m^3 为单位计算。

⑳楼板上、屋面板上、地面、池槽的池底等保温，执行混凝土板上保温子目；梁保温，执行顶棚保温中的混凝土板下保温子目；柱帽保温，并入顶棚保温工程

量内，执行顶棚保温子目；墙面、柱面、池槽的池壁等保温，执行立面保温子目。

3.8.3.4 注意事项

①保温隔热层应区别不同保温隔热材料，除另有规定外，均按设计实铺厚度以 m^3 计算。

②保温隔热层厚度按隔热材料（不包括胶结材料）净厚度计算。

③地面隔热层按围护结构墙体间净面积乘以设计厚度以 m^3 为单位计算，不扣除柱、垛所占的体积。

④墙体隔热层，外墙按隔热层中心、内墙按隔热层净长乘以图示尺寸高度及厚度以 m^3 为单位计算，应扣除冷藏门洞口和管道穿墙洞口所占的体积。

⑤柱包隔热层，按图示柱的隔热层中心线的展开长度乘以图示尺寸高度及厚度以 m^3 为单位计算。

⑥其他保温隔热：

● 池槽隔热层按图示池槽保温隔热层的长、宽及其厚度以 m^3 为单位计算。其中池壁按墙面计算，池底按地面计算。

● 门洞口侧壁周围的隔热部分，按图示隔热层尺寸以 m^3 为单位计算，并入墙面的保温隔热工程量内。

● 柱帽保温隔热层按图示保温隔热层体积并入天棚保温隔热层工程量内。

⑦外墙保温按设计实铺面积以 m^2 为单位计算工程量。

3.9 构筑物工程

构筑物是指不具备、不包含或不提供人类居住功能的人工建造物，比如烟囱、水塔、水池、过滤池、澄清池、沼气池等。

3.9.1 构筑物工程定额说明

①构筑物中混凝土、抗渗混凝土已按常用的强度等级列入基价，设计与定额取定不符综合单价调整。

②构筑物中的混凝土、钢筋混凝土地沟是指建筑物室外的地沟，室内钢筋混凝土地沟按现浇构件相应定额执行。

③对构筑物工程，其钢筋可按表 3-14 系数调整定额中人工和机械用量。

表 3-14　构筑物人工、机械调整系数表

项目	构筑物					
构件名称	烟囱烟道	水塔水箱	贮仓		栈桥通廊	水池油池
			矩形	圆形		
人工、机械调整系数	1.70	1.70	1.25	1.50	1.20	1.20

3.9.2　构筑物工程量计算规则

混凝土工程量除另有规定外，均按图示尺寸以体积计算。不扣除构件内钢筋、支架、螺栓孔、螺栓、预埋铁件及壁、板中 0.3 m² 以内的孔洞所占体积。留洞所增加工、料不再另增费用。

伸入构筑物基础内桩头所占体积不扣除。

3.9.2.1　烟囱

①钢筋混凝土烟囱基础，包括基础底板及筒座，筒座以上为筒身，按体积计算。

②烟囱筒壁不分方形、圆形均按体积计算，应扣除 0.3 m² 以外的孔洞所占体积。筒壁体积应以筒壁平均中心线长度乘厚度。

③砖烟囱的钢筋混凝土圈梁和过梁，按实体积计算，套用现浇构件分部的相应定额执行。

④烟囱的钢筋混凝土集灰斗（包括分隔墙、水平隔墙、柱、梁等）应按现浇构件分部相应定额计算。

⑤钢筋混凝土烟道，可按本分部地沟定额按顶板、壁板、底板分别计算，但架空烟道不能套用。

3.9.2.2　水塔

①水塔各种基础按设计图示尺寸以体积计算（包括基础底板和塔座），塔座以上为塔身，以下为基础。

②钢筋混凝土筒式塔身以体积计算。应扣除门窗洞口体积，依附于筒身的过梁、雨篷、挑檐等工程量并入筒壁体积内按筒式塔身计算；柱式塔身不分斜柱、直柱和梁，均按体积合并计算，按柱式塔身定额执行。

③钢筋混凝土、砖塔身内设置的钢筋混凝土平台、回廊以体积计算。

④砖砌筒身设置的钢筋混凝土圈梁以体积计算，按现浇构件相应定额执行。

⑤钢筋混凝土塔顶及槽底的工程量合并计算。塔顶包括顶板和圈梁，槽底包括底板、挑出斜壁和圈梁。

⑥与塔顶、槽底（或斜壁）相连接的圈梁之间的直壁为水槽内、外壁；设保温水槽的外保护壁为外壁；直接承受水侧压力的水槽壁为内壁。非保温水箱的水槽壁按内壁计算。

⑦水槽内、外壁以体积计算，依附于外壁的柱、梁等并入外壁体积中计算。

3.9.2.3　贮水（油）池

①池底为平底执行平底定额，其平底体积应包括池壁下部的扩大部分；池底有余坡的，执行锥形底定额。均按图示尺寸以体积计算。

②池壁有壁基梁时，锥形底应算至壁基梁底面，池壁应从壁基梁上口开始，壁基梁应从锥形底上表面算至池壁下口；无壁基梁时锥形底算至坡上表面，池壁应从锥形底的上表面开始。

③无梁池盖柱的柱高，应由池底上表面算至池盖的下表面，柱帽和柱座应并在池内柱的体积内。

④池壁应分别不同厚度计算，其高度不包括池壁上下处的扩大部分；无扩大部分时，则自池底上表面（或壁基梁上表面）至池盖下表面。

⑤无梁盖应包括与池壁相连的扩大部分的体积；肋形盖应包括主、次梁及盖板部分的体积；球形盖应自池壁顶面以上，包括边侧梁的体积在内。

⑥各类池盖中的进水孔、透气管、水池盖以及与盖相连的结构，均包括在定额内，不另计算。

⑦沉淀池水槽系指池壁上的环形溢水槽及纵横、U 形水槽，但不包括与水槽相连接的矩形梁；矩形梁可按现浇构件分部的矩形梁定额计算。

3.10　其他附属工程

附属工程是为主体工程做辅助性的配套工程。例如，建筑物或构筑物周围的附属道路、围墙、化粪池、室外排水、洗涤池、墙脚护坡、台阶、坡道等；从属于主体工程的小工程，也就是附带或附加的工程项目。

3.10.1 附属工程定额说明

①管道铺设不论用人工还是机械均执行"厂区道路及排水工程"定额。

②停车场、球场、晒场，按道路相应子目执行，其压路机台班乘以系数 1.20。

③检查井综合定额中挖土、回填土、运土项目未综合在内，应按"厂区道路及排水工程"定额土方分部的相应子目执行。

3.10.2 附属工程量计算规则

①整理路床、路肩和道路垫层、面层，均按设计图示尺寸以面积计算，不扣除窨井所占面积。

②路牙（沿）以延长米计算。

③钢筋混凝土井（池）底、壁、顶和砖砌井（池）壁，不分厚度以实体积计算，池壁与排水管连接的壁上孔洞其排水管径在 300 mm 以内所占的壁体积不予扣除；超过 300 mm 时，应予扣除。所有井（池）壁孔洞上部砖券已包括在定额内，不另计算。井（池）底、壁抹灰合并计算。

④路面伸缩缝锯缝、嵌缝均按延长米计算。

⑤混凝土、PVC 排水管按不同管径分别按延长米计算，长度按两井间净长度计算。

第4章　措施项目工程量计算

措施项目指：为了完成工程施工，发生于该工程施工前和施工过程，主要指技术、生活、安全等方面的项目。它主要包括：混凝土及钢筋混凝土模板及支架、垂直运输、建设工程安全防护和文明施工费、构件吊装机械、脚手架工程、施工排水和降水、环境保护、冬雨季施工增加费用、桩静载动载钻孔取芯检测费、临时设施、二次搬运、人型机械设备出场及安拆等。

国家计价规范将措施项目分为两类：一类是不能计算工程量的项目，如安全防护文明施工费、临时设施等；另一类是可以计算工程量的项目，如模板工程、脚手架工程等。本章主要讲述能计算工程量项目的措施项目。

4.1　模板工程

4.1.1　模板工程分类

模板工程（formwork）指新浇混凝土成型的模板以及支承模板的一整套构造体系，其中，接触混凝土并控制预定尺寸、形状、位置的构造部分称为模板，支持和固定模板的杆件、桁架、联结件、金属附件、工作便桥等构成支承体系，对于滑动模板，自升模板则增设提升动力以及提升架、平台等构成。模板工程在混凝土施工中是一种临时结构。

模板的分类：

①按照形状分为平面模板和曲面模板两种；

②按受力条件分为承重和非承重模板（即承受混凝土的重量和混凝土的侧压力）；

③按照材料分为木模板、钢模板、钢木组合模板、重力式混凝土模板、钢筋

混凝土镶面模板、铝合金模板、塑料模板、砖砌模板等；

④按照结构和使用特点分为拆移式、固定式两种；

⑤按其特种功能有滑动模板、真空吸盘或真空软盘模板、保温模板、钢模台车等。

4.1.2　定额说明

①现浇混凝土模板子目，按照不同构件，分别按钢模板、木模板编制，使用时按照施工采用的模板种类执行。模板支撑含量已综合了钢支撑和木支撑，实际采用不同时不得换算。如设计要求按清水混凝土要求施工，按相应模板子目的人工乘以 1.05 系数，胶合板用量乘以 1.10 系数执行。

②预制钢筋混凝土模板子目，按照不同构件分别以钢模板、木模板、定型钢模板、长线台钢拉模并配制相应的砖地膜、砖胎膜、长线台混凝土地膜编制的，实际采用模板种类不同时可以换算。

③建筑物地下室底板的模板按满堂基础子目执行。

④模板工程工作内容包括：清理、场内运输、安装、刷隔离剂、浇灌混凝土时模板维护、拆模、集中堆放、场外运输。木模板包括制作预制包括刨光，现浇不刨光；钢模板包括装箱。

⑤现浇钢筋混凝土模板支模高度的说明：

● 现浇钢筋混凝土柱、梁、墙、板的支模高度指地平面至梁（板）底面或下层梁（楼板）顶面至上层梁（楼板）底面的距离；

● 现浇钢筋混凝土柱、墙、板的模板子目是按支模高度 4.5 m 编制的；

● 现浇钢筋混凝土梁的模板子目是按支模高度 5.0 m 编制的；

● 现浇钢筋混凝土柱、墙模板实际支模高度超过 4.50 m 时，相应模板子目中的人工、松杂枋板材及铁钉乘以系数 1.20；实际支模高度超过 6.00 m 时，相应模板子目中的人工、松杂枋板材及铁钉乘以系数 1.30。

● 现浇钢筋混凝土梁、板模板的实际支模高度分别超过 5.0 m 和 4.5 m 时，可按本章"顶架工程"中相应子目调整，同时按照梁、板模板支撑费用扣减子目扣减相应梁、板模板子目中支撑部分的消耗量。

● 同时支撑高跨和低跨屋面的钢筋混凝土柱，其支模高度按高跨计算。

⑥现浇钢筋混凝土斜板、斜梁模板的说明：

● 现浇钢筋混凝土斜板（梁）的坡度≤11°时按相应子目执行；斜板（梁）的

坡度在 11°~26°时按相应子目乘以系数 1.20 执行；斜板（梁）的坡度在＞26°时按相应子目乘以系数 1.50 执行。

● 杯形基础大放角、向上出肋的基础其斜边坡度≤11°时不计算模板；斜边坡度在 11°~26°时按相应子目乘以系数 1.20 执行；斜边坡度＞26°时按相应子目乘以系数 1.50 执行。

⑦混凝土栏板子目的消耗量已综合考虑了栏板的各种形式，不再调整。混凝土墙中的门、窗等洞口上、下部位模板均按相应墙子目计。

⑧现浇钢筋混凝土模板施工时采用的普通对拉螺栓是按照重复使用、多次摊销的，施工过程中取不出的螺栓已包括在相应模板子目中的铁件消耗量内，不得重复计价；如模板施工时采用止水对拉螺栓的，应按对拉螺栓的重量另按第 4 章预埋铁件子目执行，并扣减原模板子目中的铁件重量。

⑨钢滑升模板的说明：

● 用钢滑升模板施工的烟囱、水塔及贮仓是按照无井架施工编制的，并包含了操作平台，不再另计算脚手架及竖井架。

● 用钢滑升模板施工的烟囱、水塔、提升模板使用的钢爬架用量是按照 100%摊销计算的，贮仓是按照 50%摊销计算的，设计要求不同时可以换算。

● 倒锥壳水塔塔身钢滑升模板子目同样适用于一般水塔塔身滑升模板工程。

● 烟囱钢滑升模板子目均已包括烟囱筒身、牛腿、烟道口等模板用量；水塔钢滑升模板均已包括直筒、门窗洞口等模板用量。

⑩钢模板、木模板子目中已包括回库维修费用。回库维修费内容包括：模板的运输费、维修的人工、机械、材料等费用。

⑪外围体积在 0.2 m³ 以内的池槽按小型池槽子目执行，0.2 m³ 以上的池槽按大型池槽子目执行。

4.1.3 现浇混凝土及钢筋混凝土模板工程量计算规则

①现浇混凝土及钢筋混凝土模板，除另有规定外，均应区分模板的不同材质，按照混凝土与模板的接触面积以 m² 为单位计算。

②计算梁顶架时，梁截面面积计至与梁相连接板的上表面；计算板顶架时，应扣除与梁相重叠板的面积；当混凝土楼板超高，而与其相连接的梁未超高，计算混凝土楼板超高顶架时，不必扣除与梁相重叠板的面积。现浇钢筋混凝土斜板支模平均高度超过 4.5 m 时，可计楼面顶架，面积按斜板水平投影面积以 m² 为单

位计算。

③现浇钢筋混凝土墙、板上单孔面积在 1.0 m² 以内的孔洞，不予扣除，洞口侧壁模板亦不增加；单孔面积在 1.0 m² 以外的孔洞，应予扣除，洞口侧壁模板并入墙、板模板工程量内计算。

④现浇钢筋混凝土框架分别按照柱、板、梁、墙有关规定计算。

⑤钢筋混凝土矩形柱、T 形柱、L 形柱与混凝土墙按照以下规则划分：以矩形柱、T 形柱、L 形柱长边（h）与短边（b）之比 r（$r=h/b$）为基准进行划分，当 $r \leqslant 4$ 时按柱计算；当 $r > 4$ 时按墙计算。

⑥正八边形柱、工字形柱、十字形柱、T 形柱按照异形柱计算，L 形柱按照矩形柱计算。与墙相连的柱，无论与墙同厚与否，其工程量均并入与其相连的墙，执行墙相应子目计价。

⑦附墙柱、暗柱、暗梁及墙突出部分模板并入墙模板工程量内计算。

⑧计算梁、柱、墙模板工程量时，柱与梁、梁与梁、墙与梁等连接的重叠部分面积不扣除。

⑨计算板的模板时，应扣除混凝土柱、梁、墙所占的面积。

⑩现浇钢筋混凝土悬挑板（主要指挑檐、雨篷、阳台）按照图示外挑部分尺寸的水平投影面积以 m² 为单位计算。挑出墙外的牛腿、挑梁及板边的模板不另计算。

⑪现浇钢筋混凝土楼梯以图示露明尺寸的水平投影面积以 m² 为单位计算，不扣除小于 500 mm 楼梯井所占面积。楼梯的踏步、踏步板、平台梁等侧面模板不另计算。

⑫混凝土台阶按照图示台阶尺寸的水平投影面积以 m² 为单位计算，台阶两侧不另计算模板面积。

⑬体积在 0.05 m³ 以内且未列子目的构件，其模板按照小型构件模板计算。

⑭压顶模板按照图示尺寸面积以 m² 为单位计算。

⑮体积在 0.05 m³ 以内的构件，按小型构件模板计算。

⑯梁、板、墙后浇带模板工程量按后浇部分混凝土体积以 m³ 为单位计算。

⑰液压滑升钢模板施工的烟囱、水塔塔身、贮仓等均按照混凝土体积以 m³ 为单位计算。

⑱倒锥壳水塔的水箱提升按照不同容积和不同提升高度以座计算。

⑲小型池槽模板按构件外围体积以 m³ 为单位计算，池槽内、外侧及底部的模板不另计算；现浇大型池槽模板分别按照基础、墙、板、梁、柱有关规定计

算并按相应模板子目执行；预制混凝土小型池槽模板按照外形体积以 m³ 为单位计算。

4.1.4　模板工程工程量计算案例

【例 4-1】基础模板：垫层、桩承台侧面面积计算。

某工程设有钢筋混凝土柱 20 根，柱下独立基础形式如图所示，试计算该工程独立基础模板工程量。

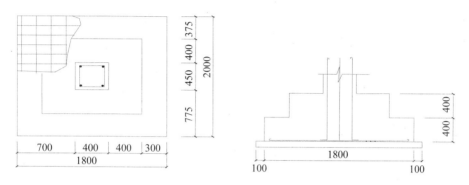

图 4-1　独立基础模板示意

解：根据图示，该独立基础为阶梯形，其模板接触面积应分阶计算如下：

$$S_{上}=（1.2+1.25）×2×0.4=1.96（m^2）$$

$$S_{下}=（1.8+2.0）×2×0.4=3.04（m^2）$$

独立基础模板工程量：

$$S=（1.96+3.04）×20=100（m^2）$$

【例 4-2】梁模板：分边梁、中间梁和独立梁三种情况计算高度。基础梁要计侧面模板。

某工程有 20 根现浇钢筋混凝土矩形单梁 L1，其截面和配筋如图所示，试计算该工程现浇单梁模板的工程量。

解：根据图示，计算如下：

梁底模：6.3×0.2=1.26（m²）

梁侧模：6.3×0.45×2=5.67（m²）

模板工程量：（1.26+5.67）×20=138.6（m²）

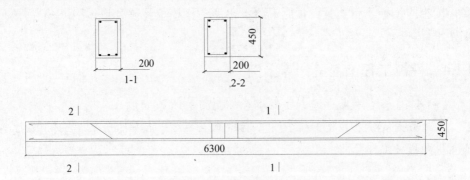

图 4-2　单梁模板示意

【例 4-3】柱模板：柱周长乘以柱高，计柱高扣除板厚，不扣除梁口。注意构造柱模板计算。

某工程用带牛腿的钢筋混凝土柱 20 根，其下柱长 L_1=6.5 m，断面尺寸 600 mm×500 mm；上柱长 L_2=2.5 m，断面尺寸 400 mm×500 mm，牛腿参数：h=700 mm，c=200 mm，a=56°。试计算该柱工程量。

解: $V=[0.6×0.5×6.5+0.4×0.5×2.5+(0.7-0.5×0.2×\tan56°)×0.2×0.5]×20 =50.1(\mathrm{m}^3)$

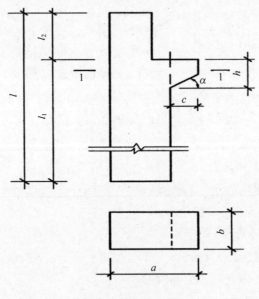

图 4-3　柱模板示意

4.2 脚手架工程

4.2.1 脚手架工程分类

脚手架是专门为高空施工作业、堆放和运送材料、保证施工过程工人安全而设置的架设工具或操作平台。脚手架不形成工程实体，属于措施项目。脚手架材料是周转材料，在预算定额中规定的材料消耗量是使用一次应摊销的材料数量。脚手架搭设使用的材料、搭设形式应按施工组织设计的要求进行计取，要综合考虑砌筑和装饰脚手架的不同搭设期。

脚手架的分类：

4.2.1.1 脚手架按使用材料分

有钢管架、木架、竹架；按搭设形式分有单排脚手架、双排脚手架、满堂脚手架、活动脚手架、挑脚手架、吊篮脚手架等；按使用范围分有结构用脚手架和装饰用脚手架。

4.2.1.2 按照与建筑物的位置关系划分

1. 外脚手架

外脚手架沿建筑物外围从地面搭起，既用于外墙砌筑，又可用于外装饰施工。其主要形式有多立杆式、框式、桥式等。多立杆式应用最广，框式次之。桥式应用最少。

关于外脚手架又分为扣件式钢管脚手架和多立杆式脚手架。

扣件式钢管脚手架是属于多立杆式外脚手架中的一种。多立杆式外脚手架由立杆、大横杆、小横杆、斜撑、脚手板等组成。其特点是每步架高可根据施工需要灵活布置，取材方便，钢、木、竹等均可应用。

多立杆式脚手架分为双排式和单排式两种形式。双排式沿外墙侧设两排立杆，小横杆两端支承在内外二排立杆上，多、高层房屋均可采用，当房屋高度超过 50 m 时，需专门设计。单排式沿墙外侧仅设一排立杆，其小横杆与大横杆连接，另一端承在墙上，仅适用于荷载较小，高度较低（≤25 m，墙体有一定强度的多层房屋），如图 4-4 所示。

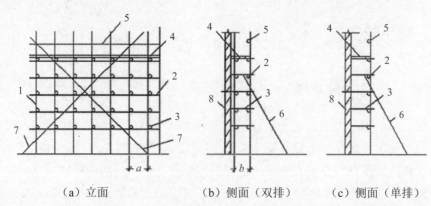

（a）立面　　　　　（b）侧面（双排）　　　（c）侧面（单排）

1—立杆；2—大横杆；3—小横杆；4—脚手板；5—栏杆；6—抛撑；7—斜撑（剪刀撑）；8—墙体

图 4-4　多立杆式脚手架

2. 里脚手架

里脚手架搭设于建筑物内部，每砌完一层墙后，即将其转移到上一层楼面，进行新的一层砌体砌筑，它可用于内外墙的砌筑和室内装饰施工。里脚手架用料少，但装拆频繁，故要求轻便灵活，装拆方便。其结构有折叠式、支柱式等多种。

4.2.1.3　按照定额分类

1. 综合脚手架

综合脚手架是综合了建筑物中砌筑内外墙所需用的砌墙脚手架、运料斜坡、上料平台、金属卷扬机架、外墙粉刷脚手架等内容。它是工业和民用建筑物砌筑墙体（包括其外粉刷）所使用的一种脚手架。综合脚手架是我们对以上内容的统称，但在套用定额时，应根据其建筑物的结构形式（如单层、全现浇结构、混合结构、框架结构等）来套用相应的定额。综合脚手架包括：外脚手架、里脚手架、3.6 m 以下装饰脚手架。

2. 单项脚手架

单项脚手架是相对于综合脚手架来说的包括高度在 3.6 m 以上的天棚抹灰或安装脚手架；基础深度超过 2 m（自设计室外地坪起）的混凝土运输脚手架；电梯安装井道脚手架；人行过道防护脚手架；房屋加层脚手架，构筑物及附属工程脚手架。

4.2.1.4 其他

1. 悬空脚手架

悬空脚手架是由悬挑部件、吊架、操作台、升降设备等组成的适用于外墙装修的工具式脚手架。

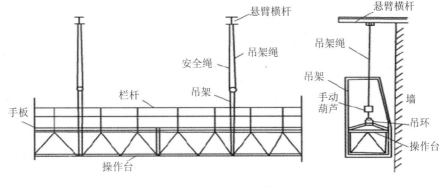

图 4-5 悬空脚手架

2. 挑脚手架

挑脚手架是从窗口挑出横杆或斜杆组成挑出式支架，再设置栏杆，铺设脚手板构成的脚手架。斜杆也可用墙上的预埋铁件支托。横杆和斜杆可由同一个窗口挑出，挑出宽度不大于 1 m；或从窗口挑出横杆，斜杆支撑在下一楼层的窗台或墙上的预埋铁件上，挑出宽度一般不大于 1.2 m。

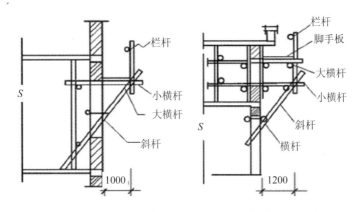

（a）横杆与斜杆从一个窗口挑出   （b）斜杆支撑在下一层窗台上

图 4-6 挑脚手架示意（单位：mm）

4.2.2 定额说明

脚手架分综合脚手架、单项脚手架两种形式。凡能计算建筑面积的，且由一个施工单位总承包的工业与民用建筑单位工程，均应执行综合脚手架定额；凡不能计算建筑面积而必须搭设脚手架的，或能计算建筑面积但建筑工程和装饰装修工程分别由若干个施工单位承包的单位工程和其他工程项目，可执行单项脚手架定额。

4.2.2.1 综合脚手架

①综合脚手架工程量，按建筑物的总建筑面积以 m^2 计算。

②综合脚手架定额项目中的单层建筑物是指一层和一层带地下室的单位工程，多层建筑物是指二层以上（不计地下室层）的单位工程。

③综合脚手架定额项目内不包括建筑物垂直封闭、垂直防护架及水平防护架、防护栏杆，实际需要时应另行计算。

④按综合脚手架定额计算时，除以上规定可增加计算的单项脚手架外，不得再计算其他脚手架。

4.2.2.2 单项脚手架

①外脚手架及建筑物垂直封闭工程量按外墙外边线长度，乘以室外地坪至外墙顶高度以 m^2 为单位计算，突出墙外面宽度在 24 cm 以内的墙垛、附墙烟囱等不展开计算脚手架工程量，超过 24 cm 以外时按图示尺寸展开计算，并入外脚手架工程量之内。不扣除门窗洞口、空圈等所占的面积。

②里脚手架工程量按墙面垂直投影面积计算。

③独立柱按单排外脚手架定额项目计算，其工程量按图示柱结构外围周长另加 3.60 m 乘高度以 m^2 为单位计算。

④室内天棚装饰面距设计室内地坪在 3.60 m 以上时，应计算满堂脚手架，计算满堂脚手架后，墙面装饰工程则不再计算脚手架。满堂脚手架工程量按室内净面积以 m^2 为单位计算，其高度在 3.60～5.20 m 时，计算基本层，超过 5.20 m 时，每增加 1.20 m 按增加一层计算。计算式如下：满堂脚手架增加层数=（室内净高度−5.20 m）/1.20 m。

⑤架空运输脚手架工程量按搭设长度以延长 m 计算。

⑥悬空脚手架工程量按搭设水平投影面积以 m² 为单位计算。

⑦斜道工程量按不同高度以座为单位计算。

⑧烟囱及水塔脚手架工程量按筒径和高度以座为单位计算。

⑨水平防护架工程量按铺板的水平投影面积以 m² 为单位计算。

⑩垂直防护架工程量按室外地坪至最上一层横杆之间的搭设高度乘搭设长度以 m² 为单位计算。

⑪立挂式安全网工程量按架网部分的长度乘高度以 m² 为单位计算。

⑫挑出式安全网工程量按挑出安全网的水平投影面积以 m² 为单位计算。

⑬屋面防护栏杆按图示屋面檐口以延长米计算，楼层临边防护栏杆按图示临边长度以延长米计算。

⑭楼梯防护栏杆按图示以水平投影长度计算。

⑮洞口垂直防护栏杆按图示洞口长度以延长米计算，洞口水平防护网按图示洞口长乘以宽度以 m² 为单位计算。

⑯挑脚手架工程量按搭设长度以延长米计算。

4.2.2.3 其他说明

①水塔脚手架按相应的烟囱脚手架计算，其中人工乘系数 1.11，其他不变。

②架空运输道，以架宽 2 m 为准，如架宽超过 2 m 时，应将人工、材料、机械用量乘系数 1.2，超过 3 m 时应将人工、材料、机械用量乘系数 1.50。

③建筑物垂直封闭定额项目的封闭材料采用竹笆板，如采用纺织布时，应将竹笆板换算为纺织布，人工乘系数 0.80。

④同一建筑物高度不同时，应按不同高度分别计算。

⑤外脚手架单排、双排按以下规则取定：

● 砌筑高度在 15 m 以下的按单排脚手架计算；

● 砌筑高度在 15 m 以上的或砌筑高度虽不足 15 m，但外墙门窗及装饰面积超过外墙表面积 60% 以上时，按双排脚手架计算。

⑥外脚手架定额中均综合了上料平台，护卫栏杆等。

⑦水平防护架和垂直防护架指脚手架以外单独搭设的，用于车辆通道、人行通道、临街防护和施工与其他物体隔离等的防护。

⑧烟囱脚手架综合了垂直运输架、斜道、缆风绳、地锚等。

⑨滑升模板施工的钢筋混凝土烟囱筒身,水塔塔身及筒仓,不得再计算脚手架。

⑩砌筑贮仓,按双排外脚手架计算。

⑪贮水(油)池池壁高度超过 1.20 m 时,应按里脚手架的砌筑架计算。水池内池顶及池壁抹面应按满堂脚手架计算,其池壁抹面不得再计算脚手架。

⑫室外地沟墙高度超过 1.20 m 时,按里脚手架计算。

⑬计算了综合脚手架,又计算建筑物密目网垂直防护架、建筑物密目网垂直封闭时,尼龙安全网不扣除。

4.2.3 工程量计算规则

4.2.3.1 综合脚手架

①凡能够按《建筑工程建筑面积计算规范》计算建筑面积的建筑工程均按综合脚手架定额计算。

②综合脚手架的工程量就是建筑面积,单位为 m^2。

③综合脚手架中已包括了砌筑、浇注、吊装、抹灰等所需脚手架材料的摊销量;综合了木制、竹制、钢管脚手架等,但不包括浇灌满堂基础等脚手架的项目。计算了综合脚手架的工程,不再计算以上单项脚手架。

④综合脚手架一般按单层建筑物或多层建筑物分不同檐口高度计算工程量,高层建筑必须计算高层建筑超高增加费。

⑤檐高在 3.60 m 内的单层建筑不执行综合脚手架定额。

⑥综合脚手架项目仅包括脚手架本身的搭拆,不包括建筑物洞口临边、电器防护设施等费用,以上费用已在安全文明施工措施费中列支。

⑦单位工程在执行综合脚手架时,遇有下列情况应另列项目计算,不再计算超过 20 m 脚手架材料增加费。

● 各种基础自设计室外地面起深度超过 1.50 m(砖基础至大方脚砖基底面、钢筋混凝土基础至垫层上表面),同时混凝土带形基础底宽超过 3 m、满堂基础或独立柱基(包括设备基础)混凝土底面积超过 16 m^2 应计算砌墙、混凝土浇捣脚手架。砖基础以垂直面积按单项脚手架中里架子、混凝土浇捣按相应满堂脚手架定额执行;

● 层高超过 3.60 m 的钢筋混凝土框架柱、梁、墙混凝土浇捣脚手架按单项定额规定计算;

- 独立柱、单梁、墙高度超过 3.60 m 混凝土浇捣脚手架按单项定额规定计算；
- 层高在 2.20 m 以内的基础层外墙脚手架按相应单项定额规定执行；
- 施工现场需搭设高压线防护架、金属过道防护棚脚手架按单项定额规定执行；
- 屋面坡度大于 45°时，屋面基层、盖瓦的脚手架费用应另行计算；
- 未计算到建筑面积的室外柱、梁等，其高度超过 3.60 m 时，应另按单项脚手架相应定额；
- 地下室的综合脚手架按檐高在 12 m 以内的综合脚手架相应定额乘以系数 0.5 执行；
- 檐高 20 m 以下采用悬挑脚手架的可计取悬挑脚手架增加费用，20 m 以上悬挑脚手架增加费已包括在脚手架超高材料增加费中。

4.2.3.2　单项脚手架

凡不能按《建筑工程建筑面积计算规范》计算建筑面积的建筑工程，施工时又必须搭设脚手架时，按单项脚手架计算其费用。计算了综合脚手架就不再计算单项脚手架。

1. 外脚手架

外脚手架的工程量按外墙外围长度乘以外墙高度以 m² 为单位计算。外墙高度系指设计室外地坪至檐口滴水的高度；山墙部分按山墙平均高度计算；带女儿墙的建筑物，其高度算至女儿墙顶。突出墙外宽度在 24 cm 以内的墙垛、附墙烟囱等，其脚手架已包括在墙体脚手架内，不再另计，宽度超过 24 cm 时按图示尺寸展开计算，并入外墙脚手架工程量内。

外墙脚手架工程量计算公式：

$$S_w = L_w \times H + S_b \qquad (式 4\text{-}1)$$

式中：S_w——外脚手架工程量，m²；

　　　L_w——建筑物外墙外边线总长度，m；

　　　H——外墙砌筑高度，指设计室外地坪至檐口底或至山墙高度的 1/2 处的高度，有女儿墙的，其高度算至女儿墙顶面；

　　　S_b——应并入的面积（如屋顶的水箱间、电梯间、楼梯间等）。

2. 独立柱脚手架

现浇混凝土柱（外墙柱除外）脚手架，按柱的周长加 3.6 m 乘以高度（由室内地坪或楼板面算起）以 m^2 为单位计算；独立砖、石柱脚手架，按柱的周长加 3.6 m 乘以柱高以 m^2 为单位计算。高度在 3.6 m 以内时，按 3.6 m 以内里脚手架计算，高度超过 3.6 m 时，按相应高度的单排外脚手架项目乘以系数 0.6 计算。

独立柱脚手架工程量计算公式：

$$S_z=（L_z+3.6）×H \qquad\qquad （式4-2）$$

式中：S_z——独立柱脚手架工程量，m^2；

L_z——独立柱结构外围周长，m；

H——独立柱砌筑高度，m。

3. 装饰工程脚手架

室内地坪或楼面至装饰天棚高度在 3.6 m 以内的抹灰天棚、钉板天棚、吊顶天棚的脚手架按天棚简易脚手架计算，室内地坪或楼面至装饰天棚高度超过 3.6 m 的抹灰天棚、钉板天棚、吊顶天棚的脚手架按满堂脚手架计算，屋面板底勾缝、喷浆、屋架刷油的脚手架按活动脚手架计算。工程量按室内净面积以 m^2 为单位计算。

4. 满堂脚手架

高度以室内地坪或楼面至天棚底面为准，无吊顶天棚的算至楼板底，有吊顶天棚的算至天棚的面层，斜天棚按平均高度计算。计算满堂脚手架后，室内墙柱面装饰工程不再计算脚手架。满堂脚手架的基本层高在 3.6～5.2 m 的，计算满堂脚手架基本层，超过 5.2 m 时，每超过 1.2 m 计算一个满堂脚手架增加层。计算增加层脚手架时，超高部分在 0.6 m 以内者舍去不计，超过 0.6 m 的，计算一个增加层。

满堂脚手架工程量=室内净长度×室内净宽度

计算室内净面积时，不扣除柱、垛所占面积。已计算满堂脚手架后，室内墙壁面装饰不再计算墙面装饰脚手架。

满堂脚手架增加层=（室内净高度-5.2 m）÷1.2 m（计算结果 0.6 m 以内舍去）

满堂脚手架工程量计算公式：

$$S_m=L_j×B_j \qquad\qquad （式4-3）$$

式中：S_m——满堂脚手架基本层工程量，m^2；

L_j——室内净长，m；

B_j——室内净宽，m。

5．其他脚手架

①水平防护架，其工程量按实际铺板的水平投影面积，以 m² 为单位计算。

②垂直防护架，其工程量按自然地坪至最上一层横杆之间的搭设高度，乘以实际搭设长度，以 m² 为单位计算。

③烟囱、水塔脚手架，区别不同搭设高度，以座为单位计算。

④安全过道：按实际搭设的水平投影面积（架宽×架长）计算。

⑤立挂安全网：按实际满挂的垂直投影面积计算。

4.2.4　脚手架工程工程量计算案例

【例 4-4】如图 4-7 所示，内外墙厚度均为 240 mm，采用钢管脚手架，计算外墙砌筑脚手架工程量。

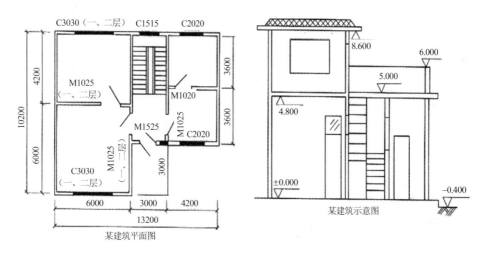

图 4-7　某建筑示意

解：砌筑物高度在 15 m 以下，按单排脚手架计算，外墙砌筑脚手架工程量：

S＝[（13.2+10.2）×2+0.24×4]×（4.8+0.4）+（7.2×3+0.24）×1.2+

　　[（6+10.2）×2+0.24×4]×4

　　＝248.35+26.21+133.44=408（m²）

【例 4-5】如图 4-8 所示，计算独立砖柱砌筑脚手架工程量。

解：S＝（0.4×4+3.6）×3.6=18.72（m²）

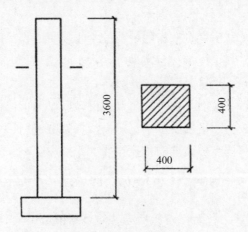

图 4-8　独立砖柱示意

第 5 章　装饰装修工程量计算

装饰装修是为了保护建筑物、构筑物的主体结构、完善建筑物、构筑物的使用功能、美化建筑物、构筑物，采用装饰装修材料或饰物，对建筑物、构筑物的内外表面及空间进行各种处理的综合性系统工程。根据施工工艺和建筑部位的不同，建筑装饰装修工程可分为抹灰工程、饰面工程、裱糊工程、涂料工程、吊顶工程、隔墙与隔断工程、门窗工程、玻璃工程、地面工程等，可综合为墙面工程、池地面工程、门窗工程、油漆、涂料工程和其他装饰工程。

装饰装修工程量计算是指依照经审定的设计施工图纸及设计说明，利用装饰装修工程量计算规则，充分考虑装饰施工组织设计与施工技术措施方案来进行的过程。常用的物理计量单位包括长度（m）、面积（m²）、体积（m³）、重量（kg）、个、件、台、组、套等。

装饰装修工程量计算顺序包括顺时针方式（先左后右、先上后下、先横后竖）、轴线顺序方式和按建筑物层次和图纸构件编号进行计算的顺序。

5.1　墙面工程

墙面工程也称墙柱面工程，是指砖墙、石墙、混凝土墙、砌块墙、柱、垛以及内墙和外墙等。墙面工程包括抹灰、镶贴块料、饰面和隔断及幕墙几个部分。

5.1.1　墙面及零星抹灰

5.1.1.1　抹灰分类

抹灰工程按使用要求及装饰效果不同有一般抹灰、装饰抹灰、特种抹灰。一般抹灰、装饰抹灰和特种抹灰又分为以下几种。

①一般抹灰包括石灰砂浆、水泥砂浆、水泥混合砂浆、聚合物水泥砂浆、麻刀石灰、纸筋石灰、石膏灰等的抹灰。

②装饰抹灰包括水刷石、斩假石、干黏石、假面砖、拉条灰、拉毛灰、甩毛灰、扒拉石、喷涂、滚涂等的抹灰。

③特种抹灰包括保温砂浆、耐酸砂浆和防水砂浆等。

5.1.1.2　抹灰的组成

抹灰层一般由底层、中层和面层组成。

①底层：底层主要起与基层的黏结和初步找平作用。底层所使用的材料随基层不同而异，砖墙面常用石灰砂浆、混合砂浆、水泥砂浆；对混凝土基层宜先刷素水泥浆一道，采用混合砂浆或水泥砂浆打底，更易于黏结牢固；木板条、钢丝网基层等，用混合砂浆、麻刀灰和纸筋灰并将灰浆挤入基层缝隙内，以加强拉结。

②中层：中层主要起找平作用。使用砂浆的稠度为 70～80 mm，根据基层材料的不同，其做法基本上与底层的做法相同。按照施工质量要求可一次抹成，也可分遍进行。

③面层：面层主要起装饰作用，所用材料根据设计要求的装饰效果而定。室内墙面及顶棚抹灰，常用麻刀灰或纸筋灰；室外抹灰常用水泥砂浆或做成干黏石等饰面层。

5.1.1.3　一般抹灰要求

墙面抹灰分二遍、三遍、四遍，也称普通抹灰、中级抹灰和高级抹灰。抹灰等级、抹灰次数、工序和外观要求见表 5-1。

表 5-1　石灰浆抹灰等级要求

	普通抹灰	中级抹灰	高级抹灰
抹灰遍数及要求	二遍（一遍底层，一遍面层）	三遍（一遍底层，一遍中层，一遍面层）	四遍（一遍底层，一遍中层，二遍面层）
工序要求	分层找平、修整、表面压光	阳角找方、设置标筋、分层找平、修整、表面压光	阳角找方、设置标筋、分层找平、修整、表面压光
外观要求	表面光滑、洁净、接槎平整	表面光滑、洁净、接槎平整、压线、清晰、顺直	表面光滑、洁净、颜色均匀、无抹纹压线、平直方正、清晰美观

分层进行抹灰施工，抹灰层厚度需严格控制。外墙抹灰层的平均总厚度不得超过 20 mm，勒脚及突出墙面部分不得超过 25 mm。内墙抹灰层的平均总厚度普通抹灰不得超过 20 mm，高级抹灰不得超过 25 mm。顶棚抹灰层的平均总厚度对板条及现浇混凝土基层不得超过 15 mm，对预制混凝土基层则不得超过 18 mm。严格控制抹灰层的厚度不仅是为了取得较好的技术经济效益，而且还是为了保证抹灰层的质量。抹灰层过薄达不到预期的装饰效果，过厚则由于抹灰层自重增大，灰浆易下坠脱离基体导致出现空鼓，而且由于砂浆内外干燥速度相差过大，表面易于产生收缩裂缝。

抹灰厚度，按不同的砂浆分别列在定额项目中，同类砂浆列总厚度，不同砂浆分别列出厚度，如定额项目中的"18+6 mm"即表示两种不同砂浆的各自厚度。

5.1.1.4　抹灰工作量计算

工程量均应按设计图示尺寸计算。

1. 内墙抹灰工作量计算

①内墙面（墙裙）抹灰面积，应扣除门窗洞口、空圈和 0.3 m² 以外孔洞所占面积，不扣除踢脚板、挂镜线、0.3 m² 以内孔洞以及墙与构件交界处的面积，洞口侧壁和顶面亦不增加。墙垛和附墙烟囱侧壁面积并入墙面抹灰工程量内计算。

②砌体墙中的钢筋混凝土梁、柱等的抹灰，并入砌体墙面抹灰工程量计算。

③内墙抹灰长度，按主墙间的图示净长尺寸计算。其高度确定如下：

● 有墙裙时，其高度按墙裙顶点至天棚底面之间距离计算。

● 无墙裙、无地热时，其高度按室内地面或楼面至天棚底面之间距离计算。

● 无墙裙、有地热、不做砂浆踢脚（无论明暗）时，计算规则同②。

● 无墙裙、有地热、做砂浆踢脚（无论明暗）时，按规则②计算，并扣除地热所占厚度。

● 钉板条天棚的内墙抹灰，其高度按室内地面或楼面至天棚底面另加 100 mm 计算。

④计算公式：

内墙抹灰工程量=主墙间净长度×墙面高度-门窗等面积-内墙裙抹灰面积（有墙裙时）+垛的侧面抹灰面积

内墙裙抹灰工程量=主墙间净长度×墙裙高度-门窗所占面积+垛的侧面抹灰面积

柱抹灰工程量=柱结构断面周长×设计柱抹灰高度

【**例5-1**】某工程如图5-1所示，内墙面抹1：2水泥砂浆底，1：3石灰砂浆找平层，麻刀石灰浆面层，共20 mm厚。内墙裙采用1：3水泥砂浆打底（19厚），1：2.5水泥砂浆面层（6厚），计算内墙面和内墙裙抹灰工程量。

M：1 000 mm×2 700 mm　共3个

C：1 500 mm×1 800 mm　共4个

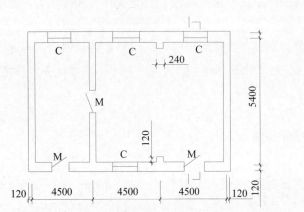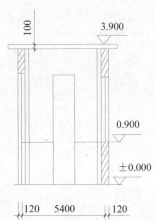

图5-1　内墙计算图示（平面图和立面图）

解：（1）内墙面抹灰工程量=[（4.50×3−0.24×2+0.12×2）×2+（5.40−0.24）×4]×（3.90−0.10−0.90）−1.00×（2.70−0.90）×4−1.50×1.80×4=118.76（m²）

（2）内墙裙工程量=[（4.50×3−0.24×2+0.12×2）×2+（5.40−0.24）×4−1.00×4]×0.90=38.84（m²）。

2. 外墙抹灰工作量计算

①外墙面（墙裙）抹灰面积，应扣除门窗洞口、0.3 m²以外孔洞以及按面积计算的零星抹灰所占面积，不扣除0.3 m²以内孔洞、墙与构件交界处以及按长度计算的装饰线条抹灰所占的面积，洞口侧壁和顶面亦不增加。墙垛、梁、柱侧面抹灰面积并入外墙面抹灰工程量内计算。

②外窗台（带窗台线）抹灰长度如设计图纸无规定时，可按窗外围宽度两边共加200 mm计算。窗台展开宽度按360 mm计算。

③圆、方形欧式灰线装饰柱按柱墩与柱帽之间部分的垂直投影面积计算。

④墙面勾缝按垂直投影面积计算，应扣除墙裙和墙面抹灰的面积，不扣除门

窗洞口、门窗套、腰线等零星抹灰所占的面积，附墙柱和门窗洞口侧面的勾缝面积亦不增加。独立柱、房上烟囱勾缝，按图示尺寸以 m² 为单位计算。

⑤计算公式：

外墙抹灰工程量=外墙面长度×墙面高度−门窗等面积+垛梁柱的侧面抹灰面积

外墙裙抹灰工程量=外墙面长度×墙裙高度−门窗所占面积+垛梁柱的侧面抹灰面积

墙面勾缝工程量=墙面长度×墙面高度

【例 5-2】某工程如图 5-1 所示，外墙面抹水泥砂浆（外墙无墙裙），底层为 1∶3 水泥砂浆打底 14 mm 厚，面层为 1∶2 水泥砂浆抹面 6 mm 厚；外墙裙水刷石，1∶3 水泥砂浆打底 12 mm 厚，素水泥浆两遍，1∶2.5 水泥白石子 10 mm 厚（介格），挑檐水刷白石，厚度与配合比均与定额相同，计算外墙面抹灰工程量。

解：外墙抹灰工程量=墙面工程量−门洞口工程量

$$=(4.5×3+0.12+0.12+5.4+0.12+0.12)×2×3.9−(1×2.7×3+1.8×1.5×4)$$

$$=19.38×2×3.9−（8.1+10.8）=132.264（m²）。$$

3．栏板、栏杆工作量计算

①平面阳台栏板抹灰，区别内外墙，并入相应墙面工程量内计算。

②栏杆、栏板（包括立柱、扶手或压顶等）抹灰按立面垂直投影面积乘以系数 2.2 以 m² 为单位计算。

③计算公式：

栏板、栏杆工程量=栏板、栏杆长度×栏板、栏杆抹灰高度

4．其他部位抹灰工作量计算

①窗台线、门窗套、挑檐、腰线、遮阳板等抹灰。

展开宽度在 300 mm 以内的，按装饰线以延长米计算。

展开宽度超过 300 mm 以上时，按图示尺寸以展开面积计算，套零星抹灰定额项目。

②窗台线、门窗套、挑檐、腰线、遮阳板等抹灰。

展开宽度在 300 mm 以内的，按装饰线以延长米计算。

展开宽度超过 300 mm 以上时，按图示尺寸以展开面积计算，套零星抹灰定额项目。

③雨篷外边线计算规则：按相应装饰线（300 mm 以内）或零星项目（300 mm 以外）执行独立柱抹灰按结构断面周长乘以柱的高度以 m² 为单位计算。

5.1.2 镶贴块料面层

5.1.2.1 镶贴块料分类

镶贴块料面层包括大理石、花岗岩、预制水磨石、瓷砖瓷板、金属面砖的贴面。施工工艺分别为：

①挂贴块料：是在墙的基层设置预埋件，再焊上钢筋网。然后将块料板上下钻孔，用铜丝或不锈钢挂件将块料板固定在钢筋网架上，再将留缝灌注水泥砂浆。

②粘贴块料：是用水泥砂浆或高强黏结浆把块料板粘贴于墙的基层上。该方法适用于危险性小的内墙面和墙裙。

③干挂块料：适用于大型的板材，主要方法是用预埋件或膨胀螺栓将不锈钢角钢与墙体连接牢固，然后用不锈钢安插件，把设计要求打好孔的板材支撑在不锈钢角钢上，挂满墙面。

5.1.2.2 块料工作量计算

①墙面面层，均按图示尺寸以实贴面积计算，不扣除 0.1 m² 以内的孔洞所占面积。垛和附墙柱并入墙面计算。

②独立柱饰面按外围饰面尺寸乘以高度以面积计算。

③隔断按净长乘净高计算，扣除门窗洞口及 0.3 m² 以上的孔洞所占面积。

④幕墙按四周框外围面积计算。

⑤墙砖及石材倒 45°角，按镶贴的图示尺寸以延长米计算。

⑥计算公式：

$$墙面贴块料工程量 = 图示长度 \times 装饰高度$$
$$柱面贴块料工程量 = 柱装饰块料外围周长 \times 装饰高度$$

【例 5-3】某变电室，外墙面尺寸如图 5-2 所示，M: 1 500 mm×2 000 mm; C1: 1 500 mm×1 500 mm; C2: 1 200 mm×800 mm; 门窗侧面宽度 100 mm，外墙水泥砂浆粘贴规格 194 mm×94 mm 瓷质外墙砖，灰缝 5 mm，计算工程量。

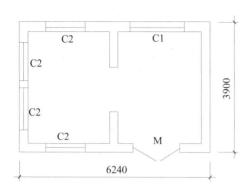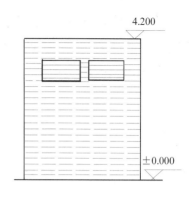

图 5-2 外墙贴块平面图和立面图

解： 外墙面砖工程量=（6.24+3.90）×2×4.20-（1.50×2.00）-（1.50×1.50）-
（1.20×0.80）×4+[1.50+2.00×2+1.50×4+（1.20+0.80）×2×4]×0.10=78.84（m²）。

5.1.3 墙、柱饰面、隔断、幕墙工作量计算

①墙、柱饰面龙骨按图示尺寸长度乘以高度，以 m² 为单位计算。定额龙骨按
附墙、附柱考虑，若遇其他情况，按下列规定乘以系数处理：

● 设计龙骨外挑时，其相应定额项目乘系数 1.15；

● 设计木龙骨包圆柱，其相应定额项目乘系数 1.18；

● 设计金属龙骨包圆柱，其相应定额项目乘系数 1.20。

墙、柱饰面龙骨工程量=图示长度×高度×系数

②墙、柱饰面基层板、造型层按图示尺寸面积，以 m² 为单位计算。面层按展
开面积，以 m² 为单位计算。

墙、柱饰面基层面层工程量=图示长度×高度

③木间壁、隔断按图示尺寸长度乘以高度，以 m² 为单位计算。

木间壁、隔断工程量=图示长度×高度-门窗面积

④玻璃间壁、隔断按上横档顶面至下横档底面之间的图示尺寸，以 m² 为单位
计算。

⑤铝合金（轻钢）间壁、隔断、各种幕墙，按设计四周外边线的框外围面积
计算。

铝合金（轻钢）间壁、隔断、幕墙=净长度×净高度-门窗面积

⑥墙面保温项目，按设计图示尺寸以 m² 为单位计算。

【**例5-4**】木龙骨，五合板基层，不锈钢柱面尺寸如图 5-3 所示，共 4 根，龙骨断面 30 mm×40 mm，间距 250 mm，计算工程量。

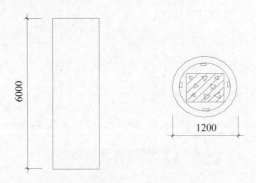

图 5-3　外墙贴块平面图和立面图

解：（1）木龙骨现场制作安装工程量=1.20×π×6.00×4×1.18=106.77（m²），设计木龙骨包圆柱，其相应定额项目乘系数 1.18。

（2）木龙骨上钉基层板工程量=1.20×3.14×6.00×4=90.48（m²）。

（3）圆柱不锈钢面工程量=1.20×3.14×6.00×4=90.48（m²）。

【**例5-5**】如图 5-4 所示，间壁墙采用轻钢龙骨双面镶嵌石膏板，门口尺寸为 900 mm×2 000 mm，柱面水泥砂浆粘贴 6 m 车边镜面玻璃，装饰断面 400 mm×400 mm，计算间壁墙工程量，柱面装饰工程量。

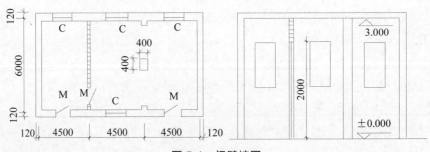

图 5-4　间壁墙图

解：（1）间壁墙工程量=[（6.00−0.24）×3−0.9×2]×1.15=17.80（m²）。

（2）间壁墙双面石膏板工程量=[（6.00−0.24）×3-0.9×2]×2=15.48×2=30.96（m²）。

（3）柱面工程量=0.40×4×3=4.80（m²）。

5.2　池地面工程

环境工程施工中设计的地面的施工主要包括普通楼地面和构筑物池地面的施工。池地面包括地面、池地面和楼面，其主要构造层次一般为基层、垫层和面层，必要时可增设填充层、隔离层、找平层和结合层等。

池地面装饰施工顺序：清理基层→垫层→隔离层→找平层→结合层→面层

楼面装饰施工顺序：清理基层→找平层→隔离层→找平层→结合层→面层

5.2.1　池地面基本构成

5.2.1.1　池地面分层构成

①分类基层：指楼板、夯实土基。

②垫层：指承受地面荷载并均匀传递给基层的构造层。

③填充层：指在建筑楼地面上起隔音、保温、找坡或敷设暗管、暗线等作用的构造层。

④找平层：指在垫层、楼板或填充层上起找平、找坡，或加强作用的构造层，一般为水泥砂浆找平层。

⑤结合层：是指面层与下层相结合的中间层。

⑥楼地面窗层：在结构层上表面起。

5.2.1.2　池地面分类

1．面层分类

按使用材料和施工方法的不同分为整体面层和块料面层。

①整体面层地面：在现场用浇筑的方法做成整片的地面。

分为水泥砂浆地面、水磨石地面和细石混凝土地面。

②块料面层地面：块料面层地面——指利用各种人造的或天然的预制块材、板材镶铺在基层上面的楼地面。包括天然大理石与花岗岩块材类地面、陶瓷地砖池地面、木质楼地面、塑料地板楼地面等。

分为人工块料地面和天然块料地面。

2. 池地面构件分类

池地面构件包括楼（地）面、楼梯、台阶、踢脚板、散水、防滑坡道、栏杆扶手等。

3. 池地面工程分类

池地面工程分类极多，包括体面层、块料面层、橡塑面层、其他材料面层、踢脚线、楼梯装饰，扶手、栏杆、栏板装饰，台阶装饰及零星装饰项目、垫层、防潮层、找平层、变形缝，其他等 13 节，327 条基价子目。

5.2.2 整体面层工程量计算

5.2.2.1 整体面层施工工程

1. 楼地面垫层

垫层类型包括刚性和非刚性垫层。

刚性：一般为砼；

非刚性垫层：一般有素土、砂石、炉渣（矿渣）、毛石、碎（砾）石、碎砖、级配砂石等做法。

2. 找平层

一般使用在保温层或粗糙的结构层表面，填平孔眼、表面抹平，以使面层和基层很好地结合。找平层可以用水泥砂浆（常用 1∶3）、细石砼、沥青砂浆铺设而成，其厚度视基层表面的平整程度而定，一般为 20～30 mm。

3. 保温层

保温层具体施工要求见 3.9 节。

4. 防潮层

防潮层具体要求见 3.9 节。

5. 整体面层

水泥砂浆面层：一般用 1∶2 或 1∶2.5 的水泥砂浆铺设，经拍实、提浆、压光而成。当用砼做垫层（或钢筋砼现浇楼板）又做面层时，亦可采用"随打随抹"的办法。即在砼浇灌好后，经找平、捣实、提浆，随即撒上干水泥并抹光。

砼面层：一般采用 C7.5～C20 砼浇筑，然后找平、提浆、抹光。

剁假石：又叫崭假石、剁斧石，指将掺有小石子及颜料的水泥砂浆涂抹在砼或砖墙、柱面或地面上，经抹压达到表面平整，待硬化后再崭凿，使之成为石料式样。

彩色水泥及彩色聚氨酯：均为在地面基层上涂刷涂料。彩色水泥是用 107 胶、水泥和颜料调剂而成的涂料。彩色聚氨酯地面是具有多功能的弹性地面。具有耐磨、耐压、美观、耐酸、耐碱、阻燃等多种功能。

水磨石面层：①1：3 水泥砂浆做找平层；②在找平层上嵌玻璃条或金属条，将面层分成方格；③铺水泥石子浆，铺平压实；④提浆抹平，养护，使其凝结到一定程度；⑤用金刚石加水磨光；⑥在磨光的地面上擦草酸、打蜡，以保护面层增加光泽。

6. 采用块料施工而成的面层

常用的块料有地板砖、水泥花砖、陶瓷锦砖、标准砖、预制水磨石、混凝土板等。施工方法块料面层施工与 5.1 节墙柱面镶贴块料面层工艺和材料相似，在此略去。

5.2.2.2 整体面层工程量计算

1. 楼地面垫层工程量计算

计算规则——按室内主墙间净空面积乘设计厚度以 m³ 为单位计算。主墙系指墙厚≥120 mm 的墙体。

应扣除：凸出地面的构筑物、设备基础、室内铁道、地沟等所占体积。

不扣除：柱、垛、间壁墙、附墙烟囱及面积在 0.3 m² 以内孔洞所占体积。但门洞、空圈和暖气包槽、壁龛的开口部分亦不增加。

计算公式：

$$垫层体积 = 地面面积×垫层厚度$$

地面垫层工程量=（地面面积−沟道所占面积）×垫层厚度

　　　　　=（建筑面积−墙体所占面积−沟道所占面积）×垫层厚度

2. 找平层工程量计算

按主墙间净面积计算工程量。

应扣除凸出地面的构筑物，设备基础及室内铁道等所占的面积（不需作找平层的地沟盖板所占的面积亦应扣除）。

不扣除柱、垛、间壁墙、附墙烟囱及 0.3 m² 以内孔洞所占的面积。但门洞、空圈和暖气包槽、壁龛的开口部分亦不增加。

计算公式：

$$\text{找平层工程量} = \text{地面面积}$$

3. 保温层工程量计算

地面隔热层按维护结构墙体间净面积乘以设计厚度以 m^3 为单位计算。

不扣除柱、垛所占体积。

4. 防水、防潮层工程量计算

建筑物地面防水防潮层，按主墙间净面积计算。

扣除凸出地面的构筑物、设备基础等所占的面积，不扣除间壁墙及 $0.3~m^2$ 以内的柱、垛、烟囱和孔洞所占面积。与墙面连接处高度在 500 mm 以内的已考虑在定额内；超过 500 mm 时，按立面防水层计算。

建筑物墙基防水、防潮层，外墙长度按中心线，内墙按净长线乘以墙的宽度以 m^2 为单位计算。

构筑物及建筑物地下室防水层，按实铺面积计算，但不扣除 $0.3~m^2$ 以内的孔洞面积，其上卷高度超过 500 mm 时，按立面防水层计算。

防水卷材的附加层、接缝、收头、冷底子油等人工材料均以计入定额内，不另计算。

计算公式：

①地面防潮层工程量=地面面积。

②墙面防潮层按图示尺寸以面积计算，不扣除 $0.3~m^2$ 以内的孔洞所占面积。

墙面防潮层高度在 300 mm 以内的，并入地面防潮层基价。高度在 300 mm 以外的，按墙面防潮层基价执行。

5. 整体面层工程量按主墙间净面积计算

应扣除凸出地面的构筑物，设备基础等不做面层的部分。

不扣除柱、垛、间壁墙和 $0.3~m^2$ 以内的孔洞所占的面积。

不增加门洞、空圈、暖气包槽、壁龛的开口部分的面积。

间隔墙：指板条间壁、轻质隔墙和 1/2 砖墙。

6. 块料面层（楼地面装饰面层）

计算规则——按饰面的净面积计算（图示尺寸实铺面积以 m^2 为单位计算，门洞、空圈、暖气包槽和壁龛的开口部分的工程量并入相应的面层内计算）。

不扣除 $0.1~m^2$ 内孔洞所占的面积，拼花部分按实贴面积计算。点缀按个计算，在主体铺贴时不扣面积。

【例5-6】某建筑平面如图 5-5 所示，地面做法为回填土夯实、60 厚 C15 混凝土垫层、素水泥浆结合层一遍、20 厚 1：2 水泥砂浆抹面压光。试计算楼地面面层的工程量。

解：工程量=（3.9−0.24）×（3+3−0.24）+（5.1−0.24）×（3−0.24）×2 =21.082+26.827

　　　　 =47.91（m²）

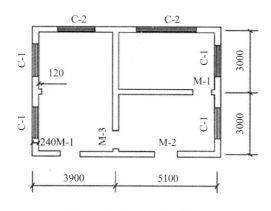

图 5-5　整体面层例题平面图

【例5-7】某建筑平面如图 5-5 所示，地面做法为回填，如果地面设计用水泥砂浆铺贴花岗石面层，其相应工程量又该为多少？M1 门宽 1 m，M2 门宽 1.2 m，M3 门宽 0.9 m。

解：门洞开口部分面积=（1+1.2+0.9+1）×0.24=0.98（m²）

花岗石面工程量=47.91+0.98=48.89（m²）。

【例5-8】某工程内墙间净面积为 20 m²，门洞宽度为 1 200 mm、1 000 mm 各一个。已知，地面工程做法如下：

（1）20 mm 厚 1：2 水泥砂浆地面面层

（2）刷素水泥浆一道

（3）60 mm 厚 C15 砼垫层

（4）150 mm 厚 3：7 灰土

（5）素土夯实。

求各项目计算工作量。

解：①20 mm 厚 1：2 水泥砂浆地面工作量=20（m²）

②砼垫层垫层工程量=地面面积垫×层厚度=20×0.06=0.12（m²）

③3：7 灰土垫层=地面面积×垫层厚度=20×0.15=3（m²）。

7. 踢脚线

①水泥砂浆踢脚线以延长米计算，不扣除门窗洞口及空圈长度，但门洞、空圈和垛的侧壁亦不增加。

②石材踢脚线、块料踢脚线、现浇水磨石踢脚线、塑料板踢脚线、木质踢脚线、金属踢脚线、防静电踢脚线按长度乘高度以面积计算，扣除门口，增加侧壁。其中成品踢脚线以延长米计算，扣除门口，增加侧壁。

③楼梯踢脚线的长度按其水平投影长度乘以系数 1.15 计算。

【例 5-9】以图 5-5 为例，计算踢脚线工作量。

解：踢脚线工程量=（6−0.24+3.9−0.24）×2+（5.1−0.24+3−0.24）×2×2=49.32（m）。

5.2.3　其他装饰

5.2.3.1　楼梯装饰

楼梯装饰按设计图示尺寸以楼梯（包括踏步、休息平台及 500 mm 以内楼梯井）水平投影面积计算。楼梯与楼地面相连时，算至梯口梁内侧边沿；无梯口梁者，算至最上一层踏步边沿加 300 mm。见图 5-6。

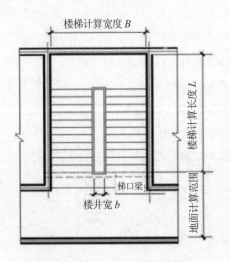

图 5-6　楼梯、楼地面平面图

1．工作量计算公式

①当 $b>500$ 时：

工作量=（楼梯计算长度×楼梯计算宽度−楼梯井所占面积）×（$n-1$）

②当 $b\leqslant500$ 时：

工作量=（楼梯计算长度×楼梯计算宽度）×（$n-1$）

2．计算规则

①楼梯踏步的防滑条工程量，按踏步两端距离减 300 mm 以延长米计算。

防滑条=（楼梯踏步宽−300 mm）×踏步个数

②楼梯面层做石材、块料时，楼梯底面的单独抹灰、刷浆，其工程量按楼梯水平投影面积乘以系数 1.15 计算。

③楼梯地毯压棍按设计图示数量以套计算，压板以 m 为单位计算。

5.2.3.2　扶手、栏杆、栏板装饰

1．工作量计算

扶手、栏杆、栏板装饰工程量按设计图示尺寸以扶手中心线长度（包括弯头长度）按延长米计算。

2．计算规则

①扶手斜长部分的计算方法：按楼梯扶手斜长的水平投影长度乘以系数 1.15 计算。

②弯头按个计算。

【例 5-10】楼地面工程量计算：某楼梯如图 5-7 所示，同走廊连接，墙厚 240 mm，梯井 60 mm 宽，楼梯满铺芝麻白大理石，试计算其大理石及栏杆、扶手的工程量。

解：（1）计算楼梯工作量：

楼梯工程量=[（5.1−0.12+0.3）×（2.7−0.24）]×（3−1）+2.1×1.23+1.08×（2.7−0.24）

= 25.98+ 5.24=31.22（m^2）

（2）栏杆工作量：

栏杆工程量=［2.1+（2.1+0.6）+0.3×9+0.3×10+0.3×10］×1.15+0.6+（1.2+0.06）+0.06×4=15.525+0.6+1.26+0.24=17.63（m）

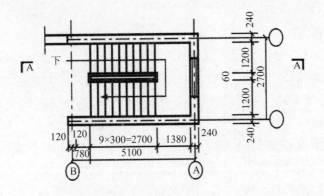

楼梯间平面图

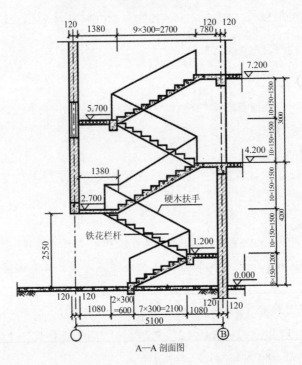

A—A 剖面图

图 5-7 楼梯平面图和剖视图

5.2.3.3 台阶装饰

工作量计算：台阶装饰工程量按设计图示尺寸以台阶（包括最上层踏步边沿

加 300 mm）水平投影面积计算，不包括翼墙、花池等。300 mm 以外部门面积套用相应面层材料的楼地面工程定额子目。

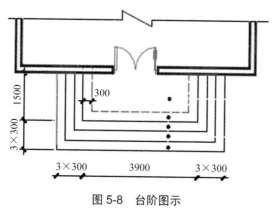

图 5-8　台阶图示

5.3　门窗工程

门是对内外联系的重要洞口，供人通行、联系室内外和各房间，应起到隔绝、保温和美化作用的重要构件，对建筑的立面及室内装修效果影响很大。窗则主要满足室内采光和通风，装饰装修时应充分考虑窗的位置、面积大小、开启方式。

5.3.1　门窗功能分类

①按照构造组成可以分为：门窗框、门窗扇、亮子、门窗栅、防盗网、门窗附件（如包门窗框扇、窗台板、筒子板、贴脸板、压条、门窗套、披水条）以及五金零件、配件、拉手、锁具等。

②按照材质、功能不同可以分为：普通木门、普通木窗、铝合金门窗、不锈钢门窗、卷闸门、彩板门窗、塑料门窗、塑钢门窗、防盗门窗、豪华装饰门、电子感应门、旋转门、电动伸缩门、不锈钢卷闸门等。

③按照门窗形状大小等可以分为：矩形、圆形、半圆形预矩形组合、带形等。

④按照开启方式不同可以分为：平开、推拉、立旋、上悬、中悬、下悬等。

⑤按照施工过程可以分为：门窗制作、门窗运输、门窗框（或扇）安装、门窗油漆等。

5.3.2　门窗的组成

5.3.2.1　门的组成

门一般由门框（门樘）、门扇、五金零件及其他附件组成。门框一般是由边框和上框组成，当其高度大于 2 400 mm 时，在上部可加设亮子，需增加中横框。当门宽度大于 2 100 mm 时，需增设一根中竖框。有保温、防水、防风、防沙和隔声要求的门应设下槛。门扇一般由上冒头、中冒头、下冒头、边梃、门芯板、玻璃、百叶等组成。

5.3.2.2　窗的组成

窗是由窗框（窗樘）、窗扇、五金零件等组成。窗框是由边框、上框、中横框、中竖框等组成，窗扇是由上冒头、下冒头、边梃、窗芯子、玻璃等组成。

5.3.3　门窗工程量计算

门窗工程量计算主要规则：

①购入成品的各种铝合金门窗安装，按门窗洞口面积以 m² 为单位计算，购入成品的木门扇安装，按购入门扇的净面积计算。

$$门窗工程量=洞口宽×洞口高$$

②现场铝合金门窗扇制作、安装按门窗洞口面积以 m² 为单位计算。

$$门窗工程量=洞口宽×洞口高$$

③各种卷帘门按洞口高度加 600 mm 乘卷帘门实际宽度的面积计算，卷帘门上有小门时，其卷帘门工程量应扣除小门面积。卷帘门上的小门按扇计算，卷帘门上电动提升装置以套计算，手动装置的材料、安装人工已包括在定额内，不另增加。

$$卷闸门安装工程量=卷闸门宽×（洞口高度+0.6）$$

④无框玻璃门按其洞口面积计算。无框玻璃门中，部分为固定门扇、部分为开启门扇时，工程量应分开计算。无框门上带亮子时，其亮子与固定门扇合并计算。

⑤门窗框上包不锈钢板均按不锈钢板的展开面积以 m² 为单位计算，木门扇上包金属面或软包面均以门扇净面积计算。无框玻璃门上亮子与门扇之间的钢骨架

横撑（外包不锈钢板），按横撑包不锈钢板的展开面积计算。

⑥门窗扇包镀锌铁皮，按门窗洞口面积以 m^2 为单位计算。

⑦木门窗框、扇制作、安装工程量按以下规定计算：

● 各类木门窗（包括纱门、纱窗）制作、安装工程量均按门窗洞口面积以 m^2 为单位计算。

● 门连窗的工程量应分别计算，套用相应门、窗定额，窗的宽度算至门框外侧。

● 普通窗上部带有半圆窗的工程量应按普通窗和半圆窗分别计算，其分界线以普通窗和半圆窗之间的横框上边线为分界线。

● 无框窗扇按扇的外围面积计算。

【例 5-11】 某住宅用带纱镶木板门 45 樘，洞口尺寸如图 5-9 所示，刷底油一遍，计算镶木板门制作安装工程量。

解：（1）带纱镶木板门框、门扇制作安装工程量=0.90×2.70×45=109.35（m^2）

门框制作、门扇制作、门框安装、门扇安装均按 109.35 m^2 计价。

（2）镶木板门普通门锁安装工程量=45 把

（3）镶木板门五金配件工程量=45 樘

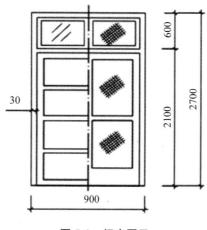

图 5-9 门窗图示

5.4 油漆、涂料工程

油漆、涂料工程是指将涂料施涂于基层表面上以形成装饰保护层的一种饰面工程。涂料是指涂敷于物体表面并能与表面基体材料很好黏结形成完整而坚韧保护膜的材料，所形成的这层保护膜，又称涂层。

5.4.1 涂料的组成和分类

5.4.1.1 涂料的组成

①主要成膜物质。主要成膜物质是决定涂料性质的最主要成分，它的作用是将其他组分黏结成一整体，并附着在被涂基层的表层，形成坚韧的保护膜。它具有单独成膜的能力，也可以黏结其他组分共同成膜。

②次要成膜物质。它自身没有成膜的能力，要依靠主要成膜物质的黏结才可成为涂膜的一个组成部分。颜料就是次要成膜物质，它对涂膜的性能及颜色有重要作用。

③辅助成膜物质。辅助成膜物质不能构成涂膜或不是构成涂膜的主体，但对涂料的成膜过程有很大影响，或对涂膜的性能起一定辅助作用，它主要包括溶剂和助剂两大类。

5.4.1.2 涂料的分类

建筑涂料的产品种类繁多，一般按下列几种方法进行分类：

①按使用的部位可分为：外墙涂料、内墙涂料、顶棚涂料、地面涂料、门窗涂料、屋面涂料等。

②按涂料成膜物质的组成不同可分为：油性涂料，系指传统的以干性油为基础的涂料，即以前所称的油漆；有机高分子涂料，包括聚醋酸乙烯系、丙烯酸树脂系、环氧系、聚氨酯系、过氯乙烯系等，其中以丙烯酸树脂系建筑涂料性能优越；无机高分子涂料，包括有硅溶胶类、硅酸盐类等；有机无机复合涂料，包括聚乙烯醇水玻璃涂料、聚合物改性水泥涂料等。

③按涂料分散介质（稀释剂）的不同可分为：溶剂型涂料、水乳型涂料、水溶型涂料。

5.4.1.3　常用的建筑涂料

①清油。清油又称鱼油、熟油。多用于稀释厚漆和红丹防锈漆、或作打底涂料、配腻子，也可单独涂刷基层表面，但漆膜柔韧，易发黏。

②厚漆。广泛用作各种面漆前的涂层打底；或单独用作要求不高的木质、金属表面涂覆。使用时需加适量清油、溶剂稀释。

③调和漆。适用于室内外钢铁、木材等材料表面。常用的有油性调和漆和磁性调和漆等品种。

④清漆。分油质清漆和挥发性清漆两类，多用于室内木材面层打底和罩面。

⑤防锈漆。有油性防锈漆和树脂防锈漆两类，主要用于涂刷钢铁结构表面防锈打底。

⑥乳胶漆。适用于高级建筑室内抹灰面、木材的面层涂刷，也可用于室外抹灰面。是一种性能良好的新型水性涂料和优良墙漆。

⑦JH80—1 无机建筑涂料。可用于各种基层外墙的建筑饰面。施工方法以喷涂效果最佳，也可刷涂和滚涂。这种涂料所含水分已在生产时按比例调好，使用时不能任意加水稀释，只需充分搅拌使之均匀，即可直接使用。

⑧JH80—2 无机建筑涂料。水溶性高分子无机涂料，适用于外墙饰面涂刷，代替水刷石、干黏石工艺。

5.4.2　涂料施工工作量

5.4.2.1　木材面油漆工程量

1. 木材面油漆施工方式

木材表面涂料的种类很多，加工方式也稍有不同，以混色油漆为例介绍施工工艺。

涂饰施工工艺为：基层处理→刷清油一道→抹腻子、磨砂纸→刷第一遍油漆→抹腻子、磨砂纸→刷第二遍油漆→磨砂纸→刷最后一遍油漆。

①基层处理。木材表面必须要清扫、起钉子、除油污、刮灰土、磨砂纸。

②刷清油一道。为了保证木材含水率的稳定性和增加面层与基层的附着力。涂刷清油时应注意保护周围构件、物品及五金件的清洁。

③抹腻子、磨砂纸。清油干透后，将钉孔、裂缝、节疤以及边棱残缺处，用

石膏油腻子刮抹平整表面上的腻子要刮光无腻子残渣。

腻子干透后，用 100 号木砂纸打磨，注意不要磨穿油膜，并保护好棱角，不留野腻子痕迹，磨完后应打扫干净，并用潮布将磨下粉末擦净。

④刷第一遍油漆。油漆一般采用刷涂，刷涂时应顺着木纹刷涂，线角处不宜刷得过厚。涂层应均匀平滑，色泽一致，刷完后应检查有无漏刷处。

⑤抹腻子、磨砂纸。等一遍油漆干透后，对底腻子收缩或残缺处，用稍硬较细的加色腻子嵌补平整，再等腻子干透后，用旧砂纸将所有施涂部位的表面磨平、磨光，以加强下一遍施涂的附着力，砂纸磨好后用潮布将粉尘擦净待干。

⑥刷第二遍油漆。刷第二遍油漆的方法和要求与第一遍油漆相同。

⑦磨砂纸。磨砂纸不要把底层油磨穿，要保护好棱角，用潮布将磨下的粉末擦净。

⑧刷最后一遍油漆。刷油方法同前，如发现有毛病，应及时修整。

2. 木材面油漆工程量

①单层木门、单层木窗及其他木材面的一般油漆项目工程量，均按单面洞口面积以"m^2"计算。

②木扶手（不带托板）的一般油漆项目工程量，均按长度，以"延长米"计算。

③一般油漆工程量的计算，应先按油漆品种和施工部位不同，分别计算出其分项基本工程量，再进行相应油漆分项工程量的同类合并得出油漆项目工程量。

应注意，一般油漆的各项目工程量，均不是实刷面积或长度。

【例5-12】某工程有单扇木内门 40 樘，洞口尺寸为 800×2 100（mm）；带纱门木入户门 20 樘，洞口尺寸 900×2 400（mm）。双扇木内玻璃窗 20 樘，洞口尺寸 1 200×600（mm）；三扇带纱木外窗 40 樘，洞口尺寸为 1 500×1 800（mm）。门窗油漆均为：刮腻子、磨光、底油一遍，调和漆两遍。试计算该工程工程量。

解：根据综合单价可知，木门、木窗虽然油漆种类相同，但由于执行的油漆项目不同，故应按油漆项目分别列项计算。即单层木门和带纱木门，执行单层木门油漆项目；单层木窗和带纱木窗，执行单层木窗油漆项目。

（1）单层木门油漆项目

基本工程量应为按单面洞口面积计算，单层木门工程量系数为 1.00，一板一纱木门工程量系数为 1.36。所以，单层木门油漆项目：

单层木门工程量=0.8×2.1×40×1.0=67.200（m^2）

带纱木门工程量=0.9×2.4×20×1.36=58.752（m²）

项目工程量合计=67.200+58.752=125.952（m²）=1.260（100 m²）

（2）单层木窗油漆项目。

单层玻璃窗工程量系数为 1.00，一玻一纱窗工程量系数为 1.36。基本工程量均为按单面洞口面积。

单层木窗油漆项目：

单层木窗工程量=1.2×0.6×20×1.00=14.400（m²）

带纱木窗工程量=1.5×1.8×40×1.36=146.88（m²）

项目工程量=14.400+146.88=161.28（m²）=1.613（100 m²）

5.4.2.2　混凝土和抹灰表面涂饰施工

1. 混凝土和抹灰表面涂饰施工方式

①基层处理。混凝土及抹灰的基层处理。为保证涂膜能与基层牢固黏结在一起，基层表面必须干净、坚实，无酥松、脱皮、起壳、粉化等现象，基层表面的泥土、灰尘、污垢、黏附的砂浆等应清扫干净，酥松的表面应予铲除。为保证基层表面平整，缺棱掉角处应用 1：3 水泥砂浆（或聚合物水泥砂浆）修补，表面的麻面、缝隙及凹陷处应用腻子填补修平。

②刮腻子与磨平。基层必须刮腻子数遍予以找平，并在每遍所刮腻子干燥后用砂纸打磨，保证基层表面平整光滑。需要刮腻子的遍数，视涂饰工程的质量等级、基层表面的平整度和所用的涂料品种而定。

③涂料的施涂。混凝土、抹灰表面涂料一般为：无光油漆面、乳胶漆面和过氯乙烯漆面。

施涂无光油漆施工工艺：涂清油→涂铅油→涂无光油。

● 嵌、批腻子。可用聚醋酸乙烯腻子。嵌、批腻子时，使用钢皮或橡皮、硬塑料刮板刮匀即可。

● 刷乳胶漆。一般情况下乳胶漆刷两遍即可，如需要也可刷三遍。涂刷时，打开漆桶加水，把漆调至适当稠度即可。

第一遍漆涂刷后经过 2 h 干燥，即可刷第二遍漆。施工时的室温保持在 0℃以上，以防冻结。乳胶漆干燥快，大面积涂饰时应多人配合，流水作业，互相衔接，从一头开始，顺着刷向另一头，以避免出现接头。每个刷面应一次完成。

2．混凝土和抹灰表面涂饰施工工程量

抹灰面油漆工程量的计算，均按设计图示尺寸以"m^2"计算。

其面积的计算，均按楼地面、墙、柱、梁面装饰工程相应的工程量计算规则确定油漆部分的面积。计算方法参看 5.1 节和 5.2 节。

混凝土空花格、栏杆按设计图示尺寸以单面外围面积计算。

5.4.2.3 刷浆工程

刷浆工程是在建筑物基体或基层等表面上喷、刷浆料以保护基体、美化建筑物的一种饰面工程。有一般刷浆、彩色刷浆、美术刷浆三种。

1．刷浆材料

刷浆工程所用浆料主要有石灰浆、大白浆、可赛银浆、水泥浆和聚合物水泥浆等，石灰浆、水泥浆和聚合物水泥浆可用于室内、外墙面。大白浆和可赛银浆只宜用于室内墙面。

2．施工工艺

刷浆工程按工程部位分可分为室内刷浆和室外刷浆。刷浆的施工工序主要有基层处理、刮腻子和刷浆等。

①基层处理和刮腻子。刷浆前应将基层表面上的灰尘、污垢、溅沫和砂浆流痕清除干净。基层表面的孔眼、缝隙和凹凸不平处应用腻子填补并打磨齐平，所用腻子如为室内刷浆可用大白粉（或滑石粉）纤维素乳胶腻子。

对于室内中级刷浆和高级刷浆工程，由于表面质量要求较高，在局部刮腻子后，还得再满刮腻子 1～2 遍，并磨平。刷大白浆、要求墙面充分干燥，为增加大白浆的附着力，在抹灰面未干前应先刷一道石灰浆。其他刷浆材料对基层干燥程度的要求较低，一般八成干后即可刷浆。

②刷浆。刷浆方法一般用刷涂法和喷涂法。

刷涂法是最简易的人工施工方法，一般用排笔、扁刷进行刷涂。浆料的工作稠度，必须加以控制，使其在刷涂时不流坠、不显刷纹。一般刷两遍，第一遍左右横刷，晾干后，再竖刷第二遍，要求高的可增刷第三遍，最后一遍应采用竖刷。

喷涂法一般采用手压喷浆机或电动喷浆机进行喷涂。

刷聚合物水泥浆时，刷浆前应先用乳胶水溶液或聚乙烯醇缩甲醛胶水溶液湿润基层。室外刷浆如分段进行时，应以分格缝、墙的阳角或水落管等处为分界线。同一墙面应用相同的材料和配合比，涂料必须搅拌均匀。

3．刷浆施工工程量

刷浆工程量的计算，均按设计图示尺寸以 m² 为单位计算。

其面积的计算，均按楼外墙面、内墙面抹灰工程相应的工程量计算规则确定油漆部分的面积。计算方法参看 5.1 节。

5.4.3　裱糊工程

裱糊工程就是将壁纸、墙布用胶黏剂裱糊在结构基层的表面上。各种彩色图案的壁纸与墙布，具有耐用、美观、价廉，可耐水擦洗、施工方便等特点，其品种花式繁多，色彩、花纹、质感丰富多彩，装饰效果好，因而裱糊饰面得到广泛应用。

5.4.3.1　裱糊饰面用材料

用于裱糊饰面的材料，按其基底材料（即基材）来分可分为壁纸和墙布两大类。而壁纸与墙布的品种繁多，有各种各样的分类方法。

如按所用材料的特点分类，壁纸大体可分为：纸面纸基壁纸、纺织物壁纸、天然材料面壁纸、金属壁纸、塑料壁纸。塑料壁纸是目前产量最大、应用最广泛的一种壁纸。它又可分为三大类，即普通壁纸、发泡壁纸和特种壁纸。每一类壁纸都有多种品种，每个品种又有几十乃至几百种花色。

墙布是用纤维织物做基材，以耐磨树脂作面层的裱糊饰面材料。它具有较高的抗拉及耐磨性能。按所用基材的不同，墙布有玻璃纤维墙布、无纺墙布、装饰墙布、化纤装饰墙布等品种。

5.4.3.2　裱糊饰面施工方法

1．塑料壁纸的裱糊

塑料壁纸的裱糊施工工艺为：基层处理→弹垂直线→裁纸→浸水润湿和刷胶→裱糊壁纸→清理修整。

①基层处理。裱糊前应将基层表面的污垢、尘土清除干净，泛碱部位。新建筑物的混凝土和抹灰基层墙面在刮腻子前应涂刷抗碱封闭底漆。旧墙面在裱糊前应清除疏松的旧装修层并涂刷界面剂，要求基层基本干燥。

对局部的麻点、凹坑、接缝须先用腻子修补填平，干后用砂纸磨平。对木基层要求接缝密实，不露钉头，接缝处要裱纱纸、砂布，然后满刮腻子，干后磨光磨平。同时也有利于下一步胶黏剂的涂刷。

②弹垂直线。为使壁纸粘贴的花纹、图案、线条纵横连贯，在底胶干后，根据房间大小、门窗位置、壁纸宽度和花纹图案的完整性进行弹线，从墙的阳角开始，以壁纸宽度弹垂直线，作为裱糊时的操作准线。

③裁纸。根据墙面尺寸及壁纸类型、图案、规格尺寸，规划分幅裁纸，并将纸幅编号，按顺序粘贴。墙面上下两端要预留 50 mm 的裁边。分幅拼花裁切时，要照顾主要墙面花纹图案，对称完整及光泽效果。裁切的一边只能搭接，不能对缝。裁边应平直整齐，不能有纸毛、飞刺等。

④浸水润湿和刷胶。将裁好的壁纸放入水槽中浸泡，使纸充分吸湿伸胀，然后在墙面和纸背面同时刷胶进行裱糊。

胶黏剂要求涂刷均匀，不漏刷。用背面带胶的壁纸，则只需在基层表面涂刷胶黏剂。

⑤裱糊壁纸。以阴角处事先弹好的垂直线，作为裱糊第一幅壁纸的基准；第二幅开始，先上后下对称裱糊，对缝必须严密，不显接槎，花纹图案的对缝必须端正吻合。拼缝对齐后，再用刮板由上往下抹压平整，挤出的多余胶黏剂，用湿棉丝及时揩擦干净。

对裁纸的一边可在阴角处搭接，搭缝宽 5～10 mm，要压实，无张嘴现象。阳角处只能包角压实，不能对接和搭接，所以施工时对阳角的垂直度和平整度要严格控制。大厅明柱应在侧面或不显眼处对缝。裱糊到电灯开关、插座等处应剪口做标志，以后再安装纸面上的照明设备或附件。壁纸与挂镜线、贴脸板和踢脚板等部位的连接也应吻合，不得有缝隙，使接缝严密美观。

⑥清理修整。整个房间贴好后，应进行全面细致的检查，对未贴好的局部进行清理修整，要求修整后不留痕迹，然后将房间封闭予以保护。

2. 玻璃纤维布和无纺墙布的裱糊

玻璃纤维布和无纺墙布的裱糊工艺与塑料壁纸的裱糊工艺基本相同，但应注意以下几点：

①基层处理。玻璃纤维墙布和无纺墙布布料较薄，盖底力较差，故应注意基层颜色的深浅和均匀程度，防止裱糊后色彩不一，影响装饰效果。

②裁剪。裁剪前应根据墙面尺寸进行分幅，并在墙面弹出分幅线，然后确定需要粘贴的长度，并应适当放长 100～150 mm，再按墙布的花色图案及深浅选布剪裁，以便同幅墙面颜色一致，图案完整。

③刷胶黏剂。宜用聚醋酸乙烯乳液作为胶黏剂（聚醋酸乙烯乳胶：羧甲基纤维素=60：40），其中羧甲基纤维素应先用水溶化（2.5%溶液）。

玻璃纤维布和无纺墙布无吸水膨胀现象，故裱糊前勿需用水湿润。粘贴时墙布背面不用刷胶，否则胶黏剂容易渗透到墙布表面影响美观。

④裱糊墙布。在基层上用排笔刷好胶黏剂后，把裁好成卷的墙布自上而下按对花要求缓缓放下，墙布上边应留出 50 mm 左右，然后用湿毛巾将墙布抹平贴实，再用活动裁纸刀割去上下多余布料。阴阳角、线角以及偏斜过多的部位，可以裁开拼接，也可搭接，对花要求可适当放宽，但切忌将墙布横拉斜扯，以免造成整块墙布歪斜变形甚至脱落。

5.4.3.3　裱糊工程工程量计算

裱糊工程的工程量，均按面积以 m² 为单位计算。

具体面积计算方法，同抹灰面油漆工程量计算方法。

第6章 安装工程量计算

6.1 电气工程安装工程量计算

6.1.1 电气工程施工图识图

6.1.1.1 基本知识

电气安装施工图（简称电气施工图）是安装工程中的技术文件之一，是电气工程技术的"语言"，它可以简练而又直观地表明设计意图，并具有通用性，它的作用是语言文字无法取代的。

电气工程图种类很多，按功用可以分为电气系统图、内外线工程图、动力工程图、照明工程图、弱电工程图及各种电气控制原理图。上述不同的图纸各有不同的特点和表达方式，而且不同的国家和地区，各有不同的规定和习惯画法。为了能顺利进行技术交流，必须认真学习和记忆各种不同的表示方法，一些基本的规定和格式又是在制图过程中必须遵守的。

1. 建筑电气施工图的组成

目录：主要用来表示一套电气施工图纸的数量、编号和名称。当工程较简单图纸数量较少时，常常列入整套工程图纸的总目录中。

设备材料表：设计者将本套电气施工图中所采用的设备、材料及图形符号，用表格的形式列出，给识图提供了方便，但有的图纸中不列此表。

施工图设计说明：对图纸中不能用符号表明的与施工有关的或对工程有特殊技术要求和必要技术数据的内容，加以说明补充。

系统图：用来表示供配电系统的组成部分及其连接方式，通常用粗实线表示。

该图通常不表示电气设备的具体安装位置，但反映了整个工程的供配电全貌和连接关系，并且表明了供配电系统所用的设备、元件和连接管线的型号、规格及敷设方式和部位等。将每个回路采用标注的形式依次说明，便于表明平面图中各回路的联系。

平面图（平剖面图）：用来表示所有电气线路的具体走向及电气设备和器具的位置（平面坐标），并通过图形符号和标注方法将某些系统图中无法表达的设计意图表达出来。

2．建筑电气施工图的表示方法

1）电气线路的图示方法

电气施工图一般都绘制在简化了的建筑平面图上，为了突出重点，建筑部分用细实线表示，电气管线用粗实线表示。导线的文字标注形式为：

$$a - b(c \times d)e - f$$

式中：a——线路的编号；

$\quad\quad b$——导线的型号；

$\quad\quad c$——导线的根数；

$\quad\quad d$——导线的截面积，mm^2；

$\quad\quad e$——敷设方式；

$\quad\quad f$——线路的敷设部位。

例如：WP1-BV（3×50+1×35）CT CE 表示：1 号动力线路，导线型号为铜芯聚氯乙烯绝缘线（BV），3 根 50 mm^2、1 根 35 mm^2，沿顶板用电缆桥架敷设。

表 6-1　线路敷设方式文字符号

序号	中文名称	旧符号	新符号
1	电缆桥架		CT
2	金属软管		F
3	金属线槽		MR
4	电线管	DG	MT
5	塑料管	SG	PC
6	塑料线槽		PR
7	钢管	GG	SC
8	半硬塑料管		FPC
9	直接埋设		DB

表 6-2 线路敷设部位的文字符号

序号	中文名称	旧符号	新符号
1	沿或跨梁（屋架）敷设	L	AB
2	沿柱或跨柱敷设	Z	AC
3	沿墙面敷设	Q	WS
4	沿天棚或顶面板敷设	P	CE
5	吊顶内敷设	R	SCE
6	暗敷设在墙内		WC
7	地板或地面下敷设	D	FC
8	暗敷在屋面或顶板内		CC

连接导线在电气图中使用非常多，在施工图中为了使表达的意义明确并且整齐美观，连接线应尽可能水平和垂直布置，并尽可能减少交叉。在电气施工图中，暗敷设的管线要求沿直线最短距离连接，当交叉不可避免时，应将连接关系表达清楚，可以将自身打断或将与其交叉的导线打断，打断的目的是表明在该处出现了导线的交叉，并未相连而不是真的将导线断开。导线的表示可以采用多线和单线的表示方法。每根导线均绘出为多线表示，见图6-1。用一条图线表示两根或两根以上的表示方法为多线表示法。采用该种方法要求将导线的根数用标注或文字说明的方法来表达。图中导线上的短斜线的根数表示导线的根数，也可用短斜线加数字的方法来表示。

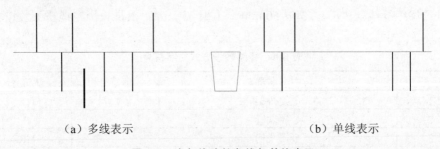

（a）多线表示   （b）单线表示

图 6-1 电气线路的多线与单线表示

当用单线表示的多根导线其中有导线离开或汇入时，一般可加一段短斜线来表示。

2）电气设备的图示方法

在建筑电气施工图中的电气元件和电器设备并不采用比例画出其形状和尺

寸，均采用图形符号进行绘制。要想准确熟练识读和绘制电气施工图，必须对常用的图形符号非常熟悉。目前国内采用的图形符号标准为《电气简图用图形符号》（GB/T 4728）在制图中应严格遵守。为了进一步对设计意图进行说明，在电气工程图上往往还有文字标注和文字说明，对设备的容量、安装方式、线路的敷设方法等进行补充说明。除了较复杂情况一般不绘制立面图，仅用文字说明的方法来表示导线及各种设备的垂直距离和空间位置。

照明及动力设备除用图形符号表示外，还应在图形符号旁加以文字说明其性能和特点，如型号、规格、数量、安装方式、安装高度等。

照明灯具的标注形式为：

$$a-b\frac{c \times d \times l}{e}f$$

式中：a——灯具的数量；

　　　b——灯具的型号或代号；

　　　c——灯具内的灯泡数；

　　　d——单个灯泡的容量，W；

　　　e——灯具的安装高度（m），指灯具底部距地面的距离，如果是吸顶式安装则用"—"表示；

　　　f——灯具安装方式；

　　　l——光源的种类，一般很少标。

表 6-3　照明灯具安装方式文字符号

序号	中文名称	旧符号	新符号	备注
1	链吊式	L	CS	
2	管吊式	G	DS	
3	线吊式	X	SW	
4	吸顶式		— C	
5	嵌入式		R	
6	壁装式		W	

以上符号、标注均可参考国家建筑标准图集《建筑电气工程设计常用图形和文字符号》（09DX001）相关内容。

6.1.1.2 电气工程图的识读

1）图纸目录

对应照图纸目录核对图纸张数。根据工程性质不同，电气施工图的种类也有多有少。有的工程如工业厂房，除照明工程外，可能还包括变配电工程、外线工程、动力工程、防雷接地等图纸。有的工程则只有其中的一种或几种，如多层住宅楼一般有照明工程图、防雷接地工程图等，识图时可根据图纸种类分类阅读。

2）阅读施工图设计说明

施工图设计说明是识图的导向，阅读施工图设计说明可以了解工程概况、设计意图、施工要求和图中使用的特殊图例等，帮助看懂图纸。

3）电气总平面图

总平面图要了解建筑物的具体位置，与其他原有建筑物之间的关系以及外线的布置及进户点等。

4）电气系统图

电气系统图可以了解供配电线路的接线方式、回路个数，电气配电箱（柜）内的电器设备型号，规格等。看了系统图后，再看平面图，对电气系统图就有了总的概念。

5）电气平面图

阅读电气平面图要从电源引入端开始到用电器具，要对照标注及说明中提供的各种电器的安装高度，明确电气设备所在空间的准确位置。

6）了解标准图集

为了提高电气安装工程的标准化水平，国家编制了各种电气的安装做法标准图集，并且逐步完善。设计者若采用了标准图集中的安装做法，一般在图纸中会注明标准图集的名称和图号。

此外，还应对照其他专业施工图来查阅电气施工图，了解各种管线、设备等的空间位置，发现彼此之间的互相交叉、重叠等关系。检查图中是否有设计上没有说明地方。按一定的识图步骤可以形成固定识图习惯，有助于提高识读效率。

6.1.2 建筑电气工程清单计价工程量计算规则

①变压器安装（编码：030401）工程量清单项目设置及工程量计算规则，应按表 6-4 的规定执行。

表 6-4　变压器安装（编码：030401）

项目编码	项目名称	项目特征	计量单位	工程量计算规则	工作内容
030401001	油浸电力变压器	①名称 ②型号 ③容量（kVA） ④电压（kV） ⑤油过滤要求	台	按设计图示数量计算	①本体安装、调试 ②基础型钢制作、安装 ③油过滤 ④干燥 ⑤接地 ⑥网门、保护门制作、安装 ⑦补刷（喷）油漆
030401002	干式变压器	⑥干燥要求 ⑦基础型钢形式、规格 ⑧网门、保护门材质、规格 ⑨温控箱型号、规格			①本体安装、调试 ②基础型钢制作、安装 ③温控箱安装 ④接地 ⑤网门、保护门制作、安装 ⑥补刷（喷）油漆
030401003	整流变压器	①名称 ②型号			①本体安装、调试 ②基础型钢制作、安装 ③油过滤 ④干燥 ⑤网门、保护门制作、安装 ⑥补刷（喷）油漆
030401004	自耦变压器	③容量（kVA） ④电压（kV）			
030401005	有载调压变压器	⑤油过滤要求 ⑥干燥要求 ⑦基础型钢形式、规格 ⑧网门、保护门材质、规格			
030401006	电炉变压器	①名称 ②型号 ③容量（kVA） ④电压（kV） ⑤基础型钢形式、规格 ⑥网门、保护门材质、规格			①本体安装、调试 ②基础型钢制作、安装 ③网门、保护门制作、安装 ④补刷（喷）油漆
030401007	消弧线圈	①名称 ②型号 ③容量（kVA） ④电压（kV） ⑤油过滤要求 ⑥干燥要求 ⑦基础型钢形式、规格			①本体安装、调试 ②基础型钢制作、安装 ③油过滤 ④干燥 ⑤补刷（喷）油漆

注：变压器油如需试验、化验、色谱分析应按《建设工程工程量清单计价规范》（GB 50500—2013）附录 M 措施项目相关项目编码列项。

②配电装置安装（编码：030402）工程量清单项目设置及工程量计算规则，应按表 6-5 的规定执行。

表 6-5　配电装置安装（编码：030402）

项目编码	项目名称	项目特征	计量单位	工程量计算规则	工作内容
030402001	油断路器	①名称 ②型号 ③容量（A） ④电压等级（kV） ⑤安装条件 ⑥操作机构名称及型号	台	按设计图示数量计算	①本体安装、调试 ②基础型钢制作、安装 ③接线 ④油过滤 ⑤补刷（喷）油漆 ⑥接地
030402002	真空断路器	⑦基础型钢规格 ⑧接线材质、规格 ⑨安装部位 ⑩油过滤要求			①本体安装、调试 ②基础型钢制作、安装 ③接线 ④补刷（喷）油漆 ⑤接地
030402003	SF6 断路器				
030402004	空气断路器	①名称 ②型号 ③容量（A） ④电压等级（kV） ⑤安装条件 ⑥操作机构名称及型号 ⑦接线材质、规格 ⑧安装部位			①本体安装、调试 ②干燥 ③油过滤 ④接地
030402005	真空接触器				
030402006	隔离开关				
030402007	负荷开关		组		
030402008	互感器	①名称 ②型号 ③规格 ④类型 ⑤油过滤要求	台		①本体安装、调试 ②干燥 ③油过滤 ④接地
030402009	高压熔断器	①名称 ②型号 ③规格 ④安装部位	组		①本体安装、调试 ②接地
030402010	避雷器	①名称 ②型号 ③规格 ④电压等级 ⑤安装部位			

项目编码	项目名称	项目特征	计量单位	工程量计算规则	工作内容
030402011	干式电抗器	①名称 ②型号 ③规格 ④质量 ⑤安装部位 ⑥干燥要求			①本体安装、调试 ②干燥
030402012	油浸电抗器	①名称 ②型号 ③规格 ④容量（kVA） ⑤油过滤要求 ⑥干燥要求	台		①本体安装、调试 ②油过滤 ③干燥
030402013	移相及串联电容器	①名称 ②型号 ③规格 ④质量 ⑤安装部位	个	按设计图示数量计算	①本体安装、调试 ②接地
030402014	集合式并联电容器				
030402015	并联补偿电容器组架	①名称 ②型号 ③规格 ④结构形式			
030402016	交流滤波装置组架	①名称 ②型号 ③规格			
030402017	高压成套配电柜	①名称 ②型号 ③规格 ④母线配置方式 ⑤种类 ⑥基础型钢形式、规格	台		①本体安装、调试 ②基础型钢制作、安装 ③补刷（喷）油漆 ④接地
030402018	组合型成套箱式变电站	①名称 ②型号 ③容量（kVA） ④电压（kV） ⑤组合形式 ⑥基础规格、浇筑材质			①本体安装、调试 ②基础浇筑 ③进箱母线安装 ④补刷（喷）油漆 ⑤接地

表 6-6　母线安装（编码：030403）

项目编码	项目名称	项目特征	计量单位	工程量计算规则	工作内容
030403001	软母线	①名称 ②材质 ③型号 ④规格 ⑤绝缘子类型、规格			①母线安装 ②绝缘子耐压试验 ③跳线安装 ④绝缘子安装
030403002	组合软母线				
030403003	带形母线	①名称 ②型号 ③规格 ④材质 ⑤绝缘子类型、规格 ⑥穿墙套管材质、规格 ⑦穿通板材质、规格 ⑧母线桥材质、规格 ⑨引下线材质、规格 ⑩伸缩节、过渡板材质、规格 ⑪分相漆品种	m	按设计图示尺寸以单相长度计算	①母线安装 ②穿通板制作、安装 ③支持绝缘子、穿墙套管的耐压试验、安装 ④引下线安装 ⑤伸缩节安装 ⑥过渡板安装 ⑦刷分相漆
030403004	槽形母线	①名称 ②型号 ③规格 ④材质 ⑤连接设备名称、规格 ⑥分相漆品种			①母线制作、安装 ②与发电机、变压器连接 ③与断路器、隔离开关连接 ④刷分相漆
030403005	共箱母线	①名称 ②型号 ③规格 ④材质		按设计图示尺寸以中心线长度计算	①母线安装 ②补刷（喷）油漆
030403006	低压封闭式插接母线槽	①名称 ②型号 ③规格 ④容量（A） ⑤线制 ⑥安装部位	m	按设计图示尺寸以中心线长度计算	①母线安装 ②补刷（喷）油漆

项目编码	项目名称	项目特征	计量单位	工程量计算规则	工作内容
030403007	始端箱、分线箱	①名称 ②型号 ③规格 ④容量（A）	台	按设计图示数量计算	①本体安装 ②补刷（喷）油漆
030403008	重型母线	①名称 ②型号 ③规格 ④容量（A） ⑤材质 ⑥绝缘子类型、规格 ⑦伸缩器及导板规格	t	按设计图尺寸以质量计算	①母线制作、安装 ②伸缩器及导板制作、安装 ③支持绝缘子安装 ④补刷（喷）油漆

表 6-7　控制设备及低压电器安装（编码：030404）

项目编码	项目名称	项目特征	计量单位	工程量计算规则	工作内容
030404001	控制屏				①本体安装 ②基础型钢制作、安装 ③端子板安装 ④焊、压接线端子 ⑤盘柜配线、端子接线 ⑥小母线安装 ⑦屏边安装 ⑧补刷（喷）油漆 ⑨接地
030404002	继电、信号屏				
030404003	模拟屏	①名称 ②型号 ③规格 ④种类 ⑤基础型钢形式、规格 ⑥接线端子材质、规格 ⑦端子板外部接线材质、规格 ⑧小母线材质、规格 ⑨屏边规格	台	按设计图示数量计算	
030404004	低压开关柜（屏）				①本体安装 ②基础型钢制作、安装 ③端子板安装 ④焊、压接线端子 ⑤盘柜配线、端子接线 ⑥屏边安装 ⑦补刷（喷）油漆 ⑧接地

项目编码	项目名称	项目特征	计量单位	工程量计算规则	工作内容
030404005	弱电控制返回屏	①名称 ②型号 ③规格 ④种类 ⑤基础型钢形式、规格 ⑥接线端子材质、规格 ⑦端子板外部接线材质、规格 ⑧小母线材质、规格 ⑨屏边规格	台	按设计图示数量计算	①本体安装 ②基础型钢制作、安装 ③端子板安装 ④焊、压接线端子 ⑤盘柜配线、端子接线 ⑥小母线安装 ⑦屏边安装 ⑧补刷（喷）油漆 ⑨接地
030404006	箱式配电室	①名称 ②型号 ③规格 ④质量 ⑤基础规格、浇筑材质 ⑥基础型钢形式、规格	套		①本体安装 ②基础型钢制作、安装 ③基础浇筑 ④补刷（喷）油漆 ⑤接地
030404007	硅整流柜	①名称 ②型号 ③规格 ④容量（A） ⑤基础型钢形式、规格			①本体安装 ②基础型钢制作、安装 ③补刷（喷）油漆 ④接地
030404008	可控硅柜	①名称 ②型号 ③规格 ④容量（kW） ⑤基础型钢形式、规格	台		
030404009	低压电容器柜	①名称 ②型号 ③规格 ④基础型钢形式、规格 ⑤接线端子材质、规格 ⑥端子板外部接线材质、规格 ⑦小母线材质、规格 ⑧屏边规格			①本体安装 ②基础型钢制作、安装 ③端子板安装 ④焊、压接线端子 ⑤盘柜配线、端子接线 ⑥小母线安装 ⑦屏边安装 ⑧补刷（喷）油漆 ⑨接地
030404010	自动调节励磁屏				
030404011	励磁灭磁屏				
030404012	蓄电池屏（柜）				
030404013	直流馈电屏				
030404014	事故照明切换屏				

项目编码	项目名称	项目特征	计量单位	工程量计算规则	工作内容
030404015	控制台	①名称 ②型号 ③规格 ④基础型钢形式、规格 ⑤接线端子材质、规格 ⑥端子板外部接线材质、规格 ⑦小母线材质、规格	台	按设计图示数量计算	①本体安装 ②基础型钢制作、安装 ③端子板安装 ④焊、压接线端子 ⑤盘柜配线、端子接线 ⑥小母线安装 ⑦补刷（喷）油漆 ⑧接地
030404016	控制箱	①名称			①本体安装 ②基础型钢制作、安装 ③焊、压接线端子 ④端子接线 ⑤补刷（喷）油漆 ⑥接地
030404017	配电箱	②型号 ③规格 ④基础形式、材质、规格 ⑤接线端子材质、规格 ⑥端子板外部接线材质、规格 ⑦安装方式			
030404018	插座箱	①名称 ②型号 ③规格 ④安装方式			本体安装
030404019	控制开关	①名称 ②型号 ③规格 ④接线端子材质、规格 ⑤额定电流（A）	个		
030404020	低压熔断器	①名称 ②型号 ③规格 ④接线端子材质、规格			①本体安装 ②焊、压接线端子 ③接线
030404021	限位开关				
030404022	控制器		台		
030404023	接触器				
030404024	磁力启动器				
030404025	Y-△自耦减压启动器				
030404026	电磁铁（电磁制动器）				
030404027	快速自动开关				
030404028	电阻器		箱		
030404029	油浸频敏变阻器		台		

项目编码	项目名称	项目特征	计量单位	工程量计算规则	工作内容
030404030	分流器	①名称 ②型号 ③规格 ④容量（A） ⑤接线端子材质、规格	个	按设计图示数量计算	①本体安装 ②焊、压接线端子 ③接线
030404031	小电器	①名称 ②型号 ③规格 ④接线端子材质、规格	个 （套、台）	按设计图示数量计算	①本体安装 ②焊、压接线端子 ③接线
030404032	端子箱	①名称 ②型号 ③规格 ④安装部位	台	按设计图示数量计算	①本体安装 ②接线
030404033	风扇	①名称 ②型号 ③规格 ④安装方式	台	按设计图示数量计算	①本体安装 ②调速开关安装
030404034	照明开关	①名称 ②材质	个	按设计图示数量计算	①开关安装 ②接线
030404035	插座	③规格 ④安装方式	个	按设计图示数量计算	①插座安装 ②接线
030404036	其他电器	①名称 ②规格 ③安装方式	个 （套、台）	按设计图示数量计算	①安装 ②接线

注：①控制开关包括：自动空气开关、刀型开关、铁壳开关、胶盖刀闸开关、组合控制开关、万能转换开关、风机盘管三速开关、漏电保护开关等；②小电器包括：按钮、电笛、电铃、水位电气信号装置、测量表计、继电器、电磁锁、屏上辅助设备、辅助电压 互感器、小型安全变压器等；③其他电器安装指：本节未列的电器项目；④其他电器必须根据电器实际名称确定项目名称，明确描述工作内容、项目特征、计量单位、计算规则。

表 6-8　蓄电池安装（编码：030405）

项目编码	项目名称	项目特征	计量单位	工程量计算规则	工作内容
030405001	蓄电池	①名称 ②型号 ③容量（A·h；V/A·h） ④防震支架形式、材质 ⑤充放电要求	个（组件）	按设计图示数量计算	①本体安装 ②防震支架安装 ③充放电
030405002	太阳能电池	①名称 ②型号 ③规格 ④容量 ⑤安装方式	组		①安装 ②电池方阵铁架安装 ③联调

表 6-9　电机检查接线及调试（编码：030406）

项目编码	项目名称	项目特征	计量单位	工程量计算规则	工作内容
030406001	发电机	①名称 ②型号 ③容量（kW） ④接线端子材质、规格 ⑤干燥要求	台	按设计图示数量计算	①检查接线 ②接地 ③干燥 ④调试
030406002	调相机				
030406003	普通小型直流电动机				
030406004	可控硅调速直流电动机	①名称 ②型号 ③容量（kW） ④类型 ⑤接线端子材质、规格 ⑥干燥要求			①检查接线 ②接地 ③干燥 ④系统调试
030406005	普通交流同步电动机	①名称 ②型号 ③容量（kW） ④启动方式 ⑤电压等级（kV） ⑥接线端子材质、规格 ⑦干燥要求			

项目编码	项目名称	项目特征	计量单位	工程量计算规则	工作内容
030406006	低压交流异步电动机	①名称 ②型号 ③容量（kW） ④控制保护方式 ⑤接线端子材质、规格 ⑥干燥要求	台	按设计图示数量计算	①检查接线 ②接地 ③干燥 ④系统调试
030406007	高压交流异步电动机	①名称 ②型号 ③容量（kW） ④保护类别 ⑤接线端子材质、规格 ⑥干燥要求			
030406008	交流变频调速电动机	①名称 ②型号 ③容量（kW） ④类别 ⑤接线端子材质、规格 ⑥干燥要求			
030406009	微型电机、电加热器	①名称 ②型号 ③规格 ④接线端子材质、规格 ⑤干燥要求			
030406010	电动机组	①名称 ②型号 ③电动机台数 ④联锁台数 ⑤接线端子材质、规格 ⑥干燥要求	组		
030406011	备用励磁机组	①名称 ②型号 ③接线端子材质、规格 ④干燥要求			
030406012	励磁电阻器	①名称 ②型号 ③规格 ④接线端子材质、规格 ⑤干燥要求	台		①本体安装 ②检查接线 ③干燥

表 6-10 电缆安装 (编码: 030408)

项目编码	项目名称	项目特征	计量单位	工程量计算规则	工作内容
030408001	电力电缆	①名称 ②型号 ③规格 ④材质 ⑤敷设方式、部位 ⑥地形	m	按设计图示尺寸以长度计算	①电缆敷设 ②揭(盖)盖板
030408002	控制电缆				
030408003	电缆保护管	①名称 ②材质 ③规格 ④敷设方式			保护管敷设
030408004	电缆槽盒	①名称 ②材质 ③规格 ④型号 ⑤接地			槽盒安装
030408005	铺砂、盖保护板(砖)	①种类 ②规格			①铺砂 ②盖板(砖)
030408006	电缆终端头	①名称 ②型号 ③规格 ④材质、类型 ⑤安装部位 ⑥电压等级(kV)	个	按设计图示数量计算	①电缆终端头制作 ②电缆终端头安装 ③接地
030408007	电缆中间头	①名称 ②型号 ③规格 ④材质、类型 ⑤安装方式 ⑥电压等级(kV)			①电缆中间头制作 ②电缆中间头安装 ③接地
030408008	防火堵洞	①名称 ②材质 ③方式 ④部位	处	按设计图示数量计算	安装
030408009	防火隔板		m²	按设计图示尺寸以面积计算	
030408010	防火涂料		kg	按设计图示尺寸以质量计算	
030408011	电缆分支箱	①名称 ②型号 ③规格 ④基础形式、材质、规格	台	按设计图示数量计算	①本体安装 ②基础制作、安装

表 6-11 配管、配线（编码：030412）

项目编码	项目名称	项目特征	计量单位	工程量计算规则	工作内容
030412001	配管	①名称 ②材质 ③规格 ④配置形式 ⑤接地要求 ⑥钢索材质、规格	m	按设计图示尺寸以长度计算	①电线管路敷设 ②钢索架设（拉紧装置安装） ③预留沟槽 ④接地
030412002	线槽	①名称 ②材质 ③规格			①本体安装 ②补刷（喷）油漆
030412003	桥架	①名称 ②型号 ③规格 ④材质 ⑤类型 ⑥接地			①本体安装 ②接地
030412004	配线	①名称 ②配线形式 ③型号 ④规格 ⑤材质 ⑥配线部位 ⑦配线线制 ⑧钢索材质、规格		按设计图示尺寸以单线长度计算	①配线 ②钢索架设（拉紧装置安装） ③支持体（夹板、绝缘子、槽板等）安装
030412005	接线箱	①名称 ②材质 ③规格 ④安装形式	个	按设计图示数量计算	本体安装
030412006	接线盒				

表 6-12　照明灯具安装（编码：030413）

项目编码	项目名称	项目特征	计量单位	工程量计算规则	工作内容
030413001	普通灯具	①名称 ②型号 ③规格 ④类型	套	按设计图示数量计算	本体安装
030413002	工厂灯	①名称 ②型号 ③规格 ④安装形式			
030413003	高度标志（障碍）灯	①名称 ②型号 ③规格 ④安装部位 ⑤安装高度			
030413004	装饰灯	①名称 ②型号 ③规格 ④安装形式			
030413005	荧光灯				
030413006	医疗专用灯	①名称 ②型号 ③规格	套	按设计图示数量计算	
030413007	一般路灯	①名称 ②型号 ③规格 ④灯杆材质、规格 ⑤灯架形式及臂长 ⑥附件配置要求 ⑦灯杆形式（单、双） ⑧基础形式、砂浆配合比 ⑨杆座材质、规格 ⑩接线端子材质、规格 ⑪编号、接地要求			①基础制作、安装 ②立灯杆 ③杆座安装 ④灯架及灯具附件安装 ⑤焊、压接线端子 ⑥补刷（喷）油漆 ⑦灯杆编号 ⑧接地

项目编码	项目名称	项目特征	计量单位	工程量计算规则	工作内容
030413008	中杆灯	①名称 ②灯杆的材质及高度 ③灯架的型号、规格 ④附件配置 ⑤光源数量 ⑥基础形式、浇筑材质 ⑦杆座材质、规格 ⑧接线端子材质、规格 ⑨铁构件规格 ⑩编号、接地要求 ⑪灌浆配合比			①基础浇筑 ②立灯杆 ③杆座安装 ④灯架及灯具附件安装 ⑤焊、压接线端子 ⑥铁构件安装 ⑦补刷（喷）油漆 ⑧灯杆编号 ⑨接地
030413009	高杆灯	①名称 ②灯杆高度 ③灯架形式（成套或组装、固定或升降） ④附件配置 ⑤光源数量 ⑥基础形式、浇筑材质 ⑦杆座材质、规格 ⑧接线端子材质、规格 ⑨铁构件规格 ⑩编号、接地要求 ⑪灌浆配合比	套	按设计图示数量计算	①基础浇筑 ②立杆 ③杆座安装 ④灯架及灯具附件安装 ⑤焊、压接线端子 ⑥铁构件安装 ⑦补刷（喷）油漆 ⑧灯杆编号 ⑨升降机构接线调试 ⑩接地
030413010	桥栏杆灯	①名称			
030413011	地道涵洞灯	②型号 ③规格 ④安装形式			①灯具安装 ②补刷（喷）油漆

6.2 给排水系统安装工程量计算

6.2.1 给水排水工程概述

6.2.1.1 建筑给水系统

1. 建筑给水系统的分类

建筑给水系统是供应建筑内部和小区范围内的生活用水、生产用水和消防用水的系统，它包括建筑内部给水与小区给水系统。而建筑内部的给水系统是将城镇给水管网或自备水源给水管网的水引入室内，经配水管送至生活、生产和消防用水设备，并满足各用水点对水量、水压和水质要求的冷水供应系统。它与小区给水系统是以给水引入管上的阀门井或水表井为界。

建筑内部给水系统按用途可分为生活给水系统、生产给水系统、消防给水系统。

1）生活给水系统

生活给水系统是为住宅、公共建筑和工业企业内人员提供饮水和生活用水（淋浴、洗涤及冲厕、洗地等用水）的供水系统。生活给水系统又可以分为单一给水系统和分质给水系统。单一给水系统其水质必须符合现行国家规定的《生活饮用水卫生标准》，该水的水质必须确保居民饮用安全。分质给水系按照不同的水质标准分为符合《饮用净水水质标准》的直接饮用水系统，符合《生活饮用水卫生标准》的生活用水系统，符合《生活杂用水水质标准》的杂用水系统（中水系统）。

2）生产给水系统

指工业建筑或公共建筑在生产过程中使用的给水系统，供给生产设备冷却，原料和产品的洗涤，以及各类产品制造过程中所需的生产用水或生产原料。生产用水对水质、水量、水压及可靠性等方面的要求应按生产工艺设计要求确定。生产给水系统又可分为直流水系统、循环给水系统、复用水给水系统。生产给水系统应优先设置循环或重复利用给水系统，并应利用其余压。

3）消防给水系统

消防给水系统是供给以水灭火的各类消防设备用水的供水系统。根据《建筑设计防火规范》的规定，对某些多层或高层民用建筑、大型公共建筑、某些生产车间和库房等，必须设置消防给水系统。消防用水对水质要求不高，但必须按照《建筑设计防火规范》保证供给足够的水量和水压。

上述三种基本给水系统，根据建筑情况、对供水的要求以及室外给水管网条件等，经过技术经济比较，可以分别设置独立的给水系统，也可以设置两种或三种合并的共用系统。共用系统有生活-生产-消防共用系统、生活-消防共用系统、生产-消防共用系统等。

2. 建筑给水系统的组成

建筑物内的给水系统如图 6-2 所示。

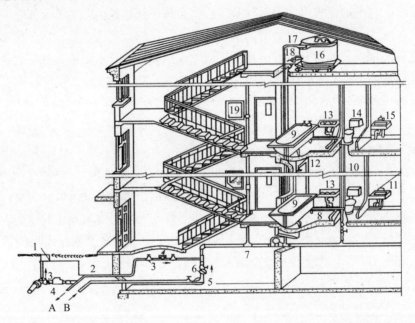

1—阀门井；；2—引入管；3—闸阀；4—水表；5—水泵；6—逆止阀；7—干管；8—支管；
9—浴盆；10—立管；11—水龙头 12—淋浴器；13—洗脸盆；14—大便器；15—洗涤盆；
16—水箱；17—进水管；18—出水管；19—消水栓；A—入贮水池；B—来自贮水池

图 6-2　建筑内部给水系统

1）引入管

是建筑物内部给水系统与城市给水管网或建筑小区之间的联络管段，也称进户管。城市给水管网与建筑小区给水系统之间的联络管段称为总进水管。

2）水表节点

安装在引入管上的水表及其前后设置的阀门和泄水装置的总称。当需对水量进行计量的建筑物，应在引入管上装设水表。建筑物的某部分或个别设备需计量时，应在其配水管上装设水表。住宅建筑应装设分户水表。由市政管网直接供水的独立消防给水系统的引入管上，可不装设水表。

3）给水管网

是指由水平或垂直于管、立管、横文管等组成的建筑内部的给水管网。

4）给水附件

给水附件指管路上闸阀、止回阀等控制附件及淋浴器、配水龙头、冲洗阀等配水附件和仪表等。

5）升压和贮水设备

在市政管网压力不足或建筑对安全供水、水压稳定有较高要求时。需设置各种附加设备。如水箱、水泵、气压给水装置、贮水池等增压和贮水设备。

6）消防防备

消防用水设备是指按建筑物防火要求及规定设置的消火栓、自动喷水灭火设备等。

7）给水局部处理设备

建筑物所在地点的水质已不符合要求或直接饮用水系统的水质要求高于我国自来水的现行水质标准的情况下，需要设给水深处理构筑物和设备来局部进行给水深处理。

6.2.1.2 建筑排水系统

1. 建筑排水系统的分类

建筑物排水系统的任务是将人们在建筑内部的日常生活和工业生产中产生的污、废水以及降落在屋面上的雨、雪水迅速地收集后排除到室外，使室内保持清洁卫生。并为污水处理和综合利用提供便利的条件。按系统接纳的污废水类型不同，建筑物排水系统可分为三类：生活排水系统、工业废水排水系统、雨（雪）水排水系统。

1）生活排水系统

该系统用来收集排除居住建筑、公共建筑及工厂生活区的人们日常生活所产生的污废水。通常将生活排水系统分为两个系统来设置：冲洗便器的生活污水，含有大量有机杂质和细菌，污染严重。由生活污水排水系统收集排除到室外，无排入化粪池进行局部处理，然后再排入室外排水系统，沐浴和洗涤废水，污染程度较轻，几乎不含固体杂质，由生活污水排水系统收集直接排出到室外排水系统。或者作为中水系统较好的中水水源。

2）工业废水排水系统

该系统的任务是排出工艺生产中产生的污废水。生产污水污染较重，需要经过处理，达到排放标准后才能排入室外排水系统；生产污水污染较轻，可直接排放，或经简单处理后重复利用。

3）雨（雪）水排水系统

屋面雨水排出系统用以收集排除降落在建筑屋面上的雨水和融化的雪水。降雨初期，雨中含有从屋面冲刷下来的灰尘，污染程度轻，可直接排放。

建筑内部排水体制分为分流和合流两种。

2．排水系统的组成

一个完整的建筑内部污（废）水排水系统是由下列部分组成（图6-3）。

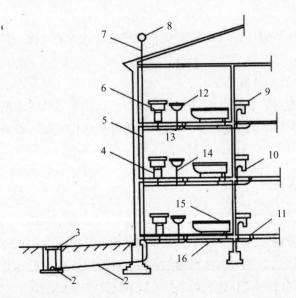

1—排出管；2—室外排水管；3—检查井；4—大便器；5—立管；6—检查口；7—伸顶通气管；

8—铁丝网罩；9—洗涤盆；10—存水弯；11—清扫口；12—洗脸盆；13—地漏；

14—器具排水管；15—浴盆；16—横支管

图6-3 室内排水系统示意

1）污废水受水器

污废水受水器是指用来接纳、收集污废水的器具。它是建筑内部排水系统的起点。

2）排水管系统

是由排水管、排水横管、立管、排水干管及排出管等组成。

①器具排水管（即排水支管）是连接卫生器具和排水横管之间的一段短管。除自带水封装置的卫生器具所接的器具排水管上不设水封装置以外，其余都应设置水封装置，以免排水管道中的有害气体和臭气进入室内。水封装置有存水弯、水封井和水封盒等。一般排水文管上设的水封装置是存水弯。

②排水横管是收集各卫生器具排水管流来的污水并排至立管的水平排水管。排水横管沿水流方向要有一定的坡度，排水干管和排出管也应如此。

③排水立管是连接各楼层排水横管的竖直过水部分的排水管。

④排水干管是连接两根或两根以上排水立管的总横义管。在一般建筑中，排水干管埋地敷设，在高层多功能建筑中，排水干管往往设置在专门的管道转换层。

⑤排出管是室内排水系统与室外排水系统的连接管道。一般情况下，为了及时排出室内污废水，防止管道堵塞，每一个排水立管直接与排出管相连，而取消排水干管。排出管与室外排水管道连接处要设置排水检查井，如果是粪便污水先排入化粪池，再经过检查井排入室外的排水管道。

3）通气管系统

通气管系统是指与大气相通的只用于通气而不排水的管路系统。它的作用有：使水流顺畅，稳定管道内的气压，防止水封被破坏；将室内排水管道中的臭气及有害气体排到大气中去；把新鲜空气补入排水管换气，以消除因室内管道系统积聚有害气体而危害养护人员、发生火灾和腐蚀管道；降低噪声。通气管系统形式有普通单立管系统、双立管系统和特殊单立管系统，如图 6-4 所示。对于层数不高、卫生器具不多的建筑物，可将排水立管上端延长并伸出屋顶，这一段管叫伸顶通气管，这种通气方式就是普通单立管系统。对于层数较高、卫生器具较多的建筑物，因排水立管长、排水情况复杂及排水量大，为稳定排水立管中气压，防止水封被破坏，应采用双立管系统或特殊单立管系统。

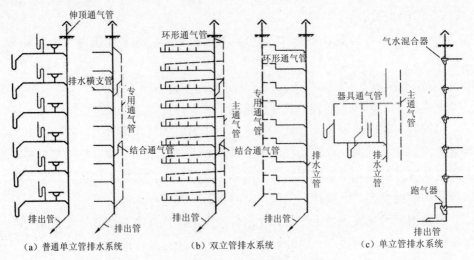

图 6-4 不同通气方式的排水系统

　　双立管系统是指设置一根单独的通气立管与污水立管相连（包括两根及两根以上的污水立管同时与一根通气立管相连）的排水系统。双立管系统是指设专用通气立管的系统，由专用通气立管、结合通气管和伸顶通气管组成；主（副）通气立管的系统，由主（副）通气立管、伸顶通气管、环形通气管（或器具通气管）相结合的系统。

　　另外可用吸（补）气阀（即单路进气阀）代替器具通气管和环形通气管。特殊单立管排水系统是指设有上部和下部特制配件及伸顶通气管的排水系统。

　　4）清通设备

　　污水中含有很多杂质，容易堵塞管道，所以建筑内部排水系统需设置清通设备，管道堵塞时用以疏通。

　　5）抽升设备

　　当建筑物内的污水不能利用重力自流到室外排水系统时，此排水系统应设置污水抽升设备，将污水及时提升到地面上，然后排至室外排水系统。

　　6）局部污水处理构筑物

　　排入城市排水管网的污废水要符合国家规定的污水排放标准。当建筑内部污水未经处理而未达放标准时（如含较多汽油、油脂或大量杂质的，或呈强酸性、强碱性的污水），则不允许直接排入城市排水管网，需设置局部处理构筑物，使污水水质得到初步改善后再排入室外排水管。局部处理构筑物有隔油池、沉淀池、化粪池、中和池及其他含毒污水的局部处理设备。

6.2.2　给排水工程清单计价工程量计算规则

6.2.2.1　工程量通用计量规则

1. 给排水工程

①给水管道：室内外界线：阀门或外墙皮 1.5 m；与市政管道界线以水表井为界，无水表井者，以与市政管道碰头点为界。

②排水管道：室内外以出户第一个排水检查井为界；室外管道与市政管道界线以与市政管道碰头井为界。

2. 管道安装

①各种管道，均以设计施工说明材质按递增或递减步距分不同管材，均以施工图所示中心长度，以"m"为计量单位，不扣除阀门、管件所占的长度（室外管道不扣除井所占长度）。另设置于管道间、管廊内的管道（含相关连接件），其定额人工乘以系数 1.3；主体结构为现场浇注采用钢模施工的工程：内外浇注的定额人工乘以系数 1.05，内浇外砌的定额人工乘以系数 1.03。

②"卫生器具安装"的支管管道安装工程量计算规定：各种卫生器具的给水管道安装工程量均计至各卫生器具供水点（镶接点）；淋浴器的给水管道安装工程量计至阀门中心。

排水管道安装工程量计算规定：

- 蹲式大便器安装：采用铸铁 P 存水弯的，管长算到楼地面（扣除存水弯长度），计算主材时另加铸铁存水弯与陶瓷存水弯的价差；采用陶瓷存水弯，管长算到楼地面。
- 坐式大便器安装：管长计算到楼地面。
- 立式小便器安装：只计算其水平管道长度，立管不计。
- 挂式小便器安装：管长计算到楼地面。
- 扫除口安装：管长计算到楼地面。
- 浴盆安装：管长计算到楼地面（扣除存水弯长度）。
- 排水栓安装：不带存水弯的，管长计算到楼地面；带 S 存水弯的，管长计算到楼地面上 0.1 m；另计 0.15 m 短管主材；带 P 存水弯的，管长计算到 P 弯接口点。

● 地漏安装：不带存水弯的，管长计算到楼地面下 0.1 m；带存水弯的，管长计算到楼地面下 0.1 m（扣除存水弯长度）。

● 洗脸盆、洗涤盆安装：S 型存水弯的，算到楼上 0.1 m；P 型存水弯的，算到 P 弯接口点。

③套管安装计算：

● 刚性或柔性防水套管一般都是穿越地下式的管道才使用，一般情况不用。穿楼板套管时：穿卫生间套管高出地坪 5 cm，套管总长 25 cm，其他房间 2 cm 套管总长度 20 cm。穿墙与两边墙平，套管总长度 30 cm。设计无说明时，一般钢管穿钢套管，塑料管穿塑料套管。

● 刚性套管是设计有要求或施工验收规范有明确规定时（如管道穿越承重或受压结构时）才使用。穿墙、过楼板的铁皮套管安装已综合在估价表中；过楼板的钢套管按延长米套用室外钢管（焊接）相应子目。

● 套管套项定额上说得很清楚，是介质管的公称直径：如 De63 的 PPR 管其公称直径同 DN50 的镀锌管，套管管径 DN70，套管定额套用 DN50 子目。

④管道支架制作安装，室内管道公称直径 32 mm 以下的安装工程已包括在内，不得另行计算。公称直径 32 mm 以上的，可另行计算。

⑤各种伸缩器制作安装，均以"个"为计量单位。方形伸缩器的两臂，按臂长的两倍合并在管道长度内计算。

⑥管道消毒、冲洗、压力试验，均按管道长度以"m"为计量单位，不扣除阀门、管件所占的长度。

3. 阀门、水位标尺安装

①各种阀门安装均以"个"为计量单位。法兰阀门安装，如仅为一侧法兰连接时，定额所列法兰、带帽螺栓及垫圈数量减半，其余不变。

②各种法兰连接用垫片，均按石棉橡胶板计算，如用其他材料，不得调整。

③法兰阀安装，均以"套"为计量单位，如接口材料不同时，可作调整。

④自动排气阀安装以"个"为计量单位，已包括了支架制作安装，不得另行计算。

⑤浮球阀安装均以"个"为计量单位，已包括了连杆及浮球的安装，不得另行计算。

⑥螺纹水表安装已含一个普通截止阀的安装费及材料费。

4．低压器具、水表组成与安装

①减压器、疏水器组成安装以"组"为计量单位，如设计组成与定额不同时，阀门和压力表数量可按设计用量进行调整，其余不变。

②减压器安装按高压侧的直径计算。

③法兰水表安装以"组"为计量单位，定额中旁通管及止回阀如与设计规定的安装形式不同时，阀门及止回阀可按设计规定进行调整，其余不变。

5．卫生器具制作安装

①卫生器具组成安装以"组"为计量单位，已按标准图综合了卫生器具与给水管、排水管连接的人工与材料用量，不得另行计算。

②浴盆安装不包括支座和四周侧面的砌砖及瓷砖粘贴。

③蹲式大便器安装，已包括了固定大便器的垫砖，但不包括大便器蹲台砌筑。

④大便槽、小便槽自动冲洗水箱安装以"套"为计量单位，已包括了水箱托架的制作安装，不得另行计算。

⑤小便槽冲洗管制作与安装以"m"为计量单位，不包括阀门安装，其工程量可按相应定额另行计算。

⑥脚踏开关安装，已包括了弯管与喷头的安装，不得另行计算。

⑦冷热水混合器安装以"套"为计量单位，不包括支架制作安装及阀门安装，其工程量可按相应定额另行计算。

⑧电热水器、电开水炉安装以"台"为计量单位，只考虑本体安装，连接管、连接件等工程量可按相应定额另行计算。

⑨饮水器安装以"台"为计量单位，阀门和脚踏开关工程量可按相应定额另行计算。

6.2.2.2　工艺管道安装工程计算规则

1．管道安装

①各种管道安装，均按设计管道材质压力，以延伸"m"为计量单位计算，不扣除各种管件及阀门所占的长度。定额中规定管道压力等级的划分：低压：$0<p\leqslant1.6$ MPa，中压：$1.6<p\leqslant10$ MPa，高压：10 MPa$<p\leqslant42$ MPa。蒸汽管道$p\geqslant9$MPa、工作温度$\geqslant500℃$时为高压。

②各种钢管、铜管、塑料管安装，定额内均不包括管件的安装，管件安装另按相关的规定独自计算。

③加热套管的内中套管的旁通管，和用弯头组成的方形弥补器，其管道和管年应分别计算工程量。

④衬表钢管安装，包括管道安装、管件制作安装、法兰安装和预安装。如衬面管件为备用件时，在管道次材甲量中要扣除其管件长度。成品管件和法兰按设计用量计算，其自身价值计进材料费。

2. 管件连接

①各种成品管件安装，均按设计的不同压力、材质、规格、品种以及连接形式等，分别以"件"为计量单位。螺纹管件数量，如施工图规定不明白时，可按相关定额附录"碳钢管螺纹接口管件含量表"计算。螺纹管接头连接，已包括在管道安装定额内，不再套用管件连接定额，但螺纹管接头的材料应另计。

②管件制作，按设计的不同压力、材量、规格、品种，分离方式以"个"为计量单位，按"管件制作"定额。管件安装以"件"为计量单位，套用安装相应定额。

③各种管件在现场补眼接三通、摔造同径管，应按不同压力、材质、规格，不同品种综分以"件"为计量单位，套用管件衔接相应定额，不另计安装费。挖眼接收三通干线管径大于次管径 1/2 时（属于直管衔接，其焊口包括在弯管安装内），不计算管件工程量；在管下挖眼焊接管接尾，凹台、盲板等配件，按其配件管径计算管件工程量。

④凡用法兰连接的管件，计算法兰安装工程量，不再计算管件连接工程量。

3. 阀门装置

①各种阀门应按不同压力、材量、规格、品种，分别以"个"为计量单位。

②各种法兰阀门安装与配套法兰的安装，应分别计算其工程量；其螺栓与透镜垫的安装已包括在定额内，其自身价值另计；螺栓的规格数量，如设计已作规定时，可根据法兰阀门的压力和法兰连接方式，按定额附录相应的"法兰螺栓分量表"计算。

③法兰阀门公称弯径小于或等于 50 mm 的单体试压、研磨，已包括在阀门安装定额内，不另计算。

④减压阀直径按高压侧计算。

4. 法兰装置

①低、中、高压管道、管件、法兰阀门上的各种法兰安装，应按不同压力、材质、规格和种类，分别以"付"为计量单位。

②不锈钢、有色金属的焊环活法兰安装，可执行翻边运动法兰安装相应定额，但应将定额翻边短管换为焊环，并另计其价值。

③中压螺纹法兰安装，可按矮压螺纹法兰安装相应定额，乘以系数1.2。

④用法兰连接的管道安装，管道与法兰分离计算工程量，并分别套用相应定额。

⑤中低压法兰安装，定额内法兰垫片材质与设计不符时，可按设计材质调整。

⑥法兰安装不包含安卸前体系试运行外的试验，产生时可作弥补。

⑦法兰安装，如设计要求螺栓、螺冒涂以二硫化钼油脂时，应另行计算。

5. 板卷管与管件制作

①板卷管制造，以"t"为计量单位，其工程量包括安卸安装损耗量，其计算公式为：

$$卷管延伸米×（1+安装损耗量）-管件长度$$

②板管件制作，以"t"为计量单位，管件数量按设计用量计算。

③成品管材制作管件以"个"为计量单位，其材料和制作耗费量均已包括在相应的管道主材用量内。

④波纹补偿器制作，定额以"单波"为准，多波弥补器按下列公式计算：$1+0.8(n-1)$，n为波数。

⑤板卷管制作与管件制作，均不包括单体试压和焊缝探伤，应按相应管道等级规定的探伤比例计算。

⑥碳钢板压抑两半弯头横缝焊接，包括内中弧的焊缝建坡口、对口焊接工作内容，不包括压制成型工序。

⑦三通制作定额以焊接为准，异径管以卷制为准。三通不分同径和异径，均按主管计算，异径管按大管径计算。

6. 管架、金属构件制作与安装及其他

①管道收架制作与安装，以"t"为计量单位。它适用于单件重量100 kg以内的管架制作与安装；单件重量超过100 kg以上的，执行相应定额。

②木垫式管架重量，不包括木垫重量；弹簧式管架制作，不包括弹簧。

③管架制作及安装所需螺栓、螺帽已包括在定额内，不另计算，但不包括与墙体连接的膨胀螺栓。

④套管制作与安装，以"个"为计量单位。所需钢管和钢板已包括在制作定额内。

⑤焊口管内部分充氩掩护管件连接，以"件"为计量单位。

7. 管道洗涤、脱脂、试压、吹（冲）洗

①均辨别不同管径，以"m"为计量单位，均未包括管子两端所需盲板和试验泵接收线的钢管、阀门、螺栓等材料的摊销。管道串通及非常设管线，按业主同意的施工计划另行计算。

②管道试压，不分材质均执行同一压力定额。

6.2.2.3 工程量计算经验方法

1. 工程量计算顺序

确定工程量计算顺序，在划分分项工程项目的基础上，统筹考虑的原则是：先易后难。对后序工程量计算能提供依据的数据及辅助数据应一并预先算出，减少图纸翻阅次数，防止重复计算和漏算，提高计算准确性和速度。管道工程施工图预算工程量计算顺序，是自然和物理计量单位以及同类计量单位工程量的先后次序，因此，确定管道工程施工图预算的自然或物理计量单位的工程量计算顺序显得尤为重要。

1）自然计量单位的工程量计算顺序

工艺管道工程：

设备→阀门→法兰→套管→金属构件及其他等，其中室外管道还包括管件工程量的计算。

燃气管道工程：

附件→燃气表及加热设备→灶具及套管等。

给排水工程：

栓类阀门→阀兰→水表→卫生器具及小型容器等的工程量计算。

按上述计算顺序计算自然计量单位的工程量，可进一步熟悉或更好地掌握具体单位工程的设计意图及系统构造，为后序和物理计量单位的工程量快速计算奠定基础。

对于管道间或管廊内的阀门、法兰还应按规格及数量分别加以标注"其中"字样，以便套用预算单价时执行人工费调整系数。

2）物理计量单位的计算顺序

工艺管道工程：

主干管→支管→管道试压→吹扫→冲洗→总支架→管道除锈刷油防腐→绝热。

燃气管道工程：

引入管→立支管→管道冲洗→除锈刷油。

采暖工程：

进户管→总立管→供回水干管→总回水管→立支管→支架→管道冲洗→除锈刷油→绝热。

给排水工程：

给水引入管→干管→立支管→管道冲洗消毒→支架→排水支管横贯→立管→通气管→排水管→管道除锈刷油→绝热。

3）总计算顺序

管道工程施工图预算工程量总计算顺序应按：自然计量单位、物理计量单位及其同类计量单位间的先后顺序进行计算。显然是基于物理计量单位工程量需在施工图纸上和使用其他资料经计算确定，比自然计量单位点数的方法要复杂得多。物理计量单位的管道工程量是计算支架、管道冲洗、刷油及绝热等其他后续工程量的基础数据，所以应预先算出。例如，已知无缝钢管管径为 159×7 管长为 891 m 时：

则其支架工程量为 891÷3=297 个；

管道冲洗量为 891 m；

刷油量为 891×3.14×0.159=445 m^2。

而管道工程量中的引入管、主立管、干管及总回水管比立、支管计算相对要容易和简单些，因此，也应先行计算。

6.2.3　《建设工程工程量清单计价规范》（GB 50500—2013）规定

《建设工程工程量清单计价规范》（GB 50500—2013）中《通用安装工程计量规范》（GB 500854—2013）对工程量清单的编制、项目设置和计量规则做了统一的规定。

给排水管道（编码：031001）工程量清单项目设置及工程量计算规则，应按表 6-13 至表 6-16 的规定执行。

表 6-13　给排水管道（编码：031001）

项目编码	项目名称	项目特征	计量单位	工程量计算规则	工作内容
031001001	镀锌钢管	①安装部位 ②介质 ③规格、压力等级 ④连接形式 ⑤压力试验及吹、洗设计要求	m	按设计图示管道中心线以长度计算	①管道安装 ②管件制作、安装 ③压力试验 ④吹扫、冲洗
031001002	钢管				
031001003	不锈钢管				
031001004	铜管				
031001005	铸铁管	①安装部位 ②介质 ③材质、规格 ④连接形式 ⑤接口材料 ⑥压力试验及吹、洗设计要求 ⑦警示带形式			①管道安装 ②管件安装 ③压力试验 ④吹扫、冲洗 ⑤警示带铺设
031001006	塑料管	①安装部位 ②介质 ③材质、规格 ④连接形式 ⑤压力试验及吹、洗设计要求 ⑥警示带形式		按设计图示管道中心线以长度计算	①管道安装 ②管件安装 ③塑料卡固定 ④压力试验 ⑤吹扫、冲洗 ⑥警示带铺设
031001007	复合管				
031001008	直埋式预制保温管	①埋设深度 ②介质 ③管道材质、规格 ④连接形式 ⑤接口保温材料 ⑥压力试验及吹、洗设计要求 ⑦警示带形式	m	按设计图示管道中心线以长度计算	①管道安装 ②管件安装 ③接口保温 ④压力试验 ⑤吹扫、冲洗 ⑥警示带铺设
031001009	承插缸瓦管	①埋设深度 ②规格			①管道安装 ②管件安装
031001010	承插水泥管	③接口方式及材料 ④压力试验及吹、洗设计要求 ⑤警示带形式			③压力试验 ④吹扫、冲洗 ⑤警示带铺设

项目编码	项目名称	项目特征	计量单位	工程量计算规则	工作内容
031001011	室外管道碰头	①介质 ②碰头形式 ③材质、规格 ④连接形式 ⑤防腐、绝热设计要求	处	按设计图示以处计算	①挖填工作坑或暖气沟拆除及修复 ②碰头 ③接口处防腐 ④接口处绝热及保护层

注：①安装部位，指管道安装在室内、室外；②输送介质包括给水、排水、中水、雨水、热媒体、燃气、空调水等；③方形补偿器制作安装，应含在管道安装综合单价中；④铸铁管安装适用于承插铸铁管、球墨铸铁管、柔性抗震铸铁管等；⑤塑料管安装：适用于 UPVC、PVC、PP-C、PP-R、PE、PB 管等塑料管材；⑥项目特征应描述是否设置阻火圈或止水环，按设计图纸或规范要求计入综合单价中；⑦复合管安装适用于钢塑复合管、铝塑复合管、钢骨架复合管等复合型管道安装；⑧直埋保温管包括直埋保温管件安装及接口保温；⑨排水管道安装包括立管检查口、透气帽；⑩室外管道碰头：适用于新建或扩建工程热源、水源、气源管道与原（旧）有管道碰头；⑪室外管道碰头包括挖工作坑、土方回填或暖气沟局部拆除及修复；⑫带介质管道碰头包括开关闸、临时放水管线铺设等费用；⑬热源管道碰头每处包括供、回水两个接口；⑭碰头形式指带介质碰头、不带介质碰头；⑮管道工程量计算不扣除阀门、管件（包括减压器、疏水器、水表、伸缩器等组成安装）及附属构筑物所占长度；⑯方形补偿器以其所占长度列入管道安装工程量；⑰压力试验按设计要求描述试验方法，如水压试验、气压试验、泄漏性试验、闭水试验、通球试验、真空试验等；⑱吹、洗按设计要求描述吹扫、冲洗方法，如水冲洗、消毒冲洗、空气吹扫等。

表 6-14　支架及其他（编码：031002）

项目编码	项目名称	项目特征	计量单位	工程量计算规则	工作内容
031002001	管道支吊架	①材质 ②管架形式 ③支吊架衬垫材质 ④减震器形式及做法	①kg ②套	①以 kg 计量，按设计图示质量计算 ②以套计量，按设计图示数量计算	①制作 ②安装
031002002	设备支吊架	①材质 ②形式			
031002003	套管	①类型 ②材质 ③规格 ④填料材质 ⑤除锈、刷油材质及做法	个	按设计图示数量计算	①制作 ②安装 ③除锈、刷油

项目编码	项目名称	项目特征	计量单位	工程量计算规则	工作内容
031002004	套管	①型号、规格 ②材质 ③安装形式	台	按设计图示,以需要减震的设备数量算	①制作 ②安装

注:①单件支架质量 100 kg 以上的管道支吊架执行设备支吊架制作安装;②成品支吊架安装执行相应管道支吊架或设备支吊架项目,不再计取制作费,支吊架本身价值含在综合单价中;③套管制作安装,适用于穿基础、墙、楼板等部位的防水套管、填料套管、无填料套管及防火套管等,应分别列项;④减震装置制作、安装,项目特征要描述减震器型号、规格及数量。

表 6-15   管道附件(编码:031003)

项目编码	项目名称	项目特征	计量单位	工程量计算规则	工作内容
031003001	螺纹阀门	①类型	个	按设计图示数量计算	安装
031003002	螺纹法兰阀门	②材质 ③规格、压力等级			
031003003	焊接法兰阀门	④连接形式 ⑤焊接方法			
031003004	带短管甲乙阀门	①材质 ②规格、压力等级 ③连接形式 ④接口方式及材质			
031003005	减压器	①材质	组		①组成 ②安装
031003006	疏水器	②规格、压力等级			
031003007	除污器(过滤器)	③连接形式 ④附件名称、规格、数量			
031003008	补偿器	①类型 ②材质 ③规格、压力等级 ④连接形式	个		安装
031003009	软接头	①材质 ②规格 ③连接形			
031003010	法兰	①材质 ②规格、压力等级 ③连接形式	副(片)		

项目编码	项目名称	项目特征	计量单位	工程量计算规则	工作内容
031003011	水表	①安装部位（室内外） ②型号、规格 ③连接形式 ④附件名称、规格、数量	组	按设计图示数量计算	①组成 ②安装
031003012	倒流防止器	①材质 ②型号、规格 ③连接形式	套		安装
031003013	热量表	①类型 ②型号、规格 ③连接形式	块		
031003014	塑料排水管消声器	①规格 ②连接形式	个		
031003015	浮标液面计		组		
031003016	浮漂水位标尺	①用途 ②规格	套		

注：①法兰阀门安装包括法兰安装，不得另计法兰安装。阀门安装如仅为一侧法兰连接时，应在项目特征中描述；②塑料阀门连接形式需注明热熔连接、黏接、热风焊接等方式；③减压器规格按高压侧管道规格描述；④减压器、疏水器、除污器（过滤器）项目包括组成与安装，项目特征应描述所配阀门、压力表、温度计等附件的规格和数量；⑤水表安装项目，项目特征应描述所配阀门等附件的规格和数量。

表 6-16 采暖、给排水设备（编码：031006）

项目编码	项目名称	项目特征	计量单位	工程量计算规则	工作内容
031006001	变频调速给水设备	①压力容器名称、型号、规格 ②水泵主要技术参数 ③附件名称、规格、数量	套	按设计图示数量计算	①设备安装 ②附件安装 ③调试
031006004	稳压给水设备				
031006005	无负压给水设备				
031006006	气压罐	①型号、规格 ②安装方式	台		①安装 ②调试
031006007	太阳能集热装置	①型号、规格 ②安装方式 ③附件名称、规格、数量	套		①安装 ②附件安装
031006008	地源（水源、气源）热泵机组	①型号、规格 ②安装方式	组		安装

项目编码	项目名称	项目特征	计量单位	工程量计算规则	工作内容
031006009	除砂器	①型号、规格 ②安装方式	台	按设计图示数量计算	安装
031006010	电子水处理器	①类型 ②型号、规格			
031006011	超声波灭藻设备				
031006012	水质净化器				
031006013	紫外线 杀菌设备	①名称 ②规格			
031006014	电热水器、开水炉	①能源种类 ②型号、容积 ③安装方式			
031006015	电消毒器消毒锅	①类型 ②型号、规格			①安装 ②附件安装
031006016	直饮水设备	①名称 ②规格	套		安装
031006017	水箱制作安装	①材质、类型 ②型号、规格	台		①制作 ②安装

第 7 章　环境工程定额

　　环境工程造价主要包括建筑工程造价和安装工程造价，因此本章所涉及的定额内容主要包括建筑工程定额及安装工程定额。

7.1　定额概述

7.1.1　定额的概念

　　所谓"定"，就是规定；"额"，就是额度或限度。从广义上理解，定额就是规定的额度或限额，即标准或尺度。由于不同的产品有不同的质量要求和安全规范要求，因此定额不单纯是一种数量标准，而是数量、质量和安全要求的统一体。

　　传统观念上的定额包括工程量计算规则、消耗量水平、单价、费用定额的项目和标准，但随着市场经济的发展与经济体制改革的深入，定额日益显露出其与市场经济发展的不相适应性和滞后性，而现在谈及的工程量清单计价与定额关系中的"定额"，仅特指消耗量水平（标准）。

7.1.2　定额的产生与发展

　　定额产生于 19 世纪末资本主义企业管理科学的发展时期,是资本主义企业科学管理的产物,最先由美国工程师泰罗（F.W.Taylor，1856—1915）开始研究。他用工时定额来评判工人工作的好坏，同时提出有差别的计件工资制。泰罗制的核心内容包括两个方面，其一就是科学的工时定额。其二是工时定额与有差别的计件工资制度相结合。20 世纪 40 年代到 60 年代，出现了所谓资本主义管理科学，实际上是泰罗制的继续和发展。70 年代进入最新管理阶段，出现了行为科学、系统管理理论。

　　随着生产力的发展，建设工程规模和数量不断扩大，技术水平和管理手段不断提高，为了评判不同建设阶段的资金资源的消耗标准，逐步发展成建设工程各个阶段不同用途的建设工程定额，它是一个综合的概念，是多种类、多层次的计价方式和消耗标准的总称，有着系统的分工和科学的应用范围。

　　建设工程定额如果按照建设工程不同阶段分类的话，它可以分为投资估算指标、概算定额、预算定额和施工定额等；如果按照计量方法分类的话，可以分为综合单价法和工料单价法等；如果按照工程内容分类的话，可以分为建筑工程定额、安装工程定额、公路工程定额等。从建设工程定额的分类中，可以看出各种定额之间的有着有机的联系和明确分工。它们相互区别又相互补充，相互交叉又相互联系，从而形成了一个与建设工程各阶段相配套的，与建设工作深度相适应的，层次分明，分工有序的建设工程定额体系。

　　以上分析可见，建设工程定额的形成和发展，是随着生产力的提高而形成，随着管理科学的发展而发展的一门学科，是协调发展社会生产力和提高经济效益的有效工具。它是技术与经济的结合，是管理学科和工程学科的结合，是以建筑工程技术作为基础的技术管理重要依据，是研究建设工程范围内生产消耗规律的经济技术标准。人们借助它去衡量劳动生产率的高低，评价生产和消耗的关系，它和度量衡一样是一种尺度，是一种衡量的标准，是为了衡量劳动生产率的高低而产生，随着劳动生产率的提高而发展起来的一种评判标准和计算规则。它与经济体制和社会制度无关，只是一种客观事物的综合反映。

7.1.3　定额的分类

7.1.3.1　按生产因素的分类

　　1. 劳动消耗定额

　　简称劳动定额（或人工定额）：它是在正常的生产技术和生产组织条件下，完成单位合格产品所规定的劳动消耗量标准。

　　1）时间定额 *s*

　　指在技术条件正常、生产工具使用合理和劳动组织正确的条件下，工人为生产合格产品所消耗的劳动时间。

$$时间定额=耗用的工日数/完成单位合格产品的数量$$

　　单位：工日/产品单位。

可直接查定额，如人工挖土质台阶（普通土）工程，定额为 45 工日/1 000 m^2

2）产量定额 c

指在技术条件正常、生产工具使用合理和劳动组织正确的条件下，工人在单位时间内完成的合格产品的数量。

$$产量定额=完成合格产品的数量/耗用时间数量$$

单位：产品单位/工日单位。

如上例中完成 1 000 m^2 的台阶工程需 45 工日，则每工日产量为：

$$1\ 000\ m^2/45=22.2\ m^2/工日$$

即每工日完成 22.2 m^2 的台阶工程。

由时间定额计算而来。时间定额与产量定额互为倒数关系。$c=1/s$

2. 材料消耗定额

1）材料定额

指在节约和合理使用材料的条件下，生产单位合格产品所必须消耗的一定品种、规格的材料、半产品、配件、水、电、燃料等的数量标准。单位为实物单位。如 t、kg 等。应包括材料的净用量、损耗和废料。混凝土、砌体浆砌时的砂浆在搅拌制备过程中产生损耗，在材料消耗定额中计入损耗率。

$$材料消耗定额=（1+材料损耗率）×完成单位产品的材料净用量$$

【例 7-1】完成 1 m^3 实体混凝土需各材料的净用量是水泥：338 kg/m^3，中砂：0.49 m^3/m^3，4 cm 碎石：0.85 m^3/m^3，损耗率 2%。求 10 m^3 实体混凝土各种材料的消耗定额。

解：水泥：（1+2%）×338×10=3 448（kg）

砂：（1+2%）×0.49×10=5（m^3）

碎石：（1+2%）×0.85×10=8.67（m^3）

在定额中直接查出的数值就是材料消耗定额。即已计入消耗量。

2）材料产品定额

指用一定规格的原材料，在合理的操作条件下，而获得标准产品的数量。

3）材料周转定额

周转性材料（模板）在施工中合理周转使用的次数和用量，称材料周转定额，预算定额中，周转性材料均按正常周转次数摊入定额。

3. 机械台班消耗定额

机械定额：规定了在正常施工条件下，合理地组织生产与合理地利用某种机械完成单位合格产品所必需的机械台班消耗标准。或在单位时间内机械完成的产品数量。有机械时间定额和机械产量定额。互为倒数。定额中查出的是时间定额。

例如：机械碾压路基工程，一级路，查 12～15 t 光轮压路机定额为：8.52 台班/ 1 000 m³ 实体。

4．机械台班费用定额用途：

①分析计算台班单价：不变费用+可变费用。

②计算台班消耗人工、燃料等实物量。

③也可直接从"机械台班费用定额"中查出机械台班单价。

7.1.3.2　按使用要求分类

1．施工定额

1）定义

是规定建安工人或小组在正常施工条件下，完成单位合格产品的劳动力、材料、机械消耗的数量标准。

2）作用

①编制实施性施工组织设计、施工作业计划、各种领料单的依据。

②成本核算的依据。

③编制预算定额、补充定额的基础。

④特点：先进、单位小以工时计。

2．预算定额

1）定义

在施工定额的基础上综合而成的具有较先进合理定额水平的定额。

2）作用

编制施工图预算、施工组织计划，各种资源计划。编制概算定额的基础。

3．概算定额

1）定义

是在预算定额的基础上综合而成的大单位工料机消耗量的定额。

2）预算定额与概算定额的区别

①概算定额是编制设计概算、修正概算的依据。

②概算定额是大单位的定额。

③概算定额的水平低于预算定额。

④概算定额包括分项定额和扩大定额。

⑤预算定额的水平低于施工定额但是先进合理的。

⑥预算定额包括四个附录，其主要作用是编制施工图预算。

4．公路工程估算指标

1）作用

①做好基建可行性研究中的投资估算；

②为评估造价提供依据。

2）分类

①规划项目估算指标：以工料机消耗量及各项费用指标为工程造价的表现形式。编制预可行性研究及规划估算投资。

②工程项目估算指标：以各项工程的工料机消耗量及施工管理费用为表现形式。编制工程可行性研究和任务书。

7.1.3.3 按编制单位和执行定额的范围分类

（1）全国统一

（2）主管部门

（3）地方

（4）企业

7.1.3.4 按专业不同分类

（1）建筑工程定额

（2）建筑装饰装修工程定额

（3）安装工程定额

（4）市政工程定额

（5）园林绿化工程定额

7.1.4 定额的特性与作用

7.1.4.1 定额的特性

定额的特性由定额的性质决定的。在社会主义市场经济条件下，定额的特性有以下 3 个方面：

（1）定额的科学性

定额是应用科学的方法，在认真研究客观规律的基础上，通过长期观察、测定、总结生产实践及广泛搜集资料的基础上制定的。它是对工时分析、动作研究、现场布置、工具设备改革，以及生产技术与组织的合理配合等各方面进行科学的综合研究后制定的。因此，它能找出影响劳动消耗的各种主观和客观的因素，提出合理的方案，促使提高劳动生产率和降低消耗。

（2）定额的群众性

定额的群众性是指定额的制定和执行都具有广泛的群众基础。定额的制定来源于广大工人群众的施工生产活动，是在广泛听取群众意见并在群众直接参加下，通过广泛的测定，大量数据的综合分析，研究实际生产中的有关数据与资料的基础上制定出来的。因此它具有广泛的群众性，同时，定额的执行与许多部门单位及企业职工直接相关，随着科技的发展，定额应定期调整，以保证它与实际生产水平的一致，保持定额的先进合理。群众性，使定额能反映国家利益和群众利益的一致性。因此定额的群众性是定额制定与执行的基础。

（3）定额的权威性

在计划经济条件下，定额经授权单位批准颁发后，即具有法令性，只要是属于规定的范围以内，任何单位都必须严格遵守。各有关职能部门都必须认真执行，任何单位或个人都应当遵守定额管理权限的规定，不得任意改变定额的结构形式和内容，不得任意降低或变相降低定额水平，如需要进行调整、修改和补充，必须经授权批准。企业管理部门和定额管理部门，应对企业和基层单位进行必要的监督，这是保证定额得以正确执行的重要条件。

但是，在市场经济条件下，定额不能由某主管部门硬行规定，它要体现市场经济的特点，定额也不存在法令性的特性。那么既然国家要宏观调控市场，又要让市场充分发育，就必须要有一个社会公认的，在使用过程中可以有根据地改变定额水平的定额。这种定额是一个具有权威性的控制量。各建设业主和工程承包商可以在一定的范围内根据具体情况适当调整。这种具有权威性的可灵活适用的定额，符合社会主义市场经济条件下建筑产品的生产规律。定额的权威性是建立在采用先进科学的方法制定，且能反映社会生产力水平，并符合市场经济发展规律的基础上的。

定额的三个特性相互之间具有以下关系：定额的科学性是权威性的依据，定额的权威性是执行定额的保证，定额的群众性是制定和执行定额的基础。

7.1.4.2　定额的作用

定额，确定了在现有生产力发展水平下，生产单位合格产品所需的活劳动和物化劳动的数量标准，以及用货币来表现某些必要费用的额度。建筑安装工程定额是国家控制基本建设规模，利用经济杠杆对建筑安装企业加强宏观管理，促进企业提高自身素质，加快技术进步，提高经济效益的立法性文件。所以，无论是设计、计划、生产、分配、预算、结算、奖励、财务等各项工作、各个部门都应以它作为自己工作的主要依据。

定额的作用主要表现在以下 6 个方面：

（1）定额是计划管理的重要基础

建筑安装企业在计划管理中，为了组织和管理施工生产活动，必须编制各种计划，而计划的编制又依据各种定额和指标来计算人力、物力、财力等需用量，因此定额是计划管理的重要基础。

（2）定额是提高劳动生产率的重要手段

施工企业要提高劳动生产率，除了加强政治思想工作，提高群众积极性外，还要贯彻执行现行定额，把企业提高劳动生产率的任务具体落实到每个工人身上，促使他们采用新技术和新工艺，改进操作方法，改善劳动组织，减小劳动强度，使用更少的劳动量，创造更多的产品，从而提高劳动生产率。

（3）定额是衡量设计方案的尺度和确定工程造价的依据

同一工程项目的投资多少，是使用定额和指标，对不同设计方案进行技术经济分析与比较之后确定的。因此定额是衡量设计方案经济合理性的尺度。

工程造价是根据设计规定的工程标准和工程数量，并依据定额指标规定的劳动力、材料、机械台班数量，单位价值和各种费用标准来确定的，因此定额是确定工程造价的依据。

（4）定额是推行经济责任制的重要环节

推行的投资包干和以招标承包为核心的经济责任制，其中签订投资包干协议，计算招标标底和投标标价，签订总包和分包合同协议，以及企业内部实行适合各自特点的各种形式的承包责任制等，都必须以各种定额为主要依据，因此定额是推行经济现任制的重要环节。

（5）定额是科学组织和管理施工的有效工具

建筑安装是多工种、多部门组成的一个有机整体而进行的施工活动，在安排各部门各工种的活动计划中，要计算平衡资源需用量，组织材料供应。要确定编制定员，合理配备劳动组织，调配劳动力，签发工程任务单和限额领料单，组织劳动竞赛，考核工料消耗，计算和分配工人劳动报酬等都要以定额为依据，因此定额是科学组织和管理施工的有效工具。

（6）定额是企业实行经济核算制的重要基础

企业为了分析比较施工过程中的各种消耗，必须用各种定额为核算依据。因此工人完成定额的情况，是实行经济核算制的主要内容。以定额为标准，来分析比较企业各种成本，并通过经济活动分析，肯定成绩，找出薄弱环节，提出改进措施，以不断降低单位工程成本，提高经济效益，所以定额是实行经济核算制的重要基础。

7.1.5 建筑工程定额

7.1.5.1 建筑工程定额的概念

建筑工程定额用于房屋建筑的土建工程，它是指各地区或企业编制的完成每一土建分项工程所需人工、材料和机械台班消耗量标准的定额。它是业主或建筑施工企业计算建筑工程造价的主要参考依据。例如，砌筑每 10 m^3 砖基础，需用综合人工 12.18 工日，M5 水泥砂浆 2.36 m^3，普通黏土砖 5.236 千块，200L 灰浆，搅拌机 0.39 台班。环境正常，施工条件完善，劳动组织合理，劳动强度合法，材料供应质量符合国家相应标准和设计要求，施工机械运转正常等。

7.1.5.2 建筑工程定额的编号

第一部分：单位工程顺序号

A—建筑工程；B—装饰工程；C—安装工程；D—市政工程；E—园林绿化工程；F—矿山工程

第二部分：分部工程顺序号（用数字或英文字母表示）

在建筑工程这个单位工程中，A—土石方工程、B—桩与地基基础工程、C—砌筑工程、D—混凝土及钢筋混凝土工程、E—厂库房大门、特种门、木结构工程等。

第三部分：顺序号，按本分部顺序编制，0001、0002、0003 等。

建筑工程定额反映一定社会生产力水平条件下的建筑工程生产和生产耗费之间的数量关系，同时也反映建筑工程生产机械化程度和施工工艺、材料、质量等建筑技术的发展水平和质量验收标准水平。随着我国建筑生产事业的不断发展和科学发展观的深入贯彻，各种资源的消耗量，必然会有所降低，产品质量及劳动生产率会有所提高。因此，定额并不是一成不变的，但在一定时期内，又必须是相对稳定的。我国自从开始制定定额以来，已经进行了多次的修订或新编。为适应中国特色社会主义市场经济发展到需求，以及向国际惯例靠拢，我国已经开始实施《全国统一建筑工程基础定额》《全国统一安装工程基础定额》以及《全国统一建筑装饰装修工程消耗量定额》等，这些举措标志着我国建筑生产事业在不断地向前发展，标志着我国工程建设管理制度的进步和科学化。

表 7-1　顺序号示例

定额编号			AC-0005
子目名称			M5 水泥石灰砂浆混水砖外墙 1 砖厚
综合基价/元			1 692.94
其中	人工费/元		359.04
	材料费/元		1 320.54
	机械费/元		13.36
名称	单位	单价/元	消耗量
普工	工日	24.00	14.96
M5 水泥石灰砂浆	m³	116.04	2.290
标准砖	千块	193.95	5.358
水	m³	1.54	1.060
其他材料	元	1.00	14.00
灰浆搅拌机	台班	46.07	0.290

7.1.6　安装工程定额

用于房屋建筑室内外各种管线、设备的安装工程。是指完成规定计量单位分项工程计价所需的人工、材料、施工机械台班的消耗量标准，是统一全国安装工程预算工程量计算规则、项目划分、计量单位的依据；是编制安装工程地区单位估价表、施工图预算、招标工程标底、确定工程造价的依据；也是编制概算定额（指标）、投资估算的基础；也可作为制订企业定额和投标报价的基础。

7.2 环境工程定额的应用

预算定额是以分项工程和结构构件为对象编制的定额，内容包括劳动定额、材料消耗定额、机械台班使用定额三个基本部分，是一种计价性定额。计算工程造价和计算工程中的劳动、机械台班、材料需用量时使用，它是调整工程预算和工程造价的重要基础。因此本节以预算定额的应用为主要学习内容。

7.2.1 预算定额的构成

预算定额一般由总说明、分部说明、分节说明、建筑面积计算规则、工程量计算规则、分项工程消耗指标、分项工程基价、机械台班预算价格、材料预算价格、砂浆和混凝土配合比表、材料损耗率表等内容构成。由此可见，预算定额是由文字说明、分项工程项目表和附录三部分内容构成。其中，分项工程项目表是预算定额的主体内容。

需要强调的是，当分项工程项目中的材料项目栏中含有砂浆或混凝土半成品的用量时，其半成品的原材料用量要根据定额附录中的砂浆、混凝土配合比表的材料用量来计算。因此，当定额项目中的配合比与设计配合比不同时，附录半成品配合比表是定额换算的重要依据。

7.2.2 预算定额的使用

1）直接套用

当施工图的设计要求与预算定额的项目内容一致时，可直接套用预算定额。

在编制单位工程施工图预算的过程中，大多数项目可以直接套用预算定额。套用时应注意以下几点：

①根据施工图、设计说明和做法说明，选择定额项目。

②要从工程内容、技术特征和施工方法上仔细核对，才能较准确地确定相应的定额项目。

③分项工程的名称和计量单位要与预算定额相一致，并在套定额时将工程量转为工程数量。

2）换算

当施工图中的分项工程项目不能直接套用预算定额时，就产生了定额的换算。

定额换算的基本思路是：根据选定的预算定额基价，按规定换入增加的费用，换出扣除的费用。这一思路用下列表达式表述：

换算后的定额基价=原定额基价+换人的费用–换出的费用

（1）换算原则

为了保持定额的水平，在预算定额的说明中规定了有关换算原则，一般包括：

①定额的砂浆、混凝土强度等级，如设计与定额不同时，允许按定额附录的砂浆、混凝土配合比表换算，但配合比中的各种材料用量不得调整；

②定额中抹灰项目已考虑了常用厚度，各层砂浆的厚度一般不作调整。如果设计有特殊要求时，定额中工、料可以按厚度比例换算；

③必须按预算定额中的各项规定换算定额。

（2）预算定额的换算类型

预算定额的换算类型有以下 4 种：

①砂浆换算：即砌筑砂浆换强度等级、抹灰砂浆换配合比及砂浆用量。

②混凝土换算：即构件混凝土、楼地面混凝土的强度等级、混凝土类型的换算。

③系数换算：按规定对定额中的人工费、材料费、机械费乘以各种系数的换算。

④其他换算：除上述 3 种情况以外的定额换算。

3）定额的补充

当分项工程的设计要求与定额条件完全不相符或由于设计采用新结构、新材料、新工艺预算。

定额没有这类项目也属于定额缺项，这就需要补充定额。做法如下：

（1）定额代用法

利用性质相似、材料大致相同、施工方法很接近的定额项目，估算出适宜的系数进行使用。这种办法一定要在施工实践中进行观察和测定，以便调整系数，保证定额的精确性，为以后补充定额项目做基础。

（2）定额组合法

将清单项目的工程内容与定额项目的工程内容进行比较，结合清单项目的特征描述，确定拟组价清单项目应由哪几个定额子目来组合的方法。

（3）计算补充法

按定额编制方法进行计算补充，是最精确补充定额方法。按图纸构造做法计算相应材料加入损耗量，人工和机械按劳动定额和机械台班定额计算。

4）工料机分析及价差的调整

（1）工料机分析

工料机分析就是依据预算定额中的各类人工、各种材料、机械的消耗量，计算分析出单位工程中的相同的人工、材料、机械的消耗量，即将单位工程的各分项工程的工程量乘以相应的人工、材料、机械定额消耗量，然后将相同消耗量相加，即为该单位工程人工、材料、机械的消耗量。

其计算公式为：

单位工程某种人工、材料、机械消耗量=Σ（各分项工程工程量×定额消耗量）

（2）工料机价差的调整

预算定额基价中的人工费、材料费、机械使用费是根据编制定额所在地区当时的预算价格确定的，而人工、材料、机械的实际价格随着时间的变化会发生变化，计算工程造价时，实际价格与预算价格就会存在差额。所以，为了使工程造价更符合实际造价，就要对工料机价差进行调整。

工料机价差的调整有两种基本方法，即单项工料机价差调整法和工料机价差综合系数调整法。

第一种方法：单项工料机价差调整法，即对影响工程造价较大的主要工料机（如三类工、钢材、木材、水泥、花岗岩、施工机械等）进行单项价差调整。其公式为：

单项工料机价差调整=Σ［单位工程中某种工料机消耗量×（实际或指导单价－预算定额中的预算单价）］

【例7-2】试计算【例2-5】中 200 m^3 砖内墙工程三类工（366 工日）、标准砖（111.54 千块）、M5.0 水泥石灰砂浆（39.2 m^3）、灰浆搅拌机（4.8 台班）的价差调整值。假定实际单价为三类工（80 元/工日）、标准砖（300 元/千块）、M5.0 水泥石灰砂浆（102 元/m^3）、灰浆搅拌机（86 元/台班）。

解：三类工价差调整值=366 工日×（80 元/工日－24 元/工日）=20 496 元

标准砖价差调整值=111.54 千块×（300 元/千块－193.95 元/千块）=11 828.82 元

M5.0 水泥石灰砂浆价差调整值=39.2 m^3×（102 元/m^3－116.04 元/m^3）=－550.37 元

灰浆搅拌机价差调整值=4.8 台班×（86 元/台班－46.07 元/台班）=191.66 元

第二种方法：工料机价差综合系数调整法，采用单项工料机价差调整法，优点是准确性高，但计算过程较复杂。因此，一些用量少，单价相对较低的工料机（如辅材、小型机械等）常采用乘以综合系数的方法来调整单位工程工料机价差。

采用综合系数调整材料价差的具体做法就是用单位工程定额工料机费或定额直接费乘以综合调价系数，求出单位工程工料机的价差，计算公式如下

单位工程采用综合系数调整材料价差=单位工程定额工料机费（或定额直接费）×工料机综合调整系数

【例 7-3】某单位工程的定额材料费为 538 695.36 元，按规定以定额材料费为基数乘以综合调价系数 1.36%，试计算该工程综合材料价差。

解：某单位工程综合材料价差=538 695.36×1.36%=7 326.26 元

7.2.3 预算定额的换算

7.2.3.1 砌筑砂浆换算

1. 换算原因

当设计图纸要求的砌筑砂浆强度等级在预算定额中缺项时，就需要调整砂浆强度等级求出新的定额基价。

2. 换算特点

由于砂浆用量不变，所以人工、机械费不变，因而只换算砂浆强度等级和调整砂浆材料费。

砌筑砂浆换算公式：

换算后定额基价 = 原定额基价 + 定额砂浆用量×（换入砂浆基价 – 换出砂浆基价）

【例 7-4】M10 水泥石灰砂浆一砖外墙 50 m³，求该项目的直接工程费。

换算即在基价上加 M10 水泥石灰砂浆价格，减 M5 水泥石灰砂浆价格。且换算前后砂浆用量不变，人工、机械费不变。

表 7-2　配合比表

基础及实砌内外墙一定额 P101　　　　　　　　单位：10 m³

项目编号	A3-1	A3-2	A3-3
项目名称	砖基础	砖砌内外墙一砖以内	砖砌内外墙一砖
基价/元	1 736.47	2 083.57	1 909.94

	名称	单位	单价	数量		
人工	综合用工二类	工日	40.00	10.960	18.470	14.980
材料	水泥砂浆 M5	m³	—	2.360	—	—
	水泥石灰砂浆 M5	m³	—	—	1.920	2.250
	标准砖	千块	200.00	5.326	5.661	5.314
	水泥 32.5	t	220.00	0.505	0.411	0.482
	中砂	t	25.16	3.783	3.078	3.607
	生石灰	t	85.00	—	0.157	0.185
	水	m³	3.03	1.760	2.180	2.280
机械	灰浆搅拌机 200 L	台班	75.03	0.390	0.330	0.380

解： 查配合比表 7-1 得 M10 水泥石灰砂浆 105.99 元/m³，M5 水泥石灰砂浆 96.03 元/m³。因此 50 m³ 一砖外墙直接工程费为：

[1 909.94+（105.99-96.03）×2.25]×5.0=1 932.35×5.0=9 661.75（元）

定额编号为 A3-3 换。

7.2.3.2 抹灰砂浆换算

1. 换算原因

当设计图纸要求的抹灰砂浆配合比或抹灰厚度与预算定额的抹灰砂浆配合比或厚度不同时，就要进行抹灰砂浆换算。

2. 换算特点

第一种情况：当抹灰厚度不变只换算配合比时，人工费、机械费不变，只调整材料费；

$$换算后定额基价 = 原定额基价 + 抹灰砂浆定额用量$$
$$×（换入砂浆基价 - 换出砂浆基价）$$

第二种情况；当抹灰厚度发生变化时，砂浆用量要改变，因而人工费、材料费、机械费均要换算。

3. 换算公式

$$换算后定额基价 = 原定额基价+（定额人工费+定额机械费）×（K-1）+$$
$$\sum（各层换入砂浆用量×换入砂浆基价 - 各层换出砂浆用量×换出砂浆基价）$$

$$各层换入砂浆用量 = \frac{定额砂浆用量}{定额砂浆厚度} \times 设计厚度$$

式中：K——工、机换算系数，且

$$K = \frac{设计抹灰砂浆总厚}{定额抹灰砂浆总厚}$$

7.2.3.3　构件混凝土换算

1．换算原因

当设计要求构件采用的混凝土强度等级，在预算定额中没有相符合的项目时，就产生了混凝土强度等级或石子粒径的换算。

混凝土用量不变，人工费、机械费不变，只换算混凝土强度等级或石子粒径。

2．换算公式

换算后定额基价 = 原定额基价 + 定额混凝土用量

× (换入混凝土基价 − 换出混凝土基价)

【例 7-5】 已知有 C30~40 中砂碎石现浇砼矩形柱 50 m³，试计算该项目直接工程费。

解： 查配合比表得 C20~40 中砂碎石砼 135.02 元/m³，C30~40 中砂碎石砼 140.98 元/m³，则该项目直接工程费为：

[2339.33 + (140.98−135.02) ×9.80]×5.0 = 11 988.69 元

7.2.3.4　楼地面混凝土换算

1．换算原因

楼地面混凝土面层的定额单位一般是 m²。因此，当设计厚度与定额厚度不同时，就产生了定额基价的换算。

2．换算特点

同抹灰砂浆的换算特点。

3．换算公式

$$换入混凝土用量 = \frac{定额混凝土用量}{定额混凝土厚度} \times 设计混凝土厚度$$

换算后定额基价 = 原定额基价 + (定额人工费 + 定额机械费) × (K − 1) +

换入混凝土用量 × 换入混凝土基价 − 换出混凝土用量 × 换出混凝土基价

$$K = \frac{混凝土设计厚度}{混凝土定额厚度}$$

式中：K——工、机费换算系数。

7.2.3.5 系数换算

系数换算是指用定额说明中规定的系数乘以相应定额基价（或人工费、材料费、材料用量、机械费）的一种换算。

7.2.3.6 其他换算

其他换算是指前面几种换算类型未包括的但又需进行的换算。

7.2.4 预算定额的应用实例

【例7-6】某工程浇筑C40普通混凝土墙500 m³，问其换算基价及定额直接费为多少。已知C35的基价为286.60元/m³，相应的混凝土用量为0.988 m³，C35、C40混凝土配料的单价分别为227.72元/m³和235.39元/m³。

解：（1）每立方米C40混凝土墙的换算基价为：

286.60+（235.39−227.72）×0.988=294.18（元）

（2）定额直接费：基价×工程量

500 m³C40混凝土墙的定额直接费=294.18×500=147.90（元）

【例7-7】某工程需用M7.5水泥砂浆砌筑砖基础200 m³，问其换算后的基价和定额直接费以及主要材料的消耗量为多少？已知预算定额中M5砂浆砖基础10 m³的基价为1 081.29元/m³，且定额的砂浆用量为2.41 m³，砂浆配合比中：M5、M7.5水泥砂浆的基价分别为80.75元/m³和95.30元/m³。

解：（1）换算后基价为：

换算后的定额基价=原定额基价+定额规定的砂浆用量×（换入砂浆的单价−换出砂浆的单价）

=1 081.29+（95.30−80.75）×2.41

=1 116.36（元/10 m³）

（2）定额直接费为：

定额直接费=分项工程的工程量×预算定额换算基价

=1 116.36×200÷10

$$=22\,327.2\ (元)$$

（3）主要材料的消耗量：

材料消耗量=分项工程的工程量×预算定额规定的耗用量

红砖=200÷10×5.19=103.8 千块

砂浆的消耗量=200÷10×2.41=48.2（m³）

32.5 级水泥=48.2×0.293=14.1226（t）

中砂=48.2×1.603=77.2646（t）

水=200÷10×1.76=35.2（m³）

答：该分项工程换算后的基价为 1 116.36 元/10 m³；定额直接费为 22 327.2 元；主要材料的消耗量分别为：红砖 103.8 千块、32.5 级水泥 14.123 t、中砂 77.265 t、水 35.2 m³。

第8章 工程量清单编制与计价

8.1 环境工程工程量清单编制与计价概述

8.1.1 基本概念

8.1.1.1 工程量清单

工程量清单是表现拟建工程的分部分项工程项目、措施项目、其他项目名称和相应数量的明细清单，包括分部分项工程量清单、措施项目清单、其他项目清单。

工程量清单是按照施工设计图纸和招标文件的要求将拟建招标工程的全部项目和内容依据统一的工程量计算规则和计量单位，计算分部分项工程实物量，列在清单上作为招标文件的组成部分，供投标单位逐项填写单价，用于投标报价和中标后计算工程价款的依据。

工程量清单是承包合同的重要组成部分，是编制招标工程标底价、投标报价和工程结算时调整工程量的依据，它应由具有相应资质的中介机构进行编制，并符合以下要求：

①工程量清单格式应符合《建设工程工程量清单计价规范》有关规定要求；

②工程量清单必须依据《建设工程工程量清单计价规范》规定的工程量计算规则、分部分项工程项目划分及计量单位的规定，结合施工设计图纸、施工现场情况和招标文件中的有关要求进行编制。

8.1.1.2 工程量清单计价

工程量清单计价是指投标人完成由招标人提供的工程量清单所需的全部费用，包括分部分项工程费、措施项目费、其他项目费和规费、税金。

实行工程量清单计价的主旨是要在全国范围内，统一项目编码，统一项目名称，统一计量单位，统一工程量计算规则。在这"四个统一"的前提下，由国家主管职能部门统一编制《建设工程工程量清单计价规范》，作为强制性标准，在全国统一实施。

8.1.2 工程量清单

8.1.2.1 工程量清单项目编号

采用十二位阿拉伯数字表示。一至九位为统 编码，其中一、二位为附录顺序码，三、四位为专业工程顺序码，五、六位为分部工程顺序码，七、八、九位为分项工程项目名称顺序码，十至十二位为清单项目名称顺序码。以安装工程为例。

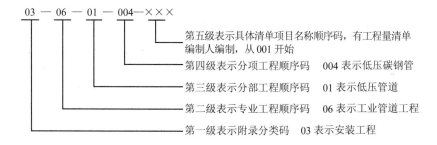

8.1.2.2 工程量清单编制

根据《建设工程工程量清单计价规范》的规定，工程量清单应由分部分项工程量清单、措施项目清单和其他项目清单组成。

分部分项工程量清单表明招标人对于拟建工程的全部分项实体工程的名称和相应的数量，投标人对招标人提供的分部分项工程量清单必须逐一计价，对清单所列内容不允许作任何更改变动。投标人如果认为清单内容有不妥或遗漏，只能通过质疑的方式由清单编制人做统一的修改更正，并将修正后的工程量清单发给所有投标人。

措施项目清单表明为完成分项实体工程而必须采取的一些措施性工作。投标人对招标文件中所列项目，可根据企业自身特点做适当的变更增减。投标人要对拟建工程可能发生的措施项目和措施费用做通盘考虑，清单计价一经报出，即被认为是包括了所有应该发生的措施项目的全部费用。如果报出的清单中没有列项，而又是施工中必须发生的项目，业主有权认为，其已经综合在分部分项工程量清单的综合单价中。将来措施项目发生时投标人不得以任何借口提出索赔与调整。

其他项目清单主要体现了招标人提出的一些与拟建工程有关的特殊要求。招标人填写的内容随招标文件发至投标人或标底编制人，其项目、数量、金额等投标人或标底编制人不得随意改动。由投标人填写部分的零星工作项目表中，招标人填写的项目与数量，投标人不得随意更改，且必须进行报价。如果不报价，招标人有权认为投标人就本报价内容要无偿为自己服务。当投标人认为招标人列项不全时，投标人可自行增加列项并确定本项目的工程数量及计价。

8.1.2.3 工程量清单编制的要求

1. 项目名称设置要规范

即清单项目名称一定要按《建设工程工程量清单计价规范》附录的规定设置，不能各行其是。因为只有正确设置了项目名称，才能有正确的计量单位和相应的工程量计算规则，才能做到全国的"四个统一"。反之，名称不按规范附录设置，会给投标报价和评标带来不应有的困难。

2. 项目描述要到位

它是用《建设工程工程量清单计价规范》附录中该项目所对应的"工程内容"中应完成的工程来描述项目的。所谓到位就是要将完成该项目的全部内容体现在清单上不能有遗漏，以便投标人报价。如果因描述不到位而引发纠纷，将以清单的描述论责任，而不是以附录提示的"工程内容"来论定。所以编制工程量清单时，项目描述一定要到位。

3. 分部分项工程清单设置

以《建设工程工程量清单计价规范》（简称《规范》）的附录规定作为编制工程量清单的依据。《规范》附录 C 包括安装工程工程量清单项目及计算规则，适用于一般工业设备安装工程和工业民用建筑（含公用建筑）配套工程（采暖、给排水、燃气、消防、电气、通风），共 1 140 个清单项目。其中：

附录 C1 机械设备安装工程：包括切削锻造、起重电梯、输送、风机、泵类、压缩机、工业炉、煤气发生设备等安装工程，共 121 个清单项目。

附录 C2 电气设备安装工程：包括 10 kV 以下的变配电设备、控制设备、低压电器、蓄电电池等安装，电机检查接线及调试，防雷及接地装置，10 kV 以下的配电线路架设，动力及照明的配管配线，电缆敷设，照明器具安装等共 126 个清单项目。

附录 C3 热力设备安装工程：包括发电用中压锅炉及附属设备安装及炉体、汽轮发电机等设备安装，还包括煤场机械设备，水力冲渣、冲灰设备，化学水预处理系统设备，低压锅炉及附属设备安装，共 90 个清单项目。

附录 C4 炉窑砌筑工程：包括专业炉窑和一般工业炉窑的砌筑等共 21 个清单项目。

附录 C5 静置设备与工艺金属结构制作安装工程：包括容器、填料塔、换热器、反应器等静置设备的制作、安装，化学工业炉制作、安装，各类球形罐组的安装，气柜制作、安装，联合平台、梢架、管廊、设备框架等工艺金属结构制作、安装，共 48 个清单项目。

附录 C6 工业管道工程：包括低、中、高压管道和管件安装，法兰、阀门安装，板卷管（含管件）制作、安装，管材表面及焊接无损探伤等共 123 个清单项目。

附录 C7 消防工程：包括水灭火系统、气体灭火系统、泡沫灭火系统、火灾自动报警系统安装等共 52 个清单项目。

附录 C8 给排水、采暖、燃气工程：包括给排水、采暖、燃气管道及管道附件安装，卫生、供暖、燃气器具安装等共 86 个清单项目。

附录 C9 通风空调工程：包括通风空调设备及部件制作、安装，通风管道及部件制作、安装等共 44 个清单项目。

附录 C10 自动化控制仪表安装工程：包括过程检测、控制仪表安装，集中检测、监视与控制仪表安装，工业计算机安装与调试，仪表管路敷设，工厂通信及供电等共 68 个清单项目。

附录 C11 通信设备及线路工程：包括通信设备、通信线路安装，通信布线，移动通信设备安装等共 270 个清单项目。

8.1.3 工程量清单计价

《建设工程工程量清单计价规范》规定，单位工程造价由分部分项工程费、措施项目费、其他项目费和规费、税金组成。其中分部分项工程费、措施项目费和其他项目费是由各自清单项目的工程量乘以清单项目综合单价汇总，即

$$分部分项工程费 = \sum(清单项目工程量 \times 综合单价)$$

清单项目的工程量由工程量清单提供，投标人的投标报价需在工程量清单的基础上先计算出各清单项目的综合单价，即组价。在提交投标文件的同时，须按照投标文件的要求提交清单项目的综合单价及综合单价分析表，以便于评标。

8.1.4 工程量清单计价模式下费用构成

工程量清单计价模式的费用构成包括分部分项工程费、措施费、其他项目费用，以及规费和税金。

8.1.4.1 分部分项工程费

是指完成在工程量清单列出的各分部分项清单工程量所需的费用。包括：人工费、材料费（消耗的材料费总和）、施工机械使用费、管理费、利润以及风险费。

8.1.4.2 措施项目费

措施项目费是由表 8-1 确定的工程措施项目金额的总和，包括人工费、材料费、机械使用费、管理费、利润以及风险费。

表 8-1 措施项目一览

序号	项目名称	序号	项目名称
1	通用项目	4.3	压力容器和高压管道的检测
1.1	环境保护	4.4	焦炉施工大棚
1.2	文明施工	4.5	焦炉烘炉、热态工程
1.3	安全施工	4.6	管道安装后的充气保护措施
1.4	临时设施	4.7	隧道内施工的通风、供水、供气、供电、照明及通信设施
1.5	夜间施工	4.8	现场施工围栏

序号	项目名称	序号	项目名称
1.6	二次搬运	4.9	长输管道临时水工保护措施
1.7	大型机械设备进出场及安拆	4.10	长输管道施工便道
1.8	脚手架	4.11	长输管道跨越或穿越施工措施
1.9	已完成工程及设备保护	4.12	长输管道地下穿越地上建筑栽的保护措施
1.10	施工排水、降水	4.13	长输管道工程施工队伍调遣
1.11		4.14	格架或抱杆
2	建筑工程	5	市政工程
2.1	垂直运输机械	5.1	围堤
3	装饰建筑工程	5.2	驻岛
3.1	垂直运输机械	5.3	现场施工围栏
3.2	室内空气污染测试	5.4	便道
4	安装工程	5.5	便桥
4.1	组装平台	5.6	洞内施工的通风、供水、供电、供气、照明及通信设施
4.2	设备、管道施工的安全、防冻和焊接保护措施	5.7	驳岸块石清理

8.1.4.3 其他项目费

是指预留金、材料购置费（仅指由招标人购置的材料费），总承包服务费、零星工作项目费的估算金额等的总和。

8.1.4.4 规费

是指政府和有关部门规定必须交纳的费用的总和。

8.1.4.5 税金

是指国家税法规定的应计入建筑安装工程造价内的营业税、城市维护建设税及教育费附加费用等的总和。工程量清单计价模式的建筑安装工程费用构成见图 8-1。

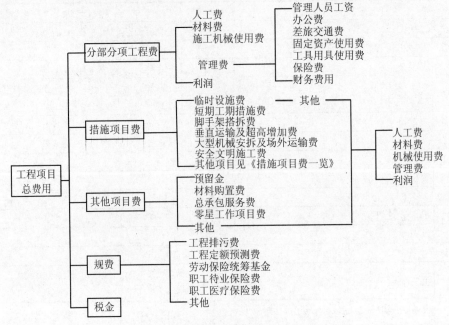

图 8-1   清单计价模式的建筑安装工程费用构成

8.1.4.6   直接工程费的构成及计算

直接工程费是指在工程施工过程中直接耗费的构成工程实体和有助于工程实体形成的各项费用。它包括人工费、材料费和施工机械使用费。直接工程费是构成工程量清单中"分部分项工程费"的主体费用。以下分别介绍清单模式下人工费、材料费和施工机械使用费的计算方法与技巧。

1．人工费的计算

1）人工费基本构成与计算

$$人工费=\sum（工日消耗量×日工资单价）$$

①基本工资：

$$基本工资（G_1）=\frac{生产工人平均每月工资}{年平均每月法定工作日}$$

②工资性补贴：

$$工资性补贴（G_1）= \frac{\sum 年发放标准}{全年日历日-法定假日}+$$

$$\frac{\sum 月发放标准}{年平均每月法定工作日+每工作日发放标准}$$

③生产工人辅助工资：

$$生产工人辅助工资（G_3）= \frac{全年无效工作日\times(G_1+G_2)}{全年日历日-法定假日}$$

（注：全年无效工作日指国家规定工作日内未承担工作任务的时间）

④职工福利费：

职工福利费$(G_4)=(G_1+G_2+G_3)\times$福利费计提比例(%)

⑤生产工人劳动保护费：

$$生产工人劳动保护费（G_5）= \frac{生产工人年平均支出劳动保护费}{全年日历日-法定假日}$$

2）人工费计算方法与技巧

（1）基于定额计价模式

根据清单提供的工程量，利用现行的概、预算定额，计算出完成各个分部分项工程量清单的人工费，然后根据本企业的实力及投标策略，对各个分部分项工程量清单的人工费进行调整，然后汇总计算出整个投标工程的人工费。计算公式为

人工费=$\sum$（概预算定额中人工工日消耗量×相应等级的日工资综合单价）

这种方法是当前大多数企业采用的人工费计算方法之一，具有简单、操作性强、快速、有配套软件支持的特点。缺点是竞争力弱，不能充分发挥企业的特点。

（2）清单模式计价模式

清单模式下人工费是一种动态的计价，计算方法是：首先根据工程量清单提供的清单工程量，结合本企业的人工效率和企业定额，计算出投标工程消耗的工日数；其次根据现阶段企业的经济、人力、资源状况和工程所在地的实际生活水平以及工程的特点，计算工日单价；然后根据劳动力来源及人员比例，计算综合工日单价；最后计算人工费。这种计价模式适用于实力雄厚、竞争力强的企业，也是国际上比较流行的一种报价模式。这种模式的计算公式为：

人工费=$\sum$（人工工日消耗量×综合工日单价）

3）人工工日消耗量的计算方法

人工工日消耗量的计算应根据招标阶段和招标方式来确定。

当前我国建筑市场，部分在初步设计阶段进行招标，部分在施工图阶段进行招标。由于招标阶段不同，工日消耗量的计算方法也不同。国际承包工程项目计算用工数量的方法基本有两种：一是分析法，二是指标法。结合我国当前工程量清单招投标工作的特点，阐述如下。

（1）分析法

多用于施工图阶段和扩大初步设计阶段的招标。招标人在此阶段招标时，根据施工图或者扩大初步设计图纸与工程量清单，作为招标人计算投标报价的依据。分析法计算人工工日消耗量，最准确的计算依据是投标人自己施工工人的实际操作水平，以及对人工工效的分析，即俗称的企业定额。由于我国大多数施工企业没有自己的"企业定额"，其计价行为基本是以现行的建设部或者各行业颁布的概、预算定额为依据，所以，在利用分析法计算人工工日消耗量时，应按照下式进行调整。

$$人工工日消耗量=人工工日数×折算系数$$

（2）指标法

指标法计算人工工日消耗量是当工程招标处于可行性研究阶段时，采用的一种计算人工数量方法。这种方法是利用建设工程指标来计算人工消耗量。建设工程指标是企业根据历年来承包完成的工程项目，按照工程性质、工程规模、工程特点以及其他经济技术参数等控制因素，运用科学的统计分析方法分析出的用工指标。这种方法不适用于工程量清单投标报价。

4）综合工日单价的计算

（1）综合工日单价的构成

综合工日单价可以理解为从事建设工程施工生产的工人日工资水平。

从企业支付的角度看，一个工人的工资应包括以下几个部分。

①本企业待业工人最低生活保障工资。这部分工资是企业中从事施工生产和不从事施工生产（企业内待业或者失业）的每个职工都必须具备的，其标准不低于国家关于失业职工最低生活保障金的发放标准。

②由国家法律规定的、强制实施的各种工资性费用支持项目，包括：职工福利费、生产工人劳动保护费、住房公积金、劳动保险费、医疗保险费等。

③投标单位所在地至工程所在地生产工人的往返差旅费，包括：短、长途公

共汽车费、火车费、旅馆费、路途及住宿补助费、市内交通费及补助费。这项费用可根据投标人所在地至建设工程所在地的距离和路线确定。

④外埠施工补助费，指由企业支付给外埠施工生产工人的施工补助费。

⑤夜餐补助费，指推行三班作业时，由企业支付给夜间施工生产工人的夜间餐饮补助费。

⑥医疗费，指对工人轻微伤病进行治疗的费用。

⑦法定节假日工资，指法定节假日如"五一""十一"休息支付的工资。

⑧法定休假日工资，指法定休假日休息支付的工资。

⑨病假或轻伤不能工作时间的工资。

⑩因气候影响的停工工资。

⑪危险作业意外伤害保险费，指按照《建筑法》规定，为从事危险作业的建筑施工人员支付的意外伤害保险费。

⑫效益工资（奖金）。工人奖金原则应在超额完成任务的前提下发放，费用可在超额结余的资金款中支付，鉴于当前我国发放奖金的具体情况，奖金费用应归入人工费。

⑬应包括在工资中未明确的其他项目。

其中：第①、②、⑪项是由国家法律强制规定实施的，综合工日单价中必须包含此三项，且不能低于国家规定的标准；第③项费用可以按管理费处理，不计入人工费中。其余各项由投标人自主决定选用的标准。

（2）综合工日单价的计算

可以分为以下几个步骤。

①根据总施工工日数及工期计算总施工人数。工日数、工期（日）和施工人数关系如下。

$$总工日数=工程实际施工工期（日）\times 平均总施工人数$$

因此，当招标文件中已经确定施工工期时

$$平均总施工人数=\frac{总工日数}{工程实施施工日期（日）}$$

当招标文件中未确定施工工期，而由投标人自主确定工期时

$$最优施工人数或者工期（日）=\sqrt{总工日数}$$

②确定各专业施工人员的数量及比重。计算方法同①，即

$$某专业平均施工人数=\frac{某专业消耗的工日数}{工程实际施工工期(日)}$$

总工日数和各专业消耗的工日数是通过"企业定额"或 $DC=RK$ 计算出来的，总施工人数和各专业施工人数计算出来后，其比重也可以计算得出。（D、C、R、K 代表工人工资组成项）

③确定各专业劳动力资源的来源及构成比例。劳动力来源一般有三种途径。

● 本企业。这部分劳动力是施工现场劳动力资源的骨干。投标人在投标报价时应根据本企业现有可供调配使用生产工人数量、技术水平、技术等级及拟承建工程的特点，确定各专业应派遣的工人人数和工种比例。

● 外聘技工。这部分人员主要是解决本企业短缺的具有特殊技术职能和能满足特殊要求的技术工人。但是这部分职工的工资水平比较高，所以人数不宜太多。

● 当地劳务市场招聘的劳工。这部分人工工资水平较低，所以在满足工程施工要求的前提下，可以尽量多使用这部分劳动力。

以上三种劳动力资源的构成比例，应根据本企业现状、工程特点及对生产工人的要求和当地劳务市场供应情况、技能水平、工资水平综合评价后，进行合理确定。

④综合工日单价的确定：

● 各专业综合工日单价的计算。综合工日单价的计算比较复杂，现用实例说明。

【例 8-1】某施工企业赴某地某工程专业施工人工单价计算（工期 24 个月）如下。

（1）本企业工人费用

①最低生活保障工资：按规定金额计算每月 285 元。

②法定补助及保险费：按每月 350 元计算。

③投标单位驻地至工程所在地生产工人的往返差旅费：按施工人员往返现场旅程全部费用计算，每人每月 46.75 元。

④外埠施工补助费：按规定计取每人每月 309 元。

⑤医疗费：按规定计取每人每月 3 元。

⑥法定节假日工资：节假日、休假日及停工日工资按企业平均日工资标准 26 元计取，每年"五一""十一"等共计 10 天，工期 2 年，所以（26×10×2）÷24=21.67 元。

⑦法定休假日回基地探亲及差旅费：包括路途共计 21 天，休假日期间工资：26×21÷24=22.75 元；差旅费 46.75 元，共计 22.75+46.75=69.5 元。

⑧因气候影响的停工资：每人每年按 10 天考虑，（26×102）÷24=21.67 元。

⑨危险作业意外伤害保险费：综合取定每人每年 50 元，50×2÷24=4.17 元。

⑩奖金：每人每月 700 元。

小计：1 810.8 元。

工日单价：每月按 22.5 个工日计算，1 810.8÷22.5=80.48 元。

（2）外聘技工费用

外聘技工月费用总额，每人每月 3 000 元。

工日单价：3 000÷22.5=133.33 元。

（3）劳工劳务费用

每人每天 35 元，工日单价即为 35 元。

（4）专业综合工日单价

根据专业劳动力来源及构成比例计算，设电气专业共需各类工人 80 人，其中本企业 36 名，外聘技工 2 名，劳动力市场 42 名，构成比重为：本企业 36÷80=45%；外聘技工 2÷80=2.5%；劳动力市场 42÷80=52.5%。综合工日单价为：80.48×45%+133.33×2.5%+35×52.5%=57.92 元。

● 综合工日单价的计算。一个建设项目施工，一般可以分为土建、结构、设备、管道、电气、仪表、通风空调、给水排水、采暖、消防以及防腐绝热等专业。各专业综合工日单价的计算可按下列公式计算：

某专业综合工日单价=Σ（本专业某种来源的人力资源人工单价×构成比重）

综合工日单价的计算就是将各专业综合工日单价按加权平均的方法计算出一个加权平均数作为综合工日单价。计算公式如下：

综合工日单价=Σ（某专业综合工日单价×权数）

其中权数的取定，是根据各专业工日消耗量占总工日数的比重确定的。例如，土建专业工日消耗量占总工日数的比重是 20%，则其权数即为 20%，电气专业工日消耗量占总工日数的比重是 8%，则其权数即为 8%。

如果投标单位使用各专业综合工日单价法投标，则不需要计算综合工日单价。

● 平衡调整。经过上述系列计算可以初步得出综合工日单价的水平，但是得出的单价是否有竞争力，以此报价能否中标，必须进一步分析。第一，对本企业以往投标的同类或者类似工程的标书，按中标与未中标进行分类。然后分析人工单价的计算方法和价格水平，分析中标与未中标的价格原因，从中寻找规律。第二，进行市场调查，摸清现阶段建筑安装施工企业的人均工资水平和劳务市场劳动力价格，尤其是工程所在地的企业工资水平和劳动力价格。然后对其价格水平以及工程施工期内的变动趋势、变动幅度进行分析测算。第三，对潜在的竞争对手进行分析预测，分析其可能采取的价格水平以及其造成的影响。第四，调整价格。通过以上分析，可以适当调整自己的价格，提高竞争力。

清单模式下人工费计算能准确地计算出本企业承建拟建工程所需发生的人工费用，对企业增强竞争力、提高企业管理水平及增收创利具有非常重要的意义。但是工作量大，程序复杂，企业必须拥有自己的企业定额和相应的信息数据。

2．材料费的计算

市政与环境工程直接费中的材料费是指施工过程中耗用的构成工程实体的各类原材料、零配件、产品及半成品等主要材料的费用，以及工程中耗费的虽然不构成工程实体，但有利于工程实体形成的各类消耗性材料费用的总和。材料费计算公式如下。

$$材料费=\sum（材料消耗量×材料基价）+检验试验费$$

$$材料基价=（供应价格+运杂费）×[1+运输损耗率（\%）]×[1+采购保管费率（\%）]$$

$$检验试验费=\sum（单位材料量检验试验费×材料消耗量）$$

主要材料一般有钢材、管材、线材、阀门、管件、电线电缆、油漆、螺栓、水泥、沙石等，这部分费用一般占材料费的85%～95%。

消耗性材料一般有砂纸、纱布、锯条、砂轮片、氧气、乙炔气、水、电等，费用一般占材料费的5%～15%。

在投标报价过程中，材料费的计算是一个非常重要的问题。因为对于市政与环境工程来说，材料费往往占整个工程费用的60%～70%，甚至更多。处理好材料费用，对投标人在投标过程中能否取得主动，以及最终能否中标都至关重要。

常用的材料费计算方法有三种模式：利用现行的概预算定额计价模式、市场动态计价模式、半动态计价模式。其计算方法可参见人工费计算的相关叙述。另外，在材料费计算过程中应注意以下几点。

1）合理确定材料的消耗量

（1）主要材料消耗量

根据《建设工程工程量清单计价规范》的规定，招标人要在招标书中提供工程量清单，在工程量清单中，已经提供了一部分主要材料的名称、规格、型号、材质和数量，这部分材料应按使用量和消耗量之和进行计价。

对于工程量清单中没有提供的主要材料，投标人应根据工程的需要，以及以往承包工程的经验自主进行确定，包括材料的名称、规格、型号、材质和数量等，材料的数量应按使用量和消耗量之和进行计价。

（2）消耗材料消耗量

消耗材料消耗量的确定方法与主要材料消耗量的确定方法基本相同，投标人应根据需要，自主确定消耗材料的名称、规格、型号、材质和数量。

（3）部分周转性材料摊销量

在工程施工过程中，有部分材料作为手段措施没有构成工程实体，其实物形态也没有改变，但其价值却被分批逐步地消耗掉，这部分材料称为周转性材料。周转性材料被消耗掉的价值，应当摊销在相应清单项目的材料费中，但是计入措施费的周转性材料除外。摊销的比例应根据材料价值、磨损的程度、可被利用的次数以及投标策略等因素进行确定。

（4）低值易耗品

在工程建设过程中，一些使用年限在规定时间以下，单位价值在固定资产规定金额以内的工、器具，称为低值易耗品。这部分物品的计价方法是：概、预算定额计价模式中将其摊销在具体的定额子目当中；在工程量清单计价模式中，既可以按概、预算定额计价模式处理，也可以把它放在其他费用中处理，原则是不能重复计算，并应能增强企业投标的竞争力。

2）材料单价的确定

市政与环境工程材料价格是指材料运抵现场仓库或堆放点后的出库价格。材料价格涉及的因素很多，主要有以下几个方面。

（1）材料原价

材料原价即市场采购价格。材料市场价格的取得一般有两种途径：一是市场调查；二是通过查询市场材料价格信息指导获得。对于大批量或者高价格的材料一般采用市场调查的方法取得价格；而量小、价值低的材料以及消耗性材料等，可以采用工程当地的市场价格信息指导中心的价格。在市场调查中，除了材料的品种、规格数量以及质量要求，还应了解市场对工程材料满足的程度。

（2）供货方式与供货渠道

材料的供货方式和供货渠道包括业主供货和承包商供货两种方式。业主供货的材料，招标书中列有业主供货材料单价表，投标人在利用招标人提供的材料价格报价时，应考虑现场交货的材料运输费，还应考虑材料的保管费。承包商供货材料的渠道一般有当地供货、指定厂家供货、异地供货和国外供货等。不同的供货方式和供货渠道对材料价格的影响是不同的，主要反映在采购保管费、运输费、其他费用以及风险等。

（3）包装费

材料的包装费包括出厂时的一次包装和运输过程中的二次包装费用，主要根据材料采用的包装方式计价。

（4）采购保管费

按采购的方式、批次、数量，以及材料保管的方式和天数不同，采购保管费包括采购费、仓储费、工地保管费、仓储损耗。

（5）运输费

材料的运输费包括材料自采购地至施工现场全过程、全路途发生的装卸、运输费用的总和。运输费中包括材料在运输装卸过程中不可避免的运输损耗费。

（6）材料的检验试验费用

（7）其他费用

主要是指国外采购材料时所发生的保险费、关税、港口费、港口手续费、财务费等。

（8）风险

主要是指材料价格浮动。由于工程所用材料不可能一次性全部采购完毕，所以，市场的变化造成材料价格的变动给承包商造成的材料费风险。

根据影响材料价格的因素，可以得到材料单价的计算公式为：

材料单价=材料原价+包装费+采购保管费+运输费+材料检验试验费+
　　　　其他费用+风险

材料的消耗量和材料单价确定后，材料费用可以根据下式计算。

$$材料费=\sum（材料消耗量×材料单价）$$

3．施工机械使用费的计算

$$施工机械使用费=\sum（施工机械台班消耗量×机械台班单价）$$

台班单价=台班折旧费+台班大修费+台班经常修理费+台班安拆费及场外运
　　　　费+台班人工费+台班燃料动力费+台班养路费及车船使用税

施工机械使用费的高低与合理性，不仅影响工程造价，而且可以从侧面反映出企业劳动生产率水平的高低，其对投标单位竞争力的影响是不可以忽视的。因此，在计算施工机械使用费时应注意以下方面。

1）合理确定施工机械的种类和消耗量

首先根据承包工程的地理位置、自然气候条件等具体情况，结合工程量、工期等因素编制施工组织设计和施工方案；其次，根据施工组织计划和施工方案、机械利用率、概预算定额或企业定额及相关文件等，确定施工机械的种类、型号、规格和消耗量。

2）确定施工机械台班综合单价

（1）确定施工机械台班单价

施工机械台班单价费用由以下内容组成。

养路费、车船使用税、保险费及年检费　是按国家或有关部门规定缴纳的，这部分费用是固定值。

①燃料动力费。是机械台班动力消耗与动力单价的乘积，也是个固定值。

②机上人工费。处理方法有两种：第一种方法是将机上人工费计入工程直接人工费中；第二种方法是计入相应施工机械的机械台班综合单价中。机上人工费台班单价可参照"人工工日单价"的计算方法确定。

③安拆费及场外运输费。施工机械的安装、拆除及场外运输可编制专门的方案。根据方案计算费用，并以此进一步优化方案，优化后的方案也可作为施工方案的组成部分。

④折旧费和维修费。折旧费和维修费是随时间变化的费用。施工机械折旧年限短，折旧费用高，维修费用低；折旧年限长，折旧费用低，但是维修费用高。

所以，施工机械的选择应以最经济使用年限作为折旧年限，是降低机械台班单价，提高机械使用效率的最有效、最直接的方法。确定机械折旧年限后，根据折旧方法，可以计算台班折旧额和台班维修费。组成施工机械台班单价的各项费用确定以后，机械台班单价也就确定了。另外一种方法是根据国家及有关部门颁布的机械台班定额进行调整求得。

（2）确定租赁机械台班费

租赁机械台班费是指根据施工需要向其他企业或租赁公司租用施工机械而发生的台班租赁费。在投标工作的前期，应进行市场调查，调查的内容包括：租赁市场可供选择的施工机械种类、规格、型号、完好性、数量、价格水平，以及租赁单位信誉度等，并通过比较选择拟租赁的施工机械的种类、规格、数量和单位，并以施工机械台班租赁价格作为机械台班单价。一般除必须租赁的施工机械外，其他租赁机械的台班租赁费应低于本企业的机械台班单价。

（3）优化平衡、确定机械台班综合单价

经过综合分析，确定各类施工机械的来源比例，计算机械台班综合单价。计算公式为：

机械台班综合单价=∑（不同来源的同类机械台班单价×比重）

其中比重是各不同来源渠道的机械占同类施工机械总量的百分比。

3）大型机械设备使用费、进出场费及安拆费

在定额计价模式中，施工机械使用费不包括大型机械设备使用费、进出场费及安拆费，其费用一般作为措施费单独计算。

在清单计价模式中，此项费用作为机械台班使用费，按相应分项工程项目分摊计入直接工程费的施工机械使用费中。大型机械设备进出场费及安拆费作为措施费计入措施费项目中。

4．管理费的组成与计算

1）管理费的组成

管理费是指组织施工生产和经营管理所需的费用。包含现场管理费和企业管理费两部分。现场管理费包括以下几个部分。

①工作人员的工资。工作人员是指管理人员和辅助服务人员。其工资包括：工资性补贴、职工福利费、劳动保护费、住房公积金、劳动保险费、危险作业意外伤害保险费、工会费用、职工教育经费等。

②办公费。指企业办公的用品、文具、纸张、账表、印刷、邮电、书报、会议、水电、烧水和采暖用煤等。

③差旅交通费。指企业管理人员因公出差期间差旅费、后勤补助、市内交通和误餐补助费、职工探亲路费、劳动力招募费、职工离退休、退休一次性路费、工伤人员就医路费、工地转移费以及现场管理使用交通工具的燃料、油料、养路费及牌照费。

④固定资产使用费。指管理及试验部门使用的属于固定资产的设备、仪器等的折旧、大修、维修或租赁费用。

⑤工具用具使用费。指非固定资产的工具、器具、家具、交通工具和检验、试验、测绘、消防用具等的购置、维修和摊销费用。

⑥保险费。指施工管理使用财产、车辆保险费。

⑦税金。指企业按规定缴纳的房产税、车船使用税、土地使用税、印花税等。

⑧财务费用。指企业为筹集资金而发生的各种费用，包括企业经营期间发生的短期贷款利息支出、汇兑净损失、调剂外汇手续费、金融机构手续费，以及企业筹集资金而发生的其他财务费用。

⑨其他费用。包括技术转让费、技术开发费、业务招待费、绿化费、广告费、公证费、法律顾问费、审计费、咨询费等。

管理费的高低取决于管理人员的多少和管理人员水平的高低。由管理费开支的工作人员包括管理人员、辅助服务人员和现场保安人员。管理人员一般包括项目经理、施工队长、工程师、技术员、财会人员、预算人员、机械师等。辅助服务人员一般包括生活管理员、炊事员、医务员、翻译、小车司机和勤杂人员等。

2）管理费的计算

管理费的计算主要有两种方法。

（1）公式计算法

此法比较简单，也是经常采用的一种计算方法。计算公式为

$$管理费=计算基数×施工管理费率（\%）$$

其中，管理费率的计算因计算基础的不同，分为 3 种情况。

①以直接工程费为计算基础

$$间接费=直接工程费合计×间接费费率（\%）$$

②以人工费和机械费合计为计算基础：

$$间接费=人工费和机械费合计×间接费费率（\%）$$

$$间接费费率（\%）=规费费率（\%）+企业管理费费率（\%）$$

③以人工费为计算基础

$$间接费=人工费合计×间接费费率（\%）$$

（2）费用分析法

费用分析法计算管理费就是根据管理费的构成，结合具体的工程项目，确定各项费用的发生额。计算公式为：

$$管理费=管理人员及辅助服务人员的工资+办公费+差旅交通费+固定资产使用费+工具用具使用费+保险费+税金+财务费用+其他费用$$

计算管理费之前，应确定以下基础数据，这些数据是通过计算直接工程费和编制施工组织设计和施工方案取得的，数据包括：生产工人的平均人数；施工高峰期生产工人人数；管理人员及辅助服务人员总数；施工现场平均职工人数；施工高峰期施工现场职工人数；施工工期。

其中管理人员及辅助服务人员总数的确定，需根据工程规模、工程特点、生产工人人数、施工机械、工具、器具的配置和数量，以及企业的管理水平进行确定。

①管理人员及辅助服务人员的工资，计算公式为：

管理人员及辅助服务人员工资=管理人员及辅助服务人员数×综合人工工日
　　单价×工期（日）

其中，综合人工工日单价可采用直接费中生产工人的综合工日单价，也可以参照其他计算方法另行确定。

②办公费。按每名管理人员每月办公费消耗标准乘以管理人员人数，再乘以施工工期（月）。管理人员每月办公费消耗标准可以根据以往已完工程项目的财务报表中分析取得。

③差旅交通费。因公出差、调动工作的差旅费和住勤补助费、市内交通费和误餐补助费、探亲路费、劳动力招募费、离退休职工一次性路费、工伤人员就医路费、工地转移费的计算可按"办公费"的计算方法确定。

④管理部门使用的交通工具的油料燃料费、养路费及牌照费的计算方法如下。

油料燃料费=机械台班动力消耗×动力单价×工期（日）×综合利用率（%）

养路费及牌照费按当地政府规定的月收费标准乘以施工工期（月）。

⑤固定资产使用费。根据固定资产的性质、来源、资产原值、新旧程度以及工程结束后的处理方式确定固定资产使用费。

⑥工具用具使用费，计算公式为：

　　工具用具使用费=年人均使用额×施工现场平均人数×工期（年）

工具用具年人均使用额可以根据以往已完工程项目的财务报表中分析取得。

⑦保险费。通过保险咨询，确定施工期间要投保的施工管理用财产和车辆应缴纳的保险费用。

⑧税金。指企业按规定缴纳的房产税、车船使用税、土地使用税、印花税等。税金的计算可以根据国家规定的有关税种和税率逐项计算。

⑨财务费用，计算公式为：

　　　　财务费=计算基数×财务费费率（%）

财务费费率可以按以下公式计算。

- 以直接工程费为计算基础：

$$财务费费率（\%）=\frac{年均存贷款利息净支出+年均其他财务费用}{全年产值×直接工程费占总造价比例(\%)}$$

- 以人工费为计算基础：

$$财务费费率（\%）=\frac{年均存贷款利息净支出+年均其他财务费用}{全年产值×人工费占总造价比例(\%)}$$

- 以人工费和机械费合计为计算基础：

$$财务费费率（\%）=\frac{年均存贷款利息净支出+年均其他财务费用}{全年产值×人工费与机械费占总造价比例(\%)}$$

另外，财务费还可以从以往已完工程的财务报表及工程资料，通过分析估算获得。

⑩其他费用，可以根据以往工程经验估算。

5．利润的组成与计算

利润是指施工企业完成所承包工程应获得的酬金。企业全部劳动成员的劳动创造了一部分新增的价值，这部分价值凝固在工程产品之中，它的价格形态就是企业的利润。

在工程量清单计价模式下，利润不单独体现，而是被分别计入分部分项工程费、措施项目费和其他项目费中。计算方法可以以"人工费"或"人工费与机械费之和"或"直接费"为基础乘以利润率。

利润计算公式为：

$$利润=计算基础×利润率（\%）$$

利润是企业最终追求目标，企业的一切生产经营活动都是围绕着创造利润进行的。利润是企业扩大再生产、增添机械设备的基础，也是企业实行经济核算，使企业成为独立经营、自负盈亏的市场竞争主体的前提和保证。因此，合理确定利润水平对企业的生存和发展是至关重要的。在投标报价时，应根据企业的实力、投标策略，以及发展的眼光来确定各种费用水平，包括利润水平，使本企业的投标报价既有竞争力，又能保证各方面利益的实现。

6．分部分项工程量清单综合单价的计算

分部分项工程量清单综合单价由上述五部分费用组成。其项目内容包括清单项目主项，以及主项所综合的工程内容。按上述五项费用分别对项目内容计价，合计后形成分部分项工程量清单综合单价（表 8-2～表 8-4）。

表 8-2　分部分项工程量清单

工程名称			第　页　共　页	
序号	清单编号	项目名称	计量单位	工程数量

表 8-3　分部分工程量清单综合单价计算

工程名称					第　页　共　页					
序号	项目编号	项目名称	计量单位	工程数量	单价/元					
					人工费	材料费	机械费	管理费	利润	综合单价

表 8-4　分部分项工程量清单计价

工程名称					第　页　共　页	
序号	项目编号	项目名称	计量单位	工程数量	金额/元	
					综合单价	合计

分部分项工程量清单计价，要对清单表内所有内容计价，形成综合单价，对于清单表已列项，但未进行计价的内容，招标人有权认为此价格已包含在其他项目内。

8.1.4.7　措施费的构成及计算

措施费是指工程量清单中，除工程量清单项目费用以外，为保证工程顺利进行，按照国家现行有关建设工程施工及验收规范、规程要求，必须配套完成的工程内容所需的费用。各专业工程的专用措施费项目的计算方法由各地区或国务院有关专业主管部门的工程造价管理机构自行制定。具体内容由以下几项构成。

（1）环境保护费

$$环境保护费=直接工程费×环境保护费费率（\%）$$

$$环境保护费费率（\%）=\frac{本项费用年度平均支出}{全年建安产值}×直接工程费占总造价比例（\%）$$

（2）文明施工费

$$文明施工费=直接工程费×文明施工费费率（\%）$$

$$文明施工费费率（\%）=\frac{本项费用年度平均支出}{全年建安产值}\times直接工程费占总造价比例（\%）$$

（3）安全施工费

$$安全施工费=直接工程费\times安全施工费费率（\%）$$

$$安全施工费费率（\%）=\frac{本项费用年度平均支出}{全年建安产值}\times直接工程费占总造价比例（\%）$$

（4）临时设施费

临时设施由以下 3 部分组成：①周转使用临建（如活动房屋）；②一次性使召临建（如简易建筑）；③其他临时设施（如临时管线）。

$$临时设施费=（周转使用临建费+ 一次性使用临建费）\times[1+其他临时设施所占比例（\%）]$$

$$周转使用临建费=\sum\frac{临时面积\times每平方米造价}{使用年限\times365\times利用率(\%)\times工期（天）}+一次性拆除费$$

$$一次性使用临建费=\sum\{临建面积\times每平方米造价\times[1-残值率（\%）]\}+一次性拆除费$$

其他临时设施在临时设施费中所占比例，可由各地区造价管理部门依据典型施工企业的成本资料经分析后综合测定。

（5）夜间施工增加费

$$夜间施工增加费=1-\frac{合同工期}{定额工期}\times\frac{直接工程费中的人工费合计}{平均日工资单价}\times每工日夜间施工费开支$$

（6）二次搬运费

$$二次搬运费=直接工程费\times二次搬运费费率（\%）$$

$$二次搬运费费率（\%）=\frac{年平均二次搬运费开支额}{全年建安产值}\times直接工程费占总造价比例$$

（7）大型机械进出场及安拆费

$$大型机械进出场及安拆费=一次进出场及安拆费\times年平均安拆次数/年工作台班$$

（8）混凝土、钢筋混凝土模板及支架

①模板及支架费：模板摊销量×模板价格+支、拆、运输费

$$摊销量=一次使用量\times(1+施工损工)\times[1+周转次数\times\frac{补损率}{周转次数}-\frac{1-补损率}{周转次数}\times50\%]$$

②模板租赁费=模板使用量×使用日期×租赁价格+支、拆、运输费

（9）脚手架搭拆费

①脚手架搭拆费=脚手架摊销量×脚手架价格+搭、拆、运输费

$$脚手架摊销量=单位使用量×(1-残值率)×\frac{一次使用期}{耐用期}$$

②脚手架租赁费=脚手架每日租金×搭设周期+搭、拆、运输费

（10）已完工程及设备保护费

已完工程及设备保护费=成品保护所需机械费+材料费+人工费

（11）施工排水降水费

排水降水费=Σ排水降水机械台班费×排水降水周期+排水降水使用材料费、
人工费

8.1.4.8 其他项目费的构成及计算

其他项目费是指预留金、材料购置费（仅指由招标人购置的材料费）、总承包费、零星工作项目费等估算金额的总和。包括：人工费、材料费、机械使用费、管理费、利润以及风险费。其他项目清单由招标人部分、投标人部分两部分内容组成，见表8-5。

表 8-5　其他项目清单计价

工程名称　　　　　　　　　　　　　　　　　　　　　　　第　　页　共　　页

序号	项目名称	金额/元	序号	项目名称	金额/元
1	招标人部分		2	投标人部分	
1.1	预留金		2.1	总包服务费	
1.2	材料购置费		2.2	零星工作项目费	
1.3	其他		2.3	其他	
	小计			小计	
				合计	

1．招标人部分

1）预留金

主要考虑可能发生的工程量变化和费用增加而预留的金额。造成工程量变化和费用增加的原因很多，主要有：

①清单编制人员在统计工程量及变更工程量清单时发生的漏算、错算等引起的工程量增加;

②设计深度不够、设计质量低造成的设计变更而引起的工程量增加;

③现场施工过程中,应业主要求,并由设计或监理工程师出具的工程变更增加的工程量;

④其他原因引起的,应由业主承担的费用增加,如风险费用及索赔费用等不可预见费用。

工程量变更主要是指工程量清单漏项或有误引起的工程量的增加和施工过程中设计变更引起标准提高或工程量的增加等。预留金由清单编制人员根据业主意图和拟建工程实际情况计算,并填制表格。预留金的计算,主要根据设计文件的深度、设计质量的高低、拟建工程的成熟程度及工程风险性质来确定。一般在施工图设计阶段或扩大初步设计阶段,设计深度较深,设计质量较高,对已经比较成熟的工程,预留工程总造价的 3%～5%即可;在初步设计阶段,工程设计不成熟,至少要预留工程总造价的 10%～15%。

预留金作为工程造价费用的组成部分计入工程造价,但预留金的支付必须经过监理工程师的批准。

2)材料购置费

主要是指业主出于特殊目的或要求,对工程消耗的某类或某几类材料,在招标文件中规定,由招标人采购的拟建工程材料费。

3)其他

指招标人部分可能增加的新项目。例如,指定分包工程费,由于某分项工程或单位工程专业性较强,必须由专业队伍施工,即可增加这项费用,费用金额应通过向专业队伍询价或招标取得。

2. 投标人部分

清单计价规范中列举了总承包服务费、零星工作项目费两项内容。如果工程施工对承包商的工作范围还有其他要求,也应对其要求列项。例如,设备的厂外运输,设备的接、保、检等,为业主代理培训技术工人等。

投标人部分的清单内容设置,除总包服务费仅需简单列项外,其余内容应该量化的必须详细量化描述。如设备厂外运输,需要标明设备的台数、每台的规格重量、运输距离等。零星工作项目表要标明各类人工、材料、机械的消耗量,见零星工作项目(表 8-6)。零星工作项目中的工料机计量,要根据工程的复杂程度、工程设计质量的优劣，以及工程项目设计的成熟程度等因素来确定其数量。一般工程以人工量为基础，按人工消耗总量的1%计取。材料消耗主要是辅助材料消耗，按不同专业消耗类别列项，按工人日消耗量计取。机械列项和计取，除了考虑人工因素外，还要参考各单位工程机械消耗的种类，可按机械消耗总量的1%计取。

表 8-6　零星工作项目

工程名称：设备安装工程　　　　　　　　　　　　　　　　　第　页共　页

序号	名称	计量单位	数量	序号	名称	计量单位	数量
1	人工			2.2	管材	kg	10.00
1.1	高级技术工人	工日	8.00	2.3	型材	kg	30.00
1.2	技术工人	工日	30.00	3	机械		
1.3	力工	工日	50.00	3.1	270 t 履带吊	台班	3.00
2	材料			3.2	150 t 轮胎吊	台班	5.00
2.1	电焊条	kg	10.00	3.3	80 t 汽车吊	台班	1.00

8.1.4.9　规费的组成及计算

1）规费的概念

规费：是指政府和有关权力部门规定必须缴纳的费用（简称规费）。包括以下内容。

①工程排污费　指施工现场按规定缴纳的工程排污费。

②工程定额测定费　指按规定支付工程造价（定额）管理部门的定额测定费。

③社会保障费

● 养老保险费　指企业按照规定标准为职工缴纳的基本养老保险费。

● 失业保险费　指企业按照国家规定标准为职工缴纳的失业保险费。

● 医疗保险费　指企业按照规定标准为职工缴纳的医疗保险费。

④住房公积金　指企业按照规定标准为职工缴纳的住房公积金。

⑤危险作业意外伤害保险　指按照《建筑法》规定，企业为从事危险作业的建筑安装施工人员支付的意外伤害保险费。

2）规费费率

规费费率可以根据本地区典型工程发承包价的资料分析后综合取定，一般考虑以下因素：每万元发承包价中人工费含量和机械费含量；人工费占直接费的比例：每万元发承包价中所含规费缴纳标准的各项基数。

规费费率的计算公式如下。

（1）以直接工程费为计算基础

$$规费费率（\%）=\frac{\sum(规费缴纳标准\times每万元发承包价计算基数)}{每万元发承包价的人工费含量}\times 人工费占直接比例（\%）$$

（2）以人工费为计算基础

$$规费费率（\%）=\frac{\sum(规费缴纳标准\times每万元发承包价计算基数)}{每万元发承包价的人工费含量}\times100\%$$

（3）以人工费和机械费合计为计算基础

$$规费费率（\%）=\frac{\sum(规费缴纳标准\times每万元发承包价计算基数)}{每万元发承包价的人工费和机械费含量}\times100\%$$

规费费率一般以当地政府或有关部门制定的费率标准执行。

3）规费的计算

规费的计算按下列公式进行。

$$规费=计算基数\times规费费率（\%）$$

投标人在投标报价时，规费的计算一般按国家及有关部门规定的计算公式及费率标准计算。

8.1.4.10 税金的组成与计算

税金是指国家税法规定的应计入建筑安装工程造价内的营业税、城市维护建设税及教育费附加等。税金计算公式为：

$$税金=（税前造价+利润）\times税率（\%）$$

按现行税法规定，税率的计算方法如下。

（1）纳税地点在市区的企业

$$税率（\%）=\frac{1}{1-3\%-(3\%\times7\%)-(3\%\times3\%)}-1$$

（2）纳税地点在县城、镇的企业

$$税率（\%）=\frac{1}{1-3\%-(3\%\times5\%)-(3\%\times3\%)}-1$$

（3）纳税地点不在市区、县城、镇的企业

$$税率（\%）=\frac{1}{1-3\%-(3\%\times1\%)-(3\%\times3\%)}-1$$

投标人在投标报价时，税金的计算一般按国家有关部门规定的计算公式及税率标准计算。

8.2 环境土建工程清单编制与计价

环境土建工程工程量清单编制中需要关注以下问题。

8.2.1 土石方工程

①挖土方平均厚度应按自然地面测量标高至设计地坪标高间的平均厚度确定。基础土方、石方开挖深度应按基础垫层底表面标高至交付施工场地标高确定，无交付施工场地标高时，应按自然地面标高确定。

②建筑物场地厚度在±30 cm 以内的挖、填、运、找平，应按平整场地项目编码列项，以外的竖向布置挖土或山坡切土，应按挖土方项目编码列项。

③挖基础土方包括带形基础、独立基础、满堂基础（包括地下室基础）及设备基础、人工挖孔桩等的挖方。带形基础应按不同底宽和深度，独立基础和满堂基础应按不同底面积和深度分别编码列项。

④管沟土（石）方工程量应按设计图示尺寸以长度计算。有管沟设计时，平均深度以沟垫层底表面标高至交付施工场地标高计算；无管沟设计时，直埋管深度应按管底外表面标高至交付施工场地标高的平均高度计算。

⑤设计要求采用减震孔方式减弱爆破震动波时，应按预裂爆破项目编码列项。

⑥湿土的划分应按地质资料提供的地下常水位为界，地下常水位以下为湿土。

⑦挖方出现流沙、淤泥时，可根据实际情况由发包人与承包人双方认证。

8.2.2 桩与地基基础工程

①土壤级别按表 8-7 确定。

表 8-7　土质鉴别表

内容		土壤级别	
		一级土	二级土
砂夹层	砂层连续厚度	<1 m	>1 m
	砂层中卵石含量	—	<15%
物理性能	压缩系数	>0.02	<0.02
	孔隙比	>0.7	<0.7
力学性能	静力触探值	<50	>50
	动力触探系数	<12	>12
每米纯沉桩时间平均值		<2 min	>2 min
说明		桩经外力作用较易沉入的土，土壤中夹有较薄的砂层	桩经外力作用较难沉入的土，土壤中夹有不超过 3 m 的连续厚度砂层

　　②混凝土潜注桩的钢筋笼、地下连续墙的钢筋网制作、支装，应按相关项目编码列项。

8.2.3　砌筑工程

　　①基础垫层包括在基础项目内。

　　②标准砖尺寸应为 240 mm×115 mm×53 mm。标准砖墙厚度应按表 8-8 计算：

表 8-8　标准墙计算厚度表

砖数（厚度）	1/4	1/2	3/4	1	1　1/2	2	2　1/2	3
计算厚度/mm	53	115	180	240	365	490	615	740

　　③砖基础与砖墙（身）划分应以设计室内地坪为界（有地下室的按地下室室内设计地坪为界），以下基础，以上为墙（柱）身。基础与墙身使用不同材料，位于设计室内地坪±300 mm 以内时以不同材料为界，超过±300 mm，应以设计室内地坪为界。砖围墙应以设计室外地坪为界，以下为基础，以上为墙身。

　　④框架外表面的镶贴砖部分，应单独按相关零星项目编码列项。

　　⑤附墙烟囱、通风道、垃圾道，应按设计图示尺寸以体积（扣除孔洞所占体积）计算，并入所依的墙体体积内。当设计规定孔洞内需抹灰时，应按相关项目

编码列项。

⑥空斗墙的窗间墙、窗台下、楼板下等的实砌部分，应按零星砌砖项目编码列项。

⑦台阶、台阶挡墙、梯带、锅台、炉灶、蹲台、池槽、池槽腿、花台、花池、楼梯栏板、阳台栏板、地垄墙、屋面隔热板下的砖墩 0.3 m^2 以内孔洞填塞等，应按零星砌砖项目编码列项。砖砌锅台与炉灶可按外形尺寸以 m^3 计算，砖砌台阶可按水平投影面积以 m^2 为单位计算，小便槽、地垄墙可按长度计算，其他工程量按 m^3 计算。

⑧砖烟囱应按设计室外地坪为界，以下为基础，以上为筒身。

⑨砖烟囱体积可按下式分段计算：

$$V = \sum H \times C \times \pi D$$

式中：V——筒身体积；

　　　H——每段筒身垂直高度；

　　　C——每段筒壁厚度；

　　　D——每段筒壁平均直径。

⑩砖烟道与炉体的划分应按第一道闸门为界。

⑪水塔基础与塔身划分应以砖砌体的扩大部分顶面为界，以上为塔身，以下为基础。

⑫石基础、石勒脚、石墙身的划分：基础与勒脚应以设计室外地坪为界，勒脚与墙身应以设计室内地坪为界。石围墙内外地坪标高不同时，应以较低地坪标高为界，以下为基础有内外标高之差为挡土墙时，挡土墙以上为墙身。

⑬石梯带工程量应计算在石台阶工程量内。

⑭石梯膀应按石挡土墙项目编码列项。

⑮砌体内加筋的制作、安装，应按相关项目编码列项。

8.2.4　混凝土及钢筋混凝土基础工程

①混凝土垫层包括在基础项目内。

②有肋带形基础、无肋带形基础应分别编码（第五级编码）列项，并注明肋高。

③箱式满堂基础，可按满堂基础、柱、梁、墙、板分别编码列项。

④框架式设备基础，可按设备基础、柱、梁、墙、板分别编码列项，也可利

用第五级编码分别列项。

⑤构造柱应按异形柱项目编码列项。

⑥现浇挑檐、天沟板、雨篷、阳台与板（包括屋面板、楼板）连接时，以外墙外边线为分界线；与圈梁（包括其他梁）连接时，以梁外边线为分界线。外边线以外为挑檐、天沟、雨巷或阳台。

⑦整体楼梯（包括直形楼梯、弧形楼梯）水平投影面积包括休息平台、平台梁、斜梁和楼梯的连接梁。当整体楼梯与现浇楼板无梯梁连接时，以楼梯的最后一个踏步边缘加 300 mm 为界。

⑧现浇混凝土小型池槽、压顶、扶手、垫块、台阶、门框等，应按其他构件项目编码列项。其中扶手、压顶（包括伸入墙内的长度）应按延长米计算，台阶应按水平投影面积计算。

⑨三角形屋架应按折线型崖架项目编码列项。

⑩不带肋的预制遮阳板、雨篷板、挑檐板、栏板等，应按平板项目编码列项。

⑪预制 F 形板、双 T 形板、单肋板和带反挑檐的雨篷板、挑檐板、遮阳板等，应按带胁板项目编码列项。

⑫预制大型墙板、大型楼板、大型屋面板等，应按大型板项目编码列项。

⑬预制钢筋混凝土楼梯，可按斜梁、踏步分别编码（第五级编码）列项。

⑭预制钢筋混凝土小型池槽、压顶、扶手、垫块、隔热板、花格等，应按其他构件项目编码列项。

⑮贮水（油）池的池底、池壁、池盖可分别编码（第五级编码）列项。有壁基梁的，应以壁基梁底为界，以上为池壁、以下为池底；无壁基梁的，锥形坡底应算至其上口，池壁下部的八字靴脚应并入池底体积内。无梁池盖的柱高应从池底上表面算至池底下表面，柱帽和柱座应并在柱体积内。肋形池盖应包含主、次梁体积；球形池盖应以池壁顶面为界，边侧梁应并入球形池盖体积内。

⑯贮仓立壁和贮仓漏斗可分别编码（第五级编码）列项，应以相互交点水平线为界，壁上圈梁应并入漏斗体积内。

⑰滑模筒仓按贮仓项目编码列项。

⑱水塔基础、塔身、水箱可分别编码（第五级编码）列项。筒式塔身应以筒座上表面或基础底板上表面为界；柱式（框架式）塔身应以柱脚与基础底板或梁顶为界，与基础板连接的梁应并入基础体积内。塔身与水箱应以箱底相连接的圈梁下表面为界，以上为水箱，以下为塔身。依附于塔身的过梁、雨篷、挑檐等，

应并入塔身体积内；柱式塔身应不分柱、梁合并计算。依附于水箱壁的柱、梁，应并入水箱壁体积内。

⑲现浇构件中固定位置的支撑钢筋、双层钢筋用的"铁马"、伸出构件的锚固钢筋、预制构件的吊钩等，应并入钢筋工程量内。

8.2.5 金属结构工程

①型钢混凝土柱、梁浇筑混凝土和压型钢板楼板上浇筑钢筋混凝土，混凝土和钢筋应按相关项目编码列项。

②钢墙架项目包括墙架柱、墙架梁和连接杆件。

③加工铁件等小型构件，应按零星钢构件项目编码列项。

8.3 安装工程清单编制与计价

环境安装工程清单工程量在计算过程中需要关注以下问题。

8.3.1 机械设备安装工程

"机械设备安装工程"适用于切削设备、锻压设备、铸造设备、起重设备、起重机轨道、输送设备、电梯、风机、泵、压缩机、工业炉设备、煤气发生设备、其他机械等的设备安装工程。

8.3.2 电气设备安装工程

①"电气设备安装工程"适用于10 kV以下变配电设备及线路的安装工程。

②挖土、填土工程，应按相关项目编码列项。

③电机按其质量划分为大、中、小型。3 t以下为小型，3～30 t为中型，30 t以上为大型。

④控制开关包括：自动空气开关、刀型开关、铁壳开关、胶盖刀闸开关、组合控制开关、万能转换开关、漏电保护开关等。

⑤小电器包括：按钮、照明用开关、插座、电笛、电铃、电风扇、水位电气信号装置、测量表计、继电器、电磁锁、屏上辅助设备、辅助电压互感器、小型安全变压器等。

⑥普通吸顶灯及其他灯具包括：圆球吸顶灯、半圆球吸顶灯、方形吸顶灯、

软线吊灯、吊链灯、防水吊灯、壁灯等。

⑦工厂灯包括：工厂罩灯、防水灯、防尘灯、碘钨灯、投光灯、混光灯、高度标志灯、密闭灯等。

⑧装饰灯包括：吊式艺术装饰灯、吸顶式艺术装饰灯、荧光艺术装饰灯、几何型组合艺术装饰灯、标志灯、诱导装饰灯、水下艺术装饰灯、点光源艺术灯、歌舞厅灯具、草坪灯具等。

⑨医疗专用灯包括：病房指示灯、病房暗脚灯、紫外线杀菌灯、无影灯等。

8.3.3　热力设备安装工程

①"热力设备安装"适用于 130 t/h 以下的锅炉和 2.5 万 kW（25 MW）以下的汽轮发电机组的设备安装工程及其配套的辅机、燃料、除灰和水处理设备安装工程。

②中、低压锅炉的划分为 35 t/h、75 t/h 及 130 t/h 的煤粉炉为中压锅炉，蒸发量为 20 t/h 及以下的燃煤、燃油（气）锅炉为低压锅炉。

③通用性机械应按机械设备安装工程项目编码列项。

● 锅炉风机安装项目除了中压锅炉送、引风机外，还包括其他风机安装。

● 汽轮发电机系统的泵类安装项目除电动给水泵、循环水泵、凝结水泵、机械真空泵外，还包括其他泵的安装。

● 起重机械设备安装，包括汽机房桥式起重机等。

● 柴油发电机和压缩空气机安装。

● 锅炉点火燃油系统的卸油设备、油泵、加热器、油过滤器、抽罐和污油箱安装。

④各系统的管道安装，除了由设备成套供应的管道和包括在设备安装工程内容中的润滑系统管道以外，应按工业管道工程项目编码列项。

⑤锅炉重型炉墙的耐火砖砌筑应按炉窑砌筑工程项目编码列项。

中压锅炉安装"工程内容"中各部分的范围如下：

● 钢炉架安装：燃烧室的立柱、横梁及连接件安装，尾部对流井的立柱、横梁及连接件安装。

● 汽包安装：汽包及其内部装置安装，外置式汽水分离器及连接管道安装；底座或吊架制作安装；保温。

● 水冷系统安装，水冷壁组件安装；联箱安装。降水管、汽水引出管安装；

支吊架、支座、固定装置；刚性梁及其连接件安装；炉水循环泵系统安装。

● 过热系统安装：蛇形管排及组件安装；顶棚管、包墙管安装；联箱、减温器、蒸汽联络管安装；联箱支座或吊杆、管排定位或支吊铁件安装；刚性梁及其连接件安装。

● 省煤器安装：蛇形管排组件安装；包墙及悬吊管安装；联箱、联络管安装；联箱支座、管排支吊铁件安装；防磨装置安装；管系支吊架安装；保温。

● 空气预热器安装：设备供货范围内的部（组）件安装；检修平台安装；保温；油漆。

● 本体管路系统安装：锅炉本体设计图范围内属制造厂定型设计的系统管道安装；阀门、管件、计量表安装，支吊梁安装；吹灰器安装，保温；油漆。

● 本体金属结构安装：锅炉本体的金属构件安装；保温；油漆。

● 本体平台、扶梯安装：锅炉本体设备成套供应的平台、扶梯、栏杆及围护板安装；除锈；油漆。

● 炉排及燃烧装置安装：35 t/h 炉的炉排、传动机组件安装；煤粉炉的燃烧器、喷嘴、点火油枪安装；保温。

● 除渣装置安装：除渣室安装；渣斗水封槽安装；链条炉的碎渣机、输灰机安装。

● 锅炉酸洗：酸洗设备安装，酸洗管路的配制、安装及拆除；永久性设备恢复；废液处理。

● 锅炉水压试验：锅炉本体及其汽水系统的水压试验，水压试验用临时的安装、拆除，设备恢复。

● 锅炉风压试验：锅炉本体燃烧室风压试验；尾部烟道风压试验；空气预热器风压试验。

● 供炉、煮炉、蒸汽严密性试验及安全门调整。

● 本体油漆：钢架、各种结构、平台扶梯及金属外墙皮的油漆。

8.3.4　工业管道工程

①"工业管道工程"适用于厂区范围内的车间、装置、站、罐区及其相互之间各种生产用介质输送管道和厂区第一个连接点以内生产、生活共用的输送给水、排水、蒸汽、煤气的管道安装工程。

②与其他专业的界限划分：给水应以入口水表井为界；排水应以厂区围墙外

第一个污水井为界；蒸汽和煤气应以入口第一个计量表（阀门）为界。锅炉房、水泵房应以墙皮为界。

③工业管道压力等级划分：低压：$0<P\leqslant1.6$ MPa；中压：$1.6<P\leqslant10$ MPa；高压：$10<P\leqslant42$ MPa；蒸汽管道：$P\geqslant9$ MPa；工作温度$\geqslant500$℃。

④各类管道适用材质范围。

- 碳钢管适用于焊接钢管、无缝钢管、Mn 钢管等；
- 不锈钢管适用于各种材质不锈钢管；
- 碳钢板卷管适用于低压螺旋钢管，16Mn 钢板卷管等；
- 铜管适用于紫铜、黄铜、青铜管；
- 合金钢管适用于各种材质合金钢管；
- 铝管适用于各种材质的铝及铝合金管；
- 钛管适用于各种材质的钛及钛合金管；
- 塑料管适用于各种材质的塑料及塑料复合管；
- 铸铁管适用于各种材质的铸铁管；
- 管件、阀门、法兰适用范围参照管道材质。

⑤凡涉及管沟及井类的土石方开挖、垫层、基础、砌筑、抹灰、地沟盖板预制安装、回填、运输，路面开挖及修复、管道支墩等，应按相关项目编码列项。

8.3.5　自动化控制仪表安装工程

①自控仪表工程中的控制电线敷设、电气配管配线、桥架安装、接地系统安装，应按相关项目编码列项。

②在线仪表和部件（流量计、调节阀、电磁阀、节流装置、取源部件等）安装，应按相关项目编码列项。

③火灾报警及消防控制等应按相关项目编码列项。

④土石方工程应按相关项目编码列项。

第 9 章　造价软件应用

9.1　造价软件概述

9. 国内外发展状况

随着建筑信息化的发展及计算机的迅速普及，工程造价电算化已经成为必然的趋势。从 20 世纪 60 年代开始，工业发达国家已经开始利用计算机做估价工作，这比我国要早 10 年左右。他们的造价软件一般都重视已完工程数据的利用、价格管理、造价估计和造价控制等方面。由于各国的造价管理具有不同的特点，造价软件也体现出不同的特点，这也说明了应用软件的首要原则应是满足用户的需求。

在已完工程数据利用方面，英国的 BCIS（Building Cost Information Service，建筑成本信息服务部）是英国建筑业最权威的信息中心，它专门收集已完工程的资料，存入数据库，并随时向其成员单位提供。当成员单位要对某些新工程估算时，可选择最类似的已完工程数据估算工程成本。

价格管理方面，PSA（Property Services Agency，物业服务社）是英国的一家官方建筑业物价管理部门，在许多价格管理领域都成功地应用了计算机，如建筑投标价格管理。该组织收集投标文件，对其中各项目造价进行加权平均，求得平均造价和各种投标价格指数，并定期发布，供招标者和投标者参考。类似地，BCIS 则要求其成员单位定期向自己报告各种工程造价信息，也向成员单位提供他们需要的各种信息。由于国际工程造价彼此关系密切，欧洲建筑经济委员会（CEEC）在 1980 年 6 月成立造价分委会（Cost Commission），专门从事各成员国之间的工程造价信息交换服务工作。

造价估计方面，英、美等国都有自己的软件，他们一般针对计划阶段、草图阶段、初步设计阶段、详细设计和开标阶段，分别开发有不同功能的软件。其中预算阶段的软件开发也存在一些困难，例如，工程量计算方面，国外在与 CAD 的结合问题上，从目前资料来看，并未获得大的突破。造价控制方面，加拿大的 Revay 公司开发的 CT4（成本与工期综合管理软件）则是一个比较优秀的代表。

我国造价管理软件的情况是，各省市的造价管理机关在不同时期也编制了当地的工程造价软件。20 世纪 90 年代，一些从事软件开发的专业公司开始研制工程造价软件，如武汉海文公司、海口神机公司等。北京广联达公司先后在 DOS 平台和 Windows 平台上研制了工程造价的系列软件，如工程概预算软件、广联达工程量自动计算软件、广联达钢筋计算软件、广联达施工统计软件、广联达概预算审核软件等。这些产品的应用，基本可以解决目前的概预算编制、概预算审核、工程量计算、统计报表以及施工过程中的预算问题，也使我国的造价软件进入了工程计价的实用阶段。

在最近 10 年中，造价行业已经发生了巨大的变化：中国的基础建筑投资平均每年以 15% 的速度增长，造价从业人员的平均年龄比 10 年前降低了 8.47 岁，从业者的数量大概是 10 年前的 80%，粗略计算目前平均每个造价从业者的工作量大概是 10 年前的 40 倍。在这个过程中电算化起的作用是显而易见的。造价工作者学习、使用计算机辅助工作也是必然的选择，否则一定跟不上行业的发展，因时间问题，准确性及工作强度过大等原因而退出造价行业。

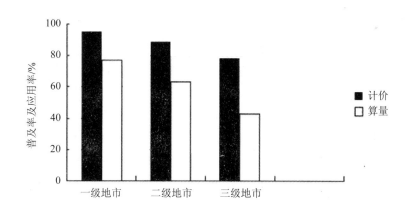

图 9-1　软件的普及率及应用率

9.1.2 主要类型及作用

（1）清单算量软件

计算除钢筋以外的工程量，可以实现清单工程量和定额工程量的计算。

（2）钢筋抽样软件

计算预算钢筋工程量。

（3）清单计价软件

编制工程量清单，编制投标报价，计算工程总造价。

（4）标书软件

编制招标文件或编制投标文件。

9.1.3 主要技术内容

（1）通用性问题

我国工程造价管理体制是建立在定额管理体制基础上的。建筑安装工程预算定额和间接费定额由各省、自治区和直辖市负责管理，有关专业定额由中央各部负责修订、补充和管理，形成了各地区、各行业定额的不统一。这种现状，使得全国各地的定额差异较大，且由于各地区材料价格不同、取费的费率差异较大等地方特点，使得编制造价软件解决全国通用性问题非常困难。

如果客观地分析一下工程造价的编制办法会发现，虽然各地、各行业的定额差异较大，但计价的基本方法相同。通用的造价软件，可以使定额库和计价程序分离，做到使用统一的造价计算程序外挂不同地区、不同行业的定额库，用户可任意选用不同的定额库，相应地，操作界面也符合该定额特点的变化，各种参数的调整由软件自动完成，不增加用户的负担，给用户的感觉是该软件的操作比较简单。

对于一些特殊的定额，由于其编制程序、定额取费、调价方式差异太大，例如，房屋修缮定额、公路定额等，如果还要强行做到软件的通用化，编程的难度会更大，所以必要的专业化软件仍然需要。

（2）工程管理问题

建筑产品是由许多部分组成的复杂综合体，如果想要计算建筑产品的造价，需要把建筑产品依次分解为建设项目、单项工程、单位工程、分部工程和分项工程。分项工程单价，是工程造价最基本的计算单位。建筑工程通常以单位工程造价作为考核成本的对象。

运用软件处理工程造价时，当然希望它能体现工程造价管理的这一层次划分思想。目前，有些软件仅以单位工程为对象计算造价。这虽然简单，但体现不了工程项目之间的关系，也无法进行造价逐级汇总。

（3）定额套用问题

目前的造价软件都建立有数据库，并且都提供了直接输入功能，即只要输入定额号，软件就能够自动检索出子目的名称、单位、单价及人材机消耗量等。这一功能非常适合于有经验的用户或者习惯于手工查套定额本的用户。

按章节检索定额子目也是造价软件通常提供的功能，这一功能模仿手工翻查定额本的过程，通过在软件界面上选择定额的章节选择定额子目。如果软件提供的定额库再完整一些，例如，提供定额的章节说明、计算规则以及定额的附注信息等，一般用户基本上就可以脱离定额本，而完全使用软件来编制工程概预算。有的造价软件提供按关键字查询定额子目的功能，例如，如果需要检索所有标号为 C25 的混凝土子目，只需在软件中输入关键字"C25"，所有包含该关键字的定额子目都能列出供选择。这一功能主要用于查找不太常用的、难以凭记忆区分章节的子目。

（4）工程量计算问题

计价中工程量计算工作量大，其计算的速度和准确性对造价文件的质量起着重要作用。由于各地定额项目划分不同、施工中一些习惯做法不同，因此，工程量计算规则全国各地不完全一致。

利用计算机来解决工程量计算问题也经历了多个阶段。早期的造价软件中，工程量需手工计算，在软件中输入工程量结果。后来，造价软件提供了表达式输入方法，即把计算工程量的表达式输入软件中，这省去了手工操作计算器的工作。

近年来，解决工程量计算问题在图形算量方面取得较大的进展。国内一些专业软件公司先后开发出了图形工程量自动计算软件，从不同的角度和层面解决了工程量计算问题。如 1996 年北京广联达公司推出的图形算量软件，及 20 世纪 90 年代初，海口奈特公司推出的具有自动扣减功能的图形算量软件。

（5）钢筋计算问题

建筑结构中普遍采用钢筋混凝土结构，钢筋用量大，且单价高，钢筋计算的准确程度直接影响着造价的准确度，因此钢筋计算越来越受到业内的广泛重视，钢筋计算软件的研制也成为工程造价领域的一个研究热点。

（6）新材料、新工艺问题

定额是综合测定和定期修编的，但工程项目千差万别，新工艺、新材料不断出现，因此，计价时，遇到定额缺项是常见的现象。为此，需要编制补充定额项目，或以相近的定额项目为蓝本进行换算处理。

（7）调价问题

手工计价时，调价的处理首先基于准确的工料分析，在工料分析的基础上，通过查询材料的市场价，确定每种材料的价差，最后汇总所有材料的价差值。利用软件处理调价的方法通常是允许用户输入或修改每种材料的市场价，工料分析、汇总价差由软件自动完成。更好的处理方式是采用"电子信息盘"。工程造价管理机构一般会定期发布造价信息；优秀的软件公司，应能及时向用户提供造价信息的电子版。

（8）取费问题

现行的造价计算，是在"直接费"基础上计算其他各项费用，由于财政、财务、企业等管理制度的变化，各地费用构成不统一，为了适应各地计价的要求，造价软件必须提供自定义取费项的功能，以便处理费用地区性的差异。

目前比较常见的做法是取费文件对使用者开放，使用者能够随时对取费的变化做出反应。一个好的造价软件还应能对直接费部分做出各种划分，在取费文件中调用直接费的各划分数据，以满足不同定额项目对应不同取费的要求。

（9）自由报表问题

报表是造价文件的最终表现结果，报表数据的完整性及美观程度反映了企业的形象。用户一般都要求报表格式要灵活、美观。事实上，由于我国没有统一的造价报表规范，各地区对造价报表的格式要求存在很大的差异，即使是同一地区，报表形式也千差万别。如有的要求预算表中只要列出子目的单价和合价，有的则需要列出人材机的费用等。另一方面，对打印纸幅面要求也不同，如有的用 A4，有的用 B5，有的用窄行连续纸，而有的则用宽行连续纸等。

在工程造价管理领域应用计算机，可以大幅度地提高工程造价管理工作效率，帮助企业建立完整的工程资料库，进行各种历史资料的整理与分析，及时发现问题，改进有关的工作程序，从而为造价的科学管理与决策起到良好的促进作用。目前工程造价软件在全国的应用已经比较广泛，并且已经取得了巨大的社会效益和经济效益，随着面向全过程的工程造价管理软件的应用和普及，它必将为企业和全行业带来更大的经济效益，也必将为我国的工程造价管理体制改革起到有力的推动作用。

9.2　造价软件安装

国内常用的工程造价类软件主要有：广联达、PKPM 工程造价、神机妙算、预算大师、鲁班软件等，本课程所用软件采用《广联达软件 GBQ4.0》。

9.2.1　广联达软件安装部件

（1）主程序（工程量计算规则、视频帮助）

（2）定额库

（3）加密锁驱动程序

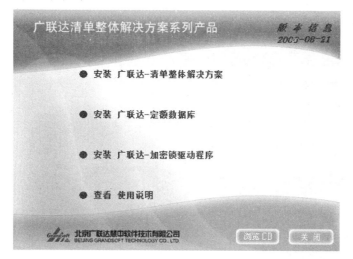

图 9-2　广联达软件安装部件

9.2.2　广联达软件安装步骤

①首先退出 360、卡巴斯基、金山等杀毒软件（杀毒软件有时会禁止正版程序），把视频光盘放入电脑光驱，打开我的电脑，双击光盘，见图 9-3。

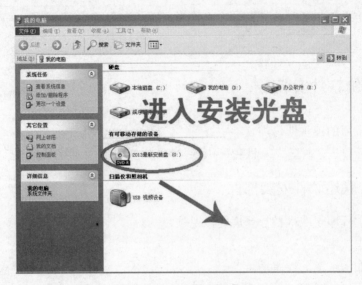

图 9-3　安装光盘运行

②打开光盘，双击文件夹进入，选择名字为 Autorun 的文件双击进入安装页面（以山东省安装程序为例）如图 9-4 所示。

图 9-4　选择安装程序

③进入安装界面，先安装最上面的程序，双击红色框处（Win7 以上系统右键管理员身份运行），如图 9-5 所示。

图 9-5　广联达计价软件安装

④然后根据界面提示点击右下角的下一步，经过几分钟的时间，最好点击右下角完成，如图 9-6 所示。

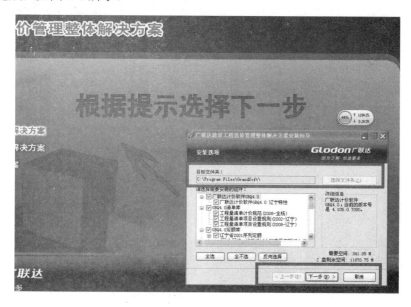

图 9-6　安装目录选择

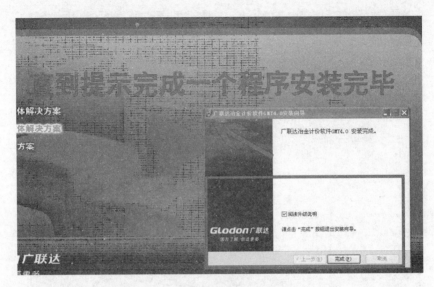

图 9-7　安装完毕

⑤安装完第一个程序之后，回到最初的安装页面，根据顺序往下依次安装，最后安装加密锁程序，最下方深思授权可以选择性的安装，如图 9-8 所示。

图 9-8　安装顺序

⑥深思锁授权安装，特殊语言编写，并不是病毒，报毒不要删除，安装之前退出 360 和杀毒软件，双击安装完成后提示授权成功之后，安装后可增加稳定性（Win7 以上系统到文件夹找到授权文件右键管理员身份运行）。

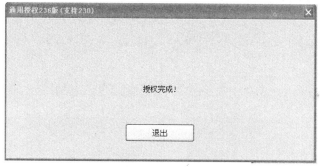

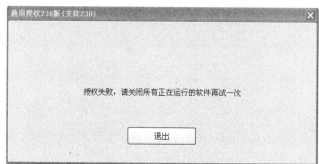

图 9-9　深思锁授权安装

⑦全部安装完毕，在桌面会出现广联达图标，安装完之后注意检查是否开启授权服务控制程序，如图 9-10 所示。

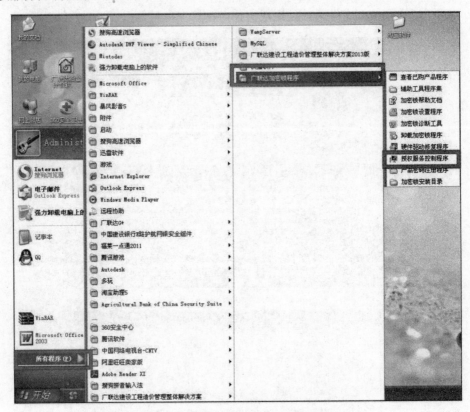

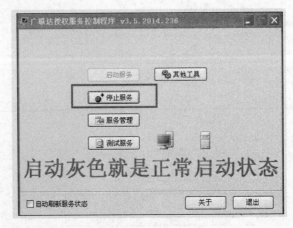

图 9-10 授权服务开启

9.3 软件的应用

9.3.1 广联达计价 GBQ4.0 软件构成及应用流程

GBQ4.0 是广联达推出的融计价、招标管理、投标管理于一体的全新计价软件，旨在帮助工程造价人员解决电子招投标环境下的工程计价、招投标业务问题，使计价更高效、招标更便捷、投标更安全。

GBQ4.0 包含三大模块：招标管理模块、投标管理模块、清单计价模块。招标管理和投标管理模块是站在整个项目的角度进行招投标工程造价管理。清单计价模块用于编辑单位工程的工程量清单或投标报价。在招标管理和投标管理模块中可以直接进入清单计价模块，软件使用流程见图 9-11。

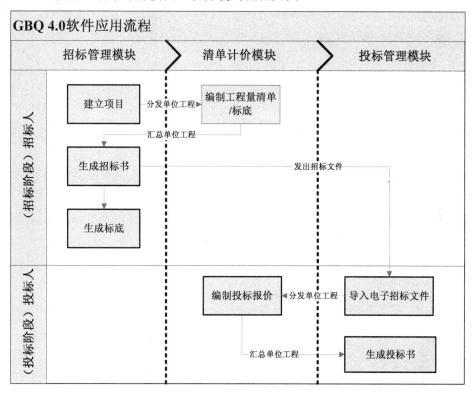

图 9-11 软件使用流程

9.3.2 广联达计价 GBQ4.0 软件的界面

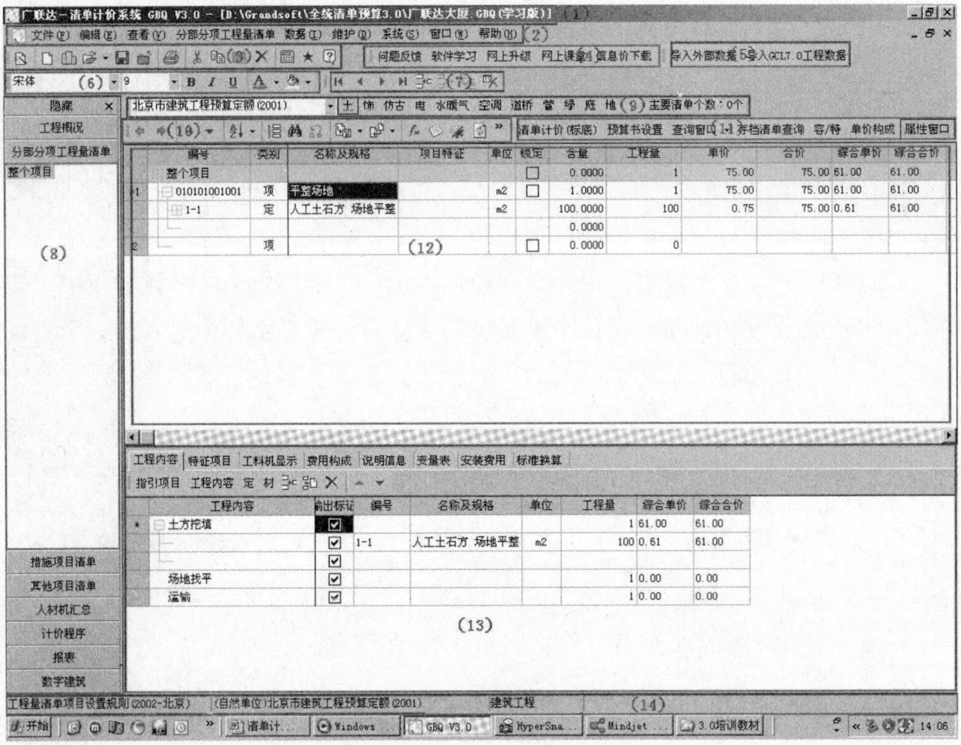

图 9-12　广联达软件操作界面

（1）标题栏——文件保存路径提示

软件窗口的最上端显示的是当前打开的工程文件的保存路径，在当前文件没有被保存时，不会显示保存路径，只显示新建向导中定义的文件名称。

（2）菜单栏——系统主菜单

与其他软件一样，广联达—清单计价 GBQ4.0 软件也有系统主菜单，包括：文件、编辑、查看、分部分项工程量清单（这里的菜单名称随着导航栏中页签变化而变化）、数据、维护、系统、窗口、帮助。

各个菜单的主要命令的使用在以后的章节中描述。如图 9-12 中（2）所示。

（3）系统常用工具条

系统常用工具条中包含了软件操作过程中常用的系统功能按钮，从左到右依次为：新建向导、新建预算、新建项目、打开工程、保存工程、关闭工程、打印、剪切、复制、粘贴、删除、计算器、特殊符号、帮助等功能。如图 9-12 中（3）所示。

（4）网上服务工具条

如果用户的计算机连在 Internet 网络，则可以通过网上服务工具条获得广联达公司造价时空网提供的网上服务。主要包括：问题反馈、软件学习等功能。如图 9-12 中（4）所示。

（5）数据导入工具条

数据导入工具条提供给用户导入 Excel 电子表格数据、广联达—图形算量 GCL7.0 工程数据功能，通过这个工具条，您可以将其他数据格式转换为广联达—清单计价 GBQ4.0 数据格式。如图 9-12 中（5）所示。

（6）格式工具条

格式工具可以设置输入的数据字体大小，文字颜色等。主要包括：字体、文字大小、字体加粗、斜体、下划线、字体颜色、背景色等功能。如图 9-12 中（6）所示。

（7）表操作工具条

通过表操作工具条用户可以光标的位置，插入删除清单或者子目等。功能依次为：第一行，将光标从当前行直接移动到第一行。上一行，光标从当前位置移动到上一行。下一行，光标从当前位置移动到下一行。最后一行，光标从当前行移动到最后一行。插入行：在当前行后插入一行。删除行：删除当前行。复制行：复制当前行。删除所有行：删除当前所有行。如图 9-12 中（7）所示。

（8）导航栏

界面左边为导航栏，提供用户在各个页面之间快速切换功能，用户可以参照导航栏进行操作，即可完成一份工程文件，并得到最终的数据结果。如图 9-12 中（8）所示。

（9）定额操作工具条

定额操作工具可以在不同的定额、不同专业之间进行切换，如图 9-12 中（9）所示。

（10）预算书操作工具条

该工具条是分部分项工程量清单页面特有的工具条，在其他页面不显示。为用户提供升级降级、记录位置移动、排序、分部整理、查找、记录存档、补充主材设备等功能。如图 9-12 中（10）所示。

（11）预算书特性工具条

提供了一些分部分项工程量清单系统功能，如计价类型切换、预算书属性设置、查询、单价构成设置、属性查看等功能。如图 9-12 中（11）所示。

（12）输入窗口

在这里输入清单、子目、人材机等，是软件的主要操作窗口。如图 9-12 中（12）所示。

（13）属性查看窗口

查看当前输入窗口输入内容的各种属性，可以查看清单的工作内容、项目特征、费用构成、各种说明信息等。如图 9-12 中（13）所示。

（14）状态显示栏

状态显示栏显示当前预算书选用的清单规则名称、定额库名称、使用的定额专业名称，通过状态栏显示，可以判断我们当前预算书选择的清单规则、定额及专业是否正确。如图 9-12 中（14）所示。

9.3.3　软件的操作流程

以招投标过程中的工程造价管理为例，软件操作流程如下：

（1）招标方的主要工作

①新建招标项目，包括新建招标项目工程，建立项目结构。

②编制单位工程分部分项工程量清单，包括输入清单项，输入清单工程量，编辑清单名称，分部整理。

③编制措施项目清单。

④编制其他项目清单。

⑤编制甲供材料、设备表。

⑥查看工程量清单报表。

⑦生成电子标书，包括招标书自检，生成电子招标书，打印报表，刻录及导出电子标书。

（2）投标人编制工程量清单

①新建投标项目。

②编制单位工程分部分项工程量清单计价，包括套定额子目，输入子目工程量，子目换算，设置单价构成。

③编制措施项目清单计价，包括计算公式组价、定额组价、实物量组价三种方式。

④编制其他项目清单计价。

⑤人材机汇总，包括调整人材机价格，设置甲供材料、设备。

⑥查看单位工程费用汇总，包括调整计价程序，工程造价调整。

⑦查看报表。

⑧汇总项目总价，包括查看项目总价，调整项目总价。

⑨生成电子标书，包括符合性检查，投标书自检，生成电子投标书，打印报表，刻录及导出电子标书。

实例一：编制土建工程分部分项工程量清单

1 进入单位工程编辑界面

选择土建工程，点击【进入编辑窗口】，如图 9-13 所示。

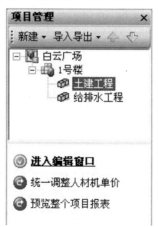

图 9-13 进入单位工程编辑窗口

软件会进入单位工程编辑主界面，如图 9-14 所示。

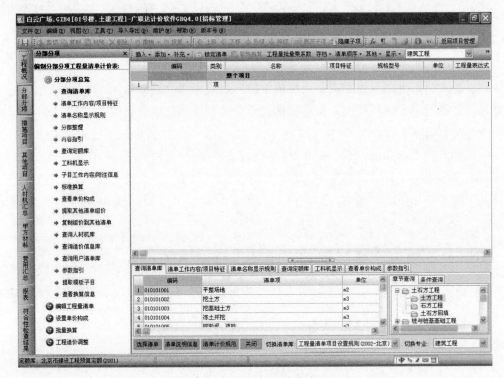

图 9-14　单位工程编辑主界面

2　输入工程量清单

2.1　查询输入

在查询清单库界面找到平整场地清单项，点击【选择清单】，如图 9-15 所示。

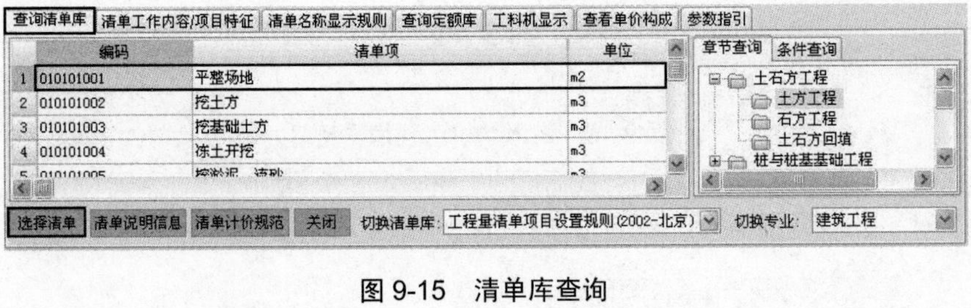

图 9-15　清单库查询

2.2　按编码输入

点击鼠标右键，选择【添加】→【添加清单项】，在空行的编码列输入010101003，点击回车键，在弹出的窗口回车即可输入挖基础土方清单项，如图9-16 所示。

	编码	类别	名称	单位	工程量表达式	工程量	单价	合价
			整个项目					
1	— 010101001001	项	平整场地	m2		1	1	
2	— 010101003001	项	挖基础土方	m3		1	1	

图 9-16　添加清单项

提示：输入完清单后，可以敲击回车键快速切换到工程量列，再次敲击回车键，软件会新增一空行，软件默认情况是新增定额子目空行，在编制工程量清单时我们可以设置为新增清单空行。点击【工具】→【预算书属性设置】，去掉勾选 "输入清单后直接输入子目"，如图 9-17 所示。

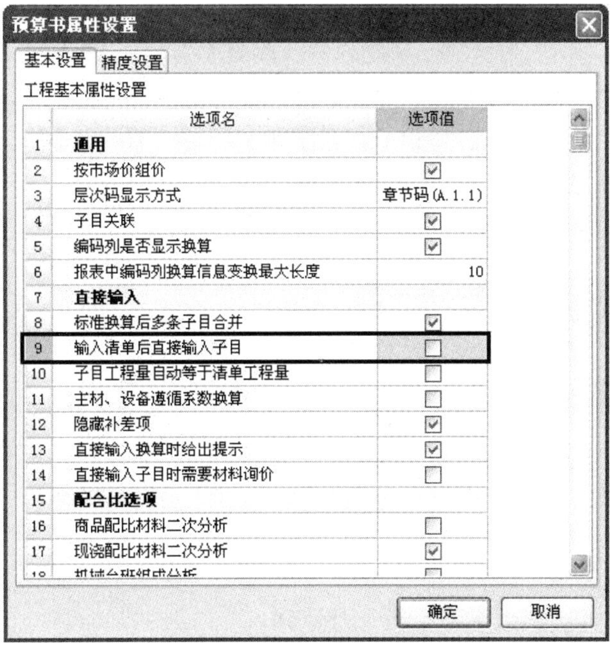

图 9-17　预算书属性设置

2.3 简码输入

对于 010302004001 填充墙清单项，我们输入 1-3-2-4 即可，如图 9-18 所示。清单的前九位编码可以分为四级，附录顺序码 01，专业工程顺序码 03，分部工程顺序码 02，分项工程项目名称顺序码 004，软件把项目编码进行简码输入，提高输入速度，其中清单项目名称顺序码 001 由软件自动生成。

	编码	类别	名称	单位	工程量表达式	工程量	单价	合价
			整个项目					
1	010101001001	项	平整场地	m2	1	1		
2	010101003001	项	挖基础土方	m3	1	1		
3	010302004001	项	填充墙	m3	1	1		

图 9-18　清单项简码输入

同理，如果清单项的附录顺序码、专业工程顺序码等相同，我们只需输入后面不同的编码即可。例如，对于 010306002001 砖地沟、明沟清单项，我们只需输入 6-2 回车即可，因为它的附录顺序码 01、专业工程顺序码 03 和前一条挖基础土方清单项一致。如图 9-19 所示。输入两位编码 6-2，点击回车键。软件会保留前一条清单的前两位编码 1-3。

在实际工程中，编码相似也就是章节相近的清单项一般都是连在一起的，所以用简码输入方式处理起来更方便快速。

	编码	类别	名称	单位	工程量表达式	工程量	单价	合价
			整个项目					
1	010101001001	项	平整场地	m2	1	1		
2	010101003001	项	挖基础土方	m3	1	1		
3	010302004001	项	填充墙	m3	1	1		
4	010306002001	项	砖地沟、明沟	m	1	1		

图 9-19　清单编码整理

按以上方法输入其他清单，如图 9-20 所示。

	编码	类别	名称	单位	工程量表达式	工程量	单价	合价
			整个项目					
1	010101001001	项	平整场地	m2	1	1		
2	010101003001	项	挖基础土方	m3	1	1		
3	010302004001	项	填充墙	m3	1	1		
4	010306002001	项	砖地沟、明沟	m	1	1		
5	010401003001	项	满堂基础	m3	1	1		
6	010402001001	项	矩形柱	m3	1	0		
7	010403002001	项	矩形梁	m3	1	1		
8	010405001001	项	有梁板	m3	1	1		
9	010407002001	项	散水、坡道	m2	1	1		

图 9-20　输入其他清单

2.4　补充清单项

在编码列输入 B-1，名称列输入清单项名称截水沟盖板，单位为 m，即可补充一条清单项。如图 9-21 所示。

10	B-1	补项	截水沟盖板	m	1	1		

图 9-21　输入补充清单

提示：编码可根据用户自己的要求进行编写。

3　输入工程量

3.1　直接输入

平整场地，在工程量列输入 4211，如图 9-22 所示。

	编码	类别	名称	单位	工程量表达式	工程量	单价	合价
			整个项目					
1	010101001001	项	平整场地	m2	4211	4211		

图 9-22　工程量直接输入

3.2　图元公式输入

选择挖基础土方清单项，双击工程量表达式单元格，使单元格数字处于编辑状态，即光标闪动状态。点击右上角  按钮。在图元公式界面中选择公式类别为体积公式，图元选择 2.2 长方体体积，输入参数值如图 9-23 所示。

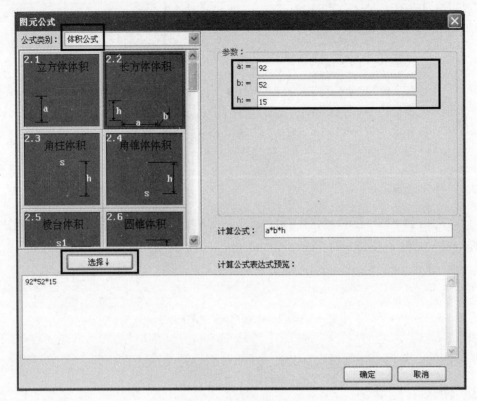

图 9-23　输入图元公式

点击【选择】→【确定】，退出图元公式界面，输入结果如图 9-24 所示。

| 1 | 010101001001 | 项 | 平整场地 | m2 | 4211 | 4211 | |
| 2 | 010101003001 | 项 | 挖基础土方 | m3 | 7176 | 7176 | |

图 9-24　输入工程量结果

提示：输入完参数后要点击【选择】按钮，且只点击一次，如果点击多次，相当于对长方体体积结果的一个累加，工程量会按倍数增长。

3.3　计算明细输入

选择填充墙清单项，双击工程量表达式单元格，点击小三点按钮 ⋯，在工程量计算明细界面，点击【切换到表格状态】。点击鼠标右键选择【插入】，连续操作插入两空行，输入计算公式如图 9-25 所示。

工程量计算明细

工程量计算明细:

	变量代	计算表达式	结果	说明	是否累加
1	B	95.2*6*(6+2.8)*0.2	1005.31		☑
2	A	52.2*9*(6+2.8)*0.2	826.85		☑
3		B+A	1832.16	计算结果	☑

切换到编辑状态(S)　确定(O)　取消(C)

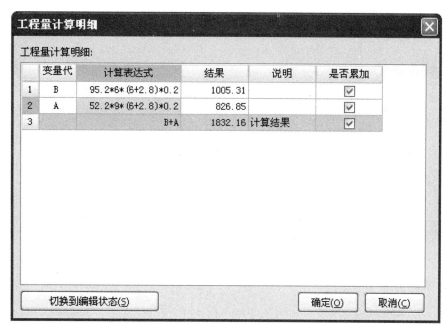

图 9-25　输入计算明细

点击【确定】，计算结果如图 9-26 所示。

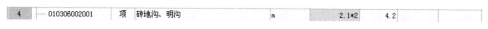

3	010302004001	项	填充墙	m3	B+A	1832.16		

图 9-26　确认计算结果

3.4　简单计算公式输入

选择砖地沟、明沟清单项，在工程量表达式输入 2.1×2，如图 9-27 所示。

4	010306002001	项	砖地沟、明沟	m	2.1*2	4.2		

图 9-27　输入计算公式

按以上方法，参照下图的工程量表达式输入所有清单的工程量，如图 9-28 所示。

	编码	类别	名称	单位	工程量表达式	工程量	单价	合价
			整个项目					
1	—010101001001	项	平整场地	m2	4211	4211		
2	—010101003001	项	挖基础土方	m3	7176	7176		
3	—010302004001	项	填充墙	m3	B+A	1832.16		
4	—010306002001	项	砖地沟、明沟	m	2.1*2	4.2		
5	—010401003001	项	满堂基础	m3	1958.12	1958.12		
6	—010402001001	项	矩形柱	m3	1110.24	1110.24		
7	—010403002001	项	矩形梁	m3	1848.64	1848.64		
8	—010405001001	项	有梁板	m3	2112.72+22.5+36.93	2172.15		
9	—010407002001	项	散水、坡道	m2	415	415		
10	B-1	补项	截水沟盖板	m	35.3	35.3		

图 9-28　输入所有清单工程量

4　清单名称描述

4.1　项目特征输入清单名称

①选择平整场地清单，点击【清单工作内容/项目特征】，单击土壤类别的特征值单元格，选择为"一类土、二类土"，填写运距如图 9-29 所示。

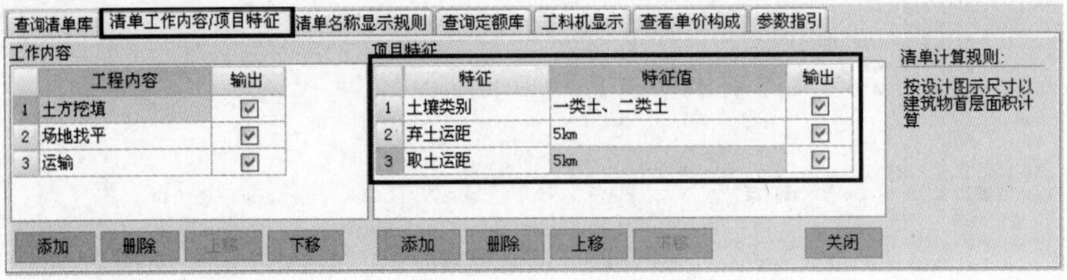

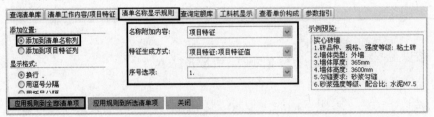

图 9-29　输入项目特征

②点击【清单名称显示规则】，在界面中点击【应用规则到全部清单项】。如图 9-30 所示。

图 9-30　设置清单名称显示规则

软件会把项目特征信息输入到项目名称中，如图 9-31 所示。

	编码	类别	名称	单位	工程量表达式	工程量	单价	合价
			整个项目					
1	010101001001	项	平整场地 1.土壤类别：　一类土、二类土 2.弃土运距：　5km 3.取土运距：　5km	m2		4211	4211	

图 9-31　项目特征应用结果

4.2　直接修改清单名称

选择"矩形柱"清单，点击项目名称单元格，使其处于编辑状态，点击单元格右侧的小三点按钮 ···，在编辑[名称]界面中输入项目名称如图 9-32 所示。

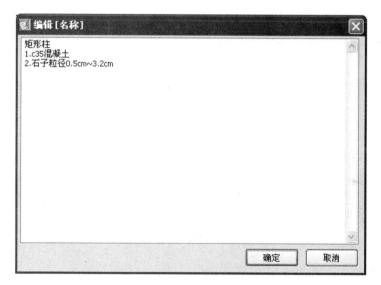

图 9-32　清单名称修改

按以上方法，设置所有清单的名称，如图 9-33 所示。

	编码	类别	名称	单位	工程量表达式	工程量	单价	合价
1	010101001001	项	平整场地 1.土壤类别：一类土、二类土 2.弃土运距：5km 3.取土运距：5km	m2	4211	4211		
2	010101003001	项	挖基础土方 1.土壤类别：一类土、二类土 2.挖土深度：1.5km 3.弃土运距：5km	m3	7176	7176		
3	010302004001	项	填充墙 1.砖品种、规格、强度等级：陶粒空心砖墙，强度小于等于8km/m3 2.墙体厚度：200mm 3.砂浆强度等级：混合M5.0	m3	B+A	1832.16		
4	010306002001	项	砖地沟、明沟 1.沟截面尺寸：2080*1500 2.垫层材料种类、厚度：混凝土，200mm厚 3.混凝土强度等级：c10 4.砂浆强度等级、配合比：水泥M7.5	m	2.1*2	4.2		
5	010401003001	项	满堂基础 1.C10混凝土（中砂）垫层，100mm厚 2.C30混凝土 3.石子粒径0.5cm~3.2cm	m3	1958.12	1958.12		
6	010402001001	项	矩形柱 1.c35混凝土 2.石子粒径0.5cm~3.2cm	m3	1110.24	1110.24		
7	010403002001	项	矩形梁 1.c30混凝土 2.石子粒径0.5cm~3.2cm	m3	1848.64	1848.64		
8	010405001001	项	有梁板 1.板厚120mm 2.c30混凝土 3.石子粒径0.5cm~3.2cm	m3	2112.72+22.5 +36.93	2172.15		
9	010407002001	项	散水、坡道 1.灰土3：7垫层，厚300mm 2.c15混凝土 3.石子粒径0.5cm~3.2cm	m2	415	415		
10	B-1	补项	截水沟盖板 1.材质：铸铁 2.规格：50mm厚，300mm宽	m	35.3	35.3		

图 9-33　设置清单名称

提示：对于名称描述有类似的清单项，可以采用 Ctrl+C 和 Ctrl+V 的方式快速复制、粘贴名称，然后进行修改。尤其是给排水工程，很多同类清单名称描述类似。

5　分部整理

在左侧功能区点击【分部整理】，在右下角属性窗口的分部整理界面勾选"需要章分部标题"，如图 9-34 所示。

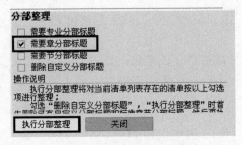

图 9-34　清单项分部整理

点击【执行分部整理】，软件会按照计价规范的章节编排增加分部行，并建立分部行和清单行的归属关系，如图 9-35 所示。

	编码	类别	名称	单位	工程量表达式	工程量	单价
			整个项目				
B1	⊟ A.1	部	土石方工程				
1	└─ 010101001001	项	平整场地 1. 土壤类别： 一类土、二类土 2. 弃土运距： 5km 3. 取土运距： 5km	m2		4211	4211
2	└─ 010101003001	项	挖基础土方 1. 土壤类别： 一类土、二类土 2. 挖土深度： 1.5m 3. 弃土运距： 5km	m3		7176	7176
B1	⊟ A.3	部	砌筑工程				
3	└─ 010302004001	项	填充墙 1. 砖品种、规格、强度等级： 陶粒空心砖 墙，强度小于等于8km/m3 2. 墙体厚度： 200mm 3. 砂浆强度等级： 混合M5.0	m3	B+A	1832.16
4	└─ 010306002001	项	砖地沟、明沟 1. 沟截面尺寸： 2080*1500 2. 垫层材料种类、厚度： 混凝土，200mm 厚 3. 混凝土强度等级： c10 4. 砂浆强度等级、配合比： 水泥M7.5	m	2.1*2	4.2
B1	⊟ A.4	部	混凝土及钢筋混凝土工程				
5	└─ 010401003001	项	满堂基础 1. C10混凝土（中砂）垫层，100mm厚 2. C30混凝土 3. 石子粒径0.5cm~3.2cm	m3		1958.12	1958.12
6	└─ 010402001001	项	矩形柱 1. c35混凝土 2. 石子粒径0.5cm~3.2cm	m3		1110.24	1110.24
7	└─ 010403002001	项	矩形梁 1. c30混凝土 2. 石子粒径0.5cm~3.2cm	m3		1848.64	1848.64
8	└─ 010405001001	项	有梁板 1. 板厚120mm 2. c30混凝土 3. 石子粒径0.5cm~3.2cm	m3	2112.72+22.5 +36.93	2172.15
9	└─ 010407002001	项	散水、坡道 1. 灰土3：7垫层，厚300mm 2. c15混凝土 3. 石子粒径0.5cm~3.2cm	m2		415	415
B1	⊟	部	补充分部				
10	└─ B-1	补项	散水沟盖板 1. 材质：铸铁 2. 规格：50mm厚，300mm宽	m		35.3	35.3

图 9-35 分部整理结果显示

在分部整理后，补充的清单项会自动生成一个分部为补充分部，如果想要编辑补充清单项的归属关系，在页面点击鼠标右键选中【页面显示列设置】，在弹出的界面对【指定专业章节位置】进行勾选，点击确定，如图 9-36 所示。

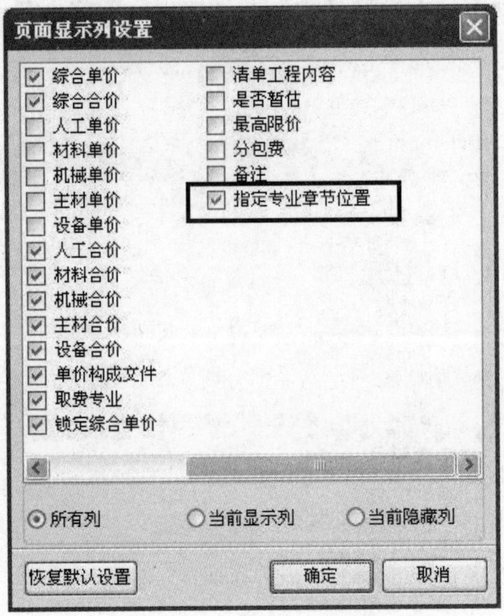

图 9-36　补充分步选择

在页面就会出现【指定专业章节位置】一列（将水平滑块向后拉），点击单元格，出现三个小点 ⋯ 按钮，如图 9-37 所示。

	编码	类别	名称	取费专业	锁定综合单价	指定专业章节位置
B1	A.4	部	混凝土及钢筋混凝土工程			
5	010401003001	项	满堂基础 1. C10混凝土（中砂）垫层，100mm厚 2. C30混凝土 3. 石子粒径0.5cm~3.2cm	建筑工程	☐	104010000
6	010402001001	项	矩形柱 1. c35混凝土 2. 石子粒径0.5cm~3.2cm	建筑工程	☐	104020000
7	010403002001	项	矩形梁 1. c30混凝土 2. 石子粒径0.5cm~3.2cm	建筑工程	☐	104030000
8	010405001001	项	有梁板 1. 板厚120mm 2. c30混凝土 3. 石子粒径0.5cm~3.2cm	建筑工程	☐	104050000
9	010407002001	项	散水、坡道 1. 灰土3:7垫层，厚300mm 2. c15混凝土 3. 石子粒径0.5cm~3.2cm	建筑工程	☐	104070000
B1		部	补充分部			
10	B-1	补项	截水沟盖板 1. 材质：铸铁 2. 规格：50mm厚，300mm宽		☐	⋯

图 9-37　增设补充分部整理显示界面

点击┅按钮，选择章节即可，我们选择混凝土及钢筋混凝土工程中的螺栓、铁件章节，点击确定。如图 9-38 所示。

图 9-38 补充项选择

指定专业章节位置后，再重复进行一次【分部整理】，补充清单项就会归属到选择的章节中了。如图 9-39 所示。

	编码	类别	名称	取费专业	锁定综合单价	指定专业章节位置
B1	A.4	部	混凝土及钢筋混凝土工程			
5	010401003001	项	满堂基础 1.C10混凝土（中砂）垫层，100mm厚 2.C30混凝土 3.石子粒径0.5cm~3.2cm	建筑工程	☐	104010000
6	010402001001	项	矩形柱 1.c35混凝土 2.石子粒径0.5cm~3.2cm	建筑工程	☐	104020000
7	010403002001	项	矩形梁 1.c30混凝土 2.石子粒径0.5cm~3.2cm	建筑工程	☐	104030000
8	010405001001	项	有梁板 1.板厚120mm 2.c30混凝土 3.石子粒径0.5cm~3.2cm	建筑工程	☐	104050000
9	010407002001	项	散水、坡道 1.灰土3:7垫层，厚300mm 2.c15混凝土 3.石子粒径0.5cm~3.2cm	建筑工程	☐	104070000
10	B-1	补项	截水沟盖板 1.材质:铸铁 2.规格:50mm厚，300mm宽		☐	104170000

图 9-39 重复分部整理

提示：通过以上操作就编制完成了土建单位工程的分部分项工程量清单，接下来编制措施项目清单。

实例二：给排水工程组价

1 进入单位工程编辑界面

选择给排水工程，点击【进入编辑窗口】，在新建清单计价单位工程界面设置如图 9-40 所示。

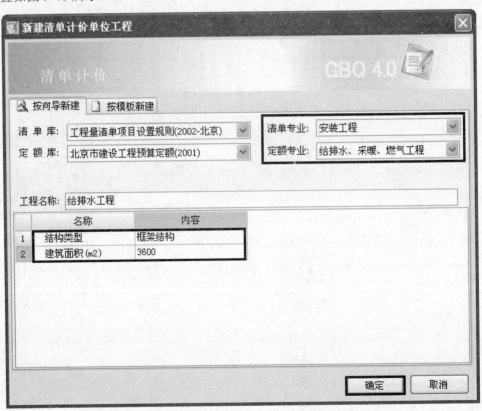

图 9-40　给排水工程编辑选择

2　套定额组价

安装专业套定额组价时，除了可以使用土建列举的几种方法外，还可以采用以下两种比较快速的方法。

2.1　子目关联

选择 030801008001，点击【插入】→【插入子目】，在空行的编码列输入 1-6 子目，软件会进入子目关联界面，如图 9-41 所示。

	变量描述	值		编码	名称	单位	工程量	关联
1	主子目工程量(m)	60.79	1	15-3	钢管刷漆 沥青漆	m2	11.4586	☐
2	管道外径De(mm)	60	2	15-4	钢管刷漆 沥青漆	m2	11.4586	☐
3	保温层厚度(mm)	0	3	15-5	钢管刷漆 耐酸漆	m2	11.4586	☐
4	保护层厚度(mm)	0	4	15-6	钢管刷漆 耐酸漆	m2	11.4586	☐
5	管道外表面面积系	0.1885	5	15-7	钢管刷漆 银粉 第	m2	11.4586	☐
6	管道保温层外面积	0.2143	6	15-8	钢管刷漆 银粉 第	m2	11.4586	☐
7	管道保护层外面积	0.2143	7	15-9	钢管刷漆 调和漆	m2	11.4586	☐
8	管道保温层体积系	0	8	15-10	钢管刷漆 调和漆	m2	11.4586	☐
			9	15-11	钢管刷漆 厚漆 第	m2	11.4586	☐
	子目指引		10	15-12	钢管刷漆 厚漆 第	m2	11.4586	☐
	已关联子目		11	15-13	钢管刷漆 磁漆 第	m2	11.4586	☐
	显示所有关联子目		12	15-14	钢管刷漆 磁漆 第	m2	11.4586	☐
	管道刷底漆		13	15-15	钢管刷漆 刷色环	m2	11.4586	☐
	管道刷面漆		14	15-16	钢管刷漆 刷色环	m2	11.4586	☐
	管道保温层		15	15-3	钢管刷漆 沥青漆	m2	11.4586	☐
	管道保护层		16	15-4	钢管刷漆 沥青漆	m2	11.4586	☐
	管道保护层面漆		17	15-5	钢管刷漆 耐酸漆	m2	11.4586	☐
	管道消毒冲洗、通球试验		18	15-6	钢管刷漆 耐酸漆	m2	11.4586	☐
	管道压力试验		19	15-7	钢管刷漆 银粉 第	m2	11.4586	☐
			20	15-8	钢管刷漆 银粉 第	m2	11.4586	☐

☐不再显示此窗体　　　确定　　取消

图 9-41　插入子目关联

在左下角选择管道消毒冲洗、通球试验，在右侧勾选 14-34，14-50 子目，如图 9-42 所示。

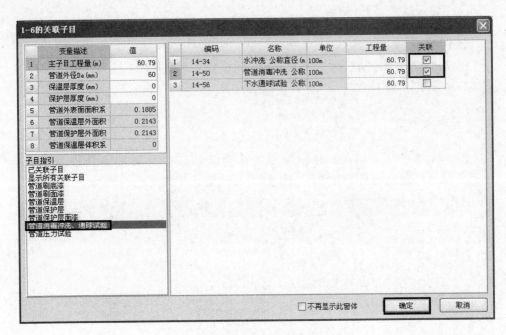

图 9-42 勾选关联子母

在左下角选择管道压力试验，在右侧勾选 14-8 子目。点击【确定】，结果如图 9-43 所示。

	编码	类别	名称	项目特征	规格型号	单位	工程量表达式	工程量
			整个项目					
B1	一、	部	给排水分部					
1	030801008001	项	室内给水管，衬塑钢管（内衬PP-R塑料），DN50，内筋嵌入式连接，管道管件安装，套管制作安装，压力试验，冲洗试验、消毒冲洗试验			m		60.79	60.79
	1-6	定	室内低压镀锌钢管（螺纹连接）公称直径（m以内）50			m		60.79	60.79
	14-34	定	水冲洗 公称直径（mm以内）50			100m	GCL	0.6079
	14-50	定	管道消毒冲洗 公称直径（mm以内）50			100m	GCL	0.6079
	14-1	定	低、中压管道液压试验 公称直径（mm以内）100			100m	GCL	0.6079
	1103	主	试压用液			m3		0.4985
	2501	主	压力表			支		0.0608
	1901	主	阀门			个		0.1216

图 9-43 勾选子目

在 14-8 子目前输入 13-46 子目，工程量为 3。如图 9-44 所示。

	编码	类别	名称	项目特征	规格型号	单位	工程量表达式	工程量
			整个项目					
B1	一、	部	给排水分部					
1	030801008001	项	室内给水管,衬塑钢管(内衬PP-R塑料),DN50,内筋嵌入式连接,管道管件安装,套管制作安装,压力试验,冲洗试验,消毒冲洗试验			m	60.79	60.79
	1-6	定	室内低压镀锌钢管(螺纹连接) 公称直径(mm以内) 50			m	60.79	60.79
	14-34	定	水冲洗 公称直径(mm以内) 50			100m	GCL	0.6079
	14-50	定	管道消毒冲洗 公称直径(mm以内) 50			100m	GCL	0.6079
	13-46	定	一般填料套管制作安装 公称直径(mm以内) 50			个	3	3
	14-1	定	低、中压管道液压试验 公称直径(mm以内) 100			100m	GCL	0.6079
	1103	主	试压用液			m3		0.4985
	2501	主	压力表			支		0.0608
	1901	主	阀门			个		0.1216

图 9-44 输入子目工程量

2.2 复制组价内容到其他清单

选中 030801008001 清单,在左侧功能区点击【复制组价内容到其他清单】,在右下方属性窗口的复制组价到其他清单界面勾选其他几条清单。如图 9-45 所示。

查询清单库	清单工作内容/项目特征	清单名称显示规则	参数指引	查询定额库	工料机显示	查看单价构成	**复制组价到其他清单**

适配方式: ● 替换子目 ○ 添加子目
选择适配清单项:

	选择	编码	名称	单位	工程量
1	☑	030801008002	室内给水管,衬塑钢管(内衬PP-R塑料),DN40,内筋嵌入式连接,管道管件安装,套管制作安装,压力试验,冲洗试验、消毒冲洗试验	m	86.16
2	☑	030801008003	室内给水管,衬塑钢管(内衬PP-R塑料),DN32,内筋嵌入式连接,管道管件安装,套管制作安装,压力试验,冲洗试验、消毒冲洗试验	m	126.48

应用　关闭

图 9-45 复制组价

提示:只有光标定位在清单行,上述界面才能显示同类清单(前九位编码相同),如果光标定位在定额子目行,此界面内容显示为空。

点击【应用】,在确认界面点击【确认】,如图 9-46 所示。

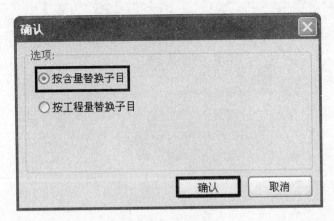

图 9-46　确认选项

软件会把 030801008001 清单的组价内容复制给其他清单，如图 9-47 所示。

	编码	类别	名称	项目特征	规格型号	单位	工程量表达式	工程量
1	030801008001	项	室内给水管，衬塑钢管（内衬PP-R塑料），DN50，内筋嵌入式连接，管道管件安装，套管制作安装，压力试验，冲洗试验、消毒冲洗试验			m	60.79	60.79
	1-6	定	室内低压镀锌钢管（螺纹连接）公称直径（mm以内）50			m	60.79	60.79
	14-34	定	水冲洗 公称直径（mm以内）50			100m	GCL	0.6079
	14-50	定	管道消毒冲洗 公称直径（mm以内）50			100m	GCL	0.6079
	13-46	定	一般填料套管制作安装 公称直径（mm以内）50			个	3	3
	14-1	定	低、中压管道液压试验 公称直径（mm以内）100			100m	GCL	0.6079
2	030801008002	项	室内给水管，衬塑钢管（内衬PP-R塑料），DN40，内筋嵌入式连接，管道管件安装，套管制作安装，压力试验，冲洗试验、消毒冲洗试验			m	86.16	86.16
	1-6	定	室内低压镀锌钢管（螺纹连接）公称直径（mm以内）50			m	QDL*1	86.16
	14-34	定	水冲洗 公称直径（mm以内）50			100m	QDL*1	0.8616
	14-50	定	管道消毒冲洗 公称直径（mm以内）50			100m	QDL*1	0.8616
	13-46	定	一般填料套管制作安装 公称直径（mm以内）50			个	QDL*0.04935	4.252
	14-1	定	低、中压管道液压试验 公称直径（mm以内）100			100m	QDL*1	0.8616
3	030801008003	项	室内给水管，衬塑钢管（内衬PP-R塑料），DN32，内筋嵌入式连接，管道管件安装，套管制作安装，压力试验，冲洗试验、消毒冲洗试验			m	126.48	126.48
	1-6	定	室内低压镀锌钢管（螺纹连接）公称直径（mm以内）50			m	QDL*1	126.48
	14-34	定	水冲洗 公称直径（mm以内）50			100m	QDL*1	1.2648
	14-50	定	管道消毒冲洗 公称直径（mm以内）50			100m	QDL*1	1.2648
	13-46	定	一般填料套管制作安装 公称直径（mm以内）50			个	QDL*0.04935	6.2418
	14-1	定	低、中压管道液压试验 公称直径（mm以内）100			100m	QDL*1	1.2648

图 9-47　复制组价结果

然后再对这些清单的组价内容做适当调整。

用上述方法参考下图完成所有清单的组价，并核对，如图 9-48 所示。

编码	类别	名称	工程量	单价	合价	综合单价
		整个项目				
B1	部	一、 给排水分部				
1	项	030801008001	室内给水管，衬塑钢管（内衬PP-R塑料），DN50，内筋嵌入式连接，管道管件安装，套管制作安装，压力试验，冲洗试验、消毒冲洗试验	60.79			30.59
	定	1-6	室内低压镀锌钢管（螺纹连接）公称直径（mm以内）50	60.79	26.85	1632.21	27.07
	定	14-34	水冲洗 公称直径（mm以内）50	0.6079	96.31	58.55	87.38
	定	14-50	管道消毒冲洗 公称直径（mm以内）50	0.6079	17.41	10.58	15.41
	定	13-46	一般填料套管制作安装 公称直径（mm以内）50	3	14.1	42.3	14.41
	定	14-1	低、中压管道液压试验 公称直径（mm以内）100	0.6079	193.97	117.91	178.87
2	项	030801008002	室内给水管，衬塑钢管（内衬PP-R塑料），DN40，内筋嵌入式连接，管道管件安装，套管制作安装，压力试验，冲洗试验、消毒冲洗试验	86.16			25.85
	定	1-5	室内低压镀锌钢管（螺纹连接）公称直径（mm以内）40	86.16	22.53	1941.18	22.48
	定	14-34	水冲洗 公称直径（mm以内）50	0.8616	96.31	82.98	87.38
	定	14-50	管道消毒冲洗 公称直径（mm以内）50	0.8616	17.41	15	15.41
	定	13-45	一般填料套管制作安装 公称直径（mm以内）40	4.252	11	46.77	11.15
	定	14-1	低、中压管道液压试验 公称直径（mm以内）100	0.8616	193.97	167.12	178.87

编码	类别	名称	工程量	单价	合价	综合单价
3	项	030801008003	室内给水管，衬塑钢管（内衬PP-R塑料），DN32，内筋嵌入式连接，管道管件安装，套管制作安装，压力试验，冲洗试验、消毒冲洗试验	126.48			22.91
	定	1-4	室内低压镀锌钢管（螺纹连接）公称直径（mm以内）32	126.48	19.66	2486.6	19.68
	定	14-34	水冲洗 公称直径（mm以内）50	1.2648	96.31	121.81	87.38
	定	14-50	管道消毒冲洗 公称直径（mm以内）50	1.2648	17.41	22.02	15.41
	定	13-44	一般填料套管制作安装 公称直径（mm以内）32	6.2418	8.3	51.81	8.32
	定	14-1	低、中压管道液压试验 公称直径（mm以内）100	1.2648	193.97	245.33	178.87
4	项	030803001001	铜丝扣闸阀安装，DN40	12	·		13.86
	定	4-5	低压丝扣阀门 公称直径（mm以内）40	12	14.4	172.8	13.86
	主	1901	阀门	12.12	0		
5	项	030801005001	UPVC塑料管，DN100，管道管件安装，套管制作安装，下水通球试验	196.2			47.91
	定	1-171	室内PVC-U排水塑料管（粘接）管外径（mm以内）100	196.2	45.55	8936.91	47.09
	定	14-57	下水通球试验 公称直径（mm以内）100	1.962	89.43	175.46	82.32
6	项	030802001001	管道支架制作安装，除锈，刷防锈漆两道，银粉漆两道	628			0
B1	部	二、 雨水分部				
7	项	030617007001	雨水斗制作安装，87型，DN150	28			102.93
	定	12-146	钢制排水漏斗制作安装 公称直径（mm以内）150	28	101.59	2844.52	102.93

8	□ 030801002001	项	室内雨水管安装，焊接钢管，焊接连接，D N150，管道管件安装，套管制作安装，除锈、刷防锈漆两道、银粉漆两道，闭水试验	714.7			79.54
	— 1-36	定	室内低压焊接钢管(焊接) 公称直径(mm以内)150	714.7	67.54	48270.84	70.42
	— 13-51	定	一般填料套管制作安装 公称直径(mm以内)150	36	47.22	1699.92	48.41
	— 15-1	定	钢管刷漆 防锈漆 第一遍	370.5005	5.19	1922.9	4.94
	— 15-2	定	钢管刷漆 防锈漆 第二遍	370.5005	3.25	1204.13	3.19
	— 15-7	定	钢管刷漆 银粉 第一遍	370.5005	2.84	1052.22	2.65
	— 15-8	定	钢管刷漆 银粉 第二遍	370.5005	2.25	833.63	2.12
9	□ 030802001002	项	管道支架制作安装，除锈，刷防锈漆两道，银粉漆两道	143			9.32
	— 13-79	定	管道支架制作安装 制作 室内管道 一般管架	1.43	568.93	813.57	569.79
	— 13-83	定	安装 室内管道 一般管架	1.43	249.4	356.64	245.88
	— 15-45	定	金属构件及支架刷漆 防锈漆 第一遍	1.43	42.66	61	43.6
	— 15-46	定	金属构件及支架刷漆 防锈漆 第二遍	1.43	28.73	41.08	29.25
	— 15-51	定	金属构件及支架刷漆 银粉漆 第一遍	1.43	21.77	31.13	21.81
	— 15-52	定	金属构件及支架刷漆 银粉漆 第二遍	1.43	21.21	30.33	21.21

图 9-48　全部清单组价结果

3　修改主材规格型号

由于定额中主材没有区分规格型号，我们需要按照实际工程设置主材的规格型号。

输入主材规格型号：选择 14-8 子目，复制子目名称中的规格型号内容"公称直径（mm 以内）100"，然后粘贴在主材的规格型号单元格，如图 9-49 所示。

			整个项目			
B1	□一、	部	给排水分部			
1	□ 030801008001	项	室内给水管，衬塑钢管（内衬PP-R塑料），DN50，内筋嵌入式连接，管道管件安装，套管制作安装，压力试验，冲洗试验、消毒冲洗试验	m	60.79	60.79
	— 1-6	定	室内低压镀锌钢管(螺纹连接) 公称直径(mm以内) 50	m	60.79	60.79
	— 14-34	定	水冲洗 公称直径(mm以内) 50	100m	GCL	0.6079
	— 14-50	定	管道消毒冲洗 公称直径(mm以内) 50	100m	GCL	0.6079
	— 13-46	定	一般填料套管制作安装 公称直径(mm以内) 50	个	3	3
	□ 14-1	定	低、中压管道液压试验 公称直径(mm以内) 100	100m	GCL	0.6079
	— 1103	主	试压用液	m3		0.4985
	— 2501@1	主	压力表	公称直径(mm以内) 100 支		0.0608
	— 1901@1	主	阀门	公称直径(mm以内) 100 个		0.1216

图 9-49　修改主材规格

用同样的方式设置其他主材的型号，如图 9-50 所示。

2	030801008002	项	室内给水管，衬塑钢管（内衬PP-R塑料），DN40 内筋嵌入式连接，管道管件安装，套管制作安 装，压力试验，冲洗试验、消毒冲洗试验		m	86.16	86.16
	1-5	定	室内低压镀锌钢管(螺纹连接) 公称直径(mm以内) 40		m	QDL	86.16
	14-34	定	水冲洗 公称直径(mm以内) 50		100m	QDL*1	0.8616
	14-50	定	管道消毒冲洗 公称直径(mm以内) 50		100m	QDL*1	0.8616
	13-45	定	一般填料套管制作安装 公称直径(mm以内) 40		个	QDL*0.04935	4.252
	14-1	定	低、中压管道液压试验 公称直径(mm以内) 100		100m	QDL*1	0.8616
	1103	主	试压用液		m3		0.7065
	2501@1	主	压力表	公称直径(mm以内) 100	支		0.0862
	1901@1	主	阀门	公称直径(mm以内) 100	个		0.1723
3	030801008003	项	室内给水管，衬塑钢管（内衬PP-R塑料），DN32 内筋嵌入式连接，管道管件安装，套管制作安 装，压力试验，冲洗试验、消毒冲洗试验		m	126.48	126.48
	1-4	定	室内低压镀锌钢管(螺纹连接) 公称直径(mm以 内) 32		m	QDL	126.48
	14-34	定	水冲洗 公称直径(mm以内) 50		100m	QDL*1	1.2648
	14-50	定	管道消毒冲洗 公称直径(mm以内) 50		100m	QDL*1	1.2648
	13-44	定	一般填料套管制作安装 公称直径(mm以内) 32		个	QDL*0.04935	6.2418
	14-1	定	低、中压管道液压试验 公称直径(mm以内) 100		100m	QDL*1	1.2648
	1103	主	试压用液		m3		1.0371
	2501@1	主	压力表	公称直径(mm以内) 100	支		0.1265
	1901@1	主	阀门	公称直径(mm以内) 100	个		0.253
4	030803001001	项	铜丝扣闸阀安装，DN40		个	12	12
	4-5	定	低压丝扣阀门 公称直径(mm以内) 40		个	QDL	12
	1901@2	主	阀门	公称直径(mm以内) 40	个		12.12

图 9-50 修改主材型号

提示：

①设置完主材型号规格后，为了保持界面简洁，可以把规格型号列设置为不显示；在页面点击右键，选择【页面显示列设置】，将【规格型号】前的勾去掉。如图 9-51 所示。

图 9-51 设置显示界面

②主材设备默认是展开显示的，如果想把主材设备行隐藏，可以点击【显示】→【子目】，如图 9-52 所示。

图 9-52　隐藏主材设备选择

4　调整单价构成

用土建工程中描述的方法调整单价构成，现场经费的费率为 34%，管理费的费率为 55.5%。

5　安装费用设置

在安装费用设置中可以设置建筑超高费、系统调试费、脚手架搭拆等费用。

5.1　设置安装费用

点击【设置安装费用】→【统一设置安装费用】，如图 9-53 所示。

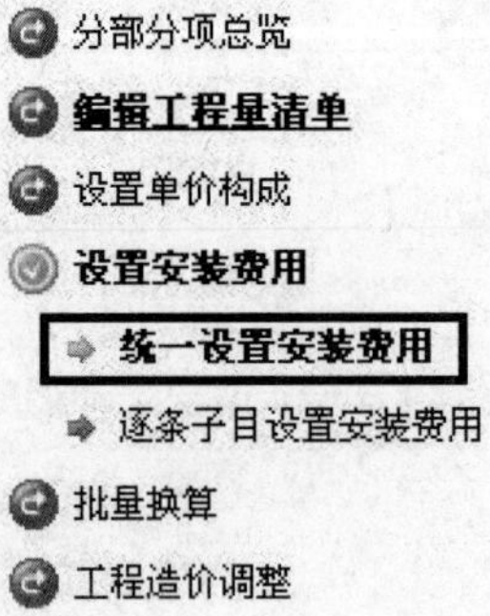

图 9-53　设置安装费用

在右下角的"统一设置安装费用界面"选择系统调试费，点击【更改规则】，如图 9-54 所示。

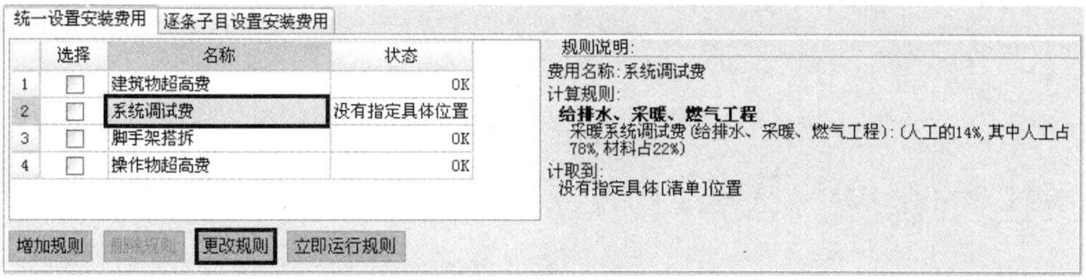

图 9-54 更改安装费用规则

在"修改安装费用规则"界面，点击"费用归属"下拉框选择"子目费用"，点击【确定】，如图 9-55 所示。

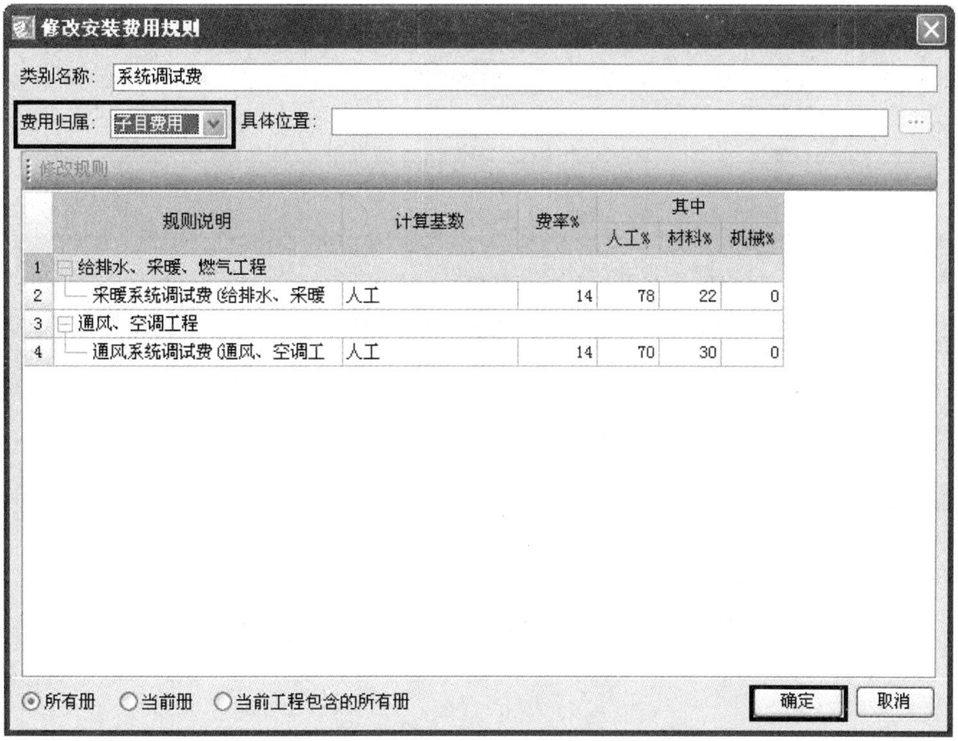

图 9-55 更改子目费用

勾选系统调试费和脚手架搭拆，点击【立即运行规则】，如图 9-56 所示。

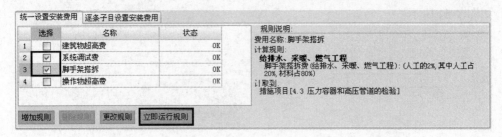

	选择	名称	状态
1	☐	建筑物超高费	OK
2	☑	系统调试费	OK
3	☑	脚手架搭拆	OK
4	☐	操作物超高费	OK

统一设置安装费用　逐条子目设置安装费用

规则说明：
费用名称：脚手架搭拆
计算规则：
给排水、采暖、燃气工程
脚手架搭拆费(给排水、采暖、燃气工程)：(人工的2%,其中人工占20%,材料占80%)
计取到：
措施项目[4.3 压力容器和高压管道的检验]

增加规则　删除规则　更改规则　立即运行规则

图 9-56　运行规则确认

5.2　查看安装费用

系统调试费：软件会在每个清单项中增加系统调试费子目，如图 9-57 所示。

1	⊟ 030801008001	项	安装工程	室内给水管，衬塑钢管（内衬PP-R塑料），DN50，内筋嵌入式连接，管道管件安装，套管制作安装，压力试验，冲洗试验、消毒冲洗	m	60.79
	— 1-6	定	水暖气	室内低压镀锌钢管(螺纹连接) 公称直径(mm以内) 50	m	60.79
	— 14-34	定	水暖	水冲洗 公称直径(mm以内) 50	100m	0.6079
	— 14-50	定	水暖	管道消毒冲洗 公称直径(mm以内) 50	100m	0.6079
	— 13-46	定	水暖	一般填料套管制作安装 公称直径(mm以内)50	个	3
	— 14-1	定	水暖	低、中压管道液压试验 公称直径(mm以内)50	100m	0.6079
	— BM10	安		系统调试费 采暖系统调试费(给排水、采暖、燃气工程)	元	1

图 9-57　查看系统调试费

脚手架费用：在措施项目界面，查看脚手架费用，如图 9-58 所示。

序号	名称	单位	合价	综合合价	人工合价	材料合价	机械合价
└ 1.9	脚手架	项		342.08	63.94	255.76	0

图 9-58　查看脚手架费用

点击【组价内容】查看脚手架措施项的组价内容，如图 9-59 所示。

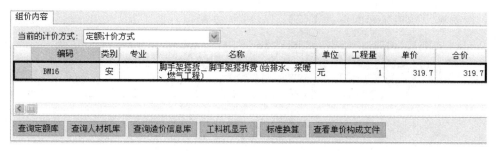

图 9-59　查看组价内容

6　人材机汇总

6.1　调整市场价系数

对于一般的辅助材料，可以批量乘以系数快速修改材料价格。

通过多选方式选择水泥，砂子，管卡三条材料，如图 9-60 所示。

16	02001	材	水泥	综合		kg	208.5444	0.366	0.366	0	自行采购
17	04025	材	砂子			kg	1153.7906	0.036	0.036	0	自行采购
18	09002	材	管卡	综合 50以内		个	40.7266	0.64	0.64	0	自行采购

图 9-60　选择调整系数选项

点击鼠标右键，选择【调整市场价系数】，如图 9-61 所示。

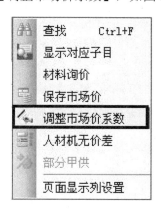

图 9-61　选择调整市场价系数

在弹出的确认界面点击【否】，如图 9-62 所示。

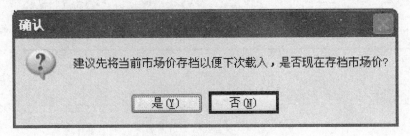

图 9-62　存档确认

在输入窗口输入调整系数 0.9，点击【确定】退出，如图 9-63 所示。

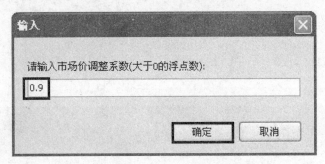

图 9-63　输入调整系数

修改结果如图 9-64 所示。

	编码 ▲	类别	名称	规格型号	单位	数量	预算价	市场价	价差	供货方式
16	02001	材	水泥	综合	kg	208.5444	0.366	0.329	-0.037	自行采购
17	04025	材	砂子		kg	1153.7906	0.036	0.032	-0.004	自行采购
18	09002	材	管卡	综合 50以内	个	40.7266	0.64	0.576	-0.064	自行采购

图 9-64　修改结果显示

7　费用汇总

查看费用汇总表，如图 9-65 所示。

	序号	费用代号	名称	计算基数	基数说明	费率(%)	金额	费用类别
1	一	A	分部分项工程量清单计价合计	FBFXHJ	分部分项合计	100	80,541.12	分部分项合计
2	二	B	措施项目清单计价合计	CSXMHJ	措施项目合计	100	342.08	措施项目合计
3	三	C	其他项目清单计价合计	QTXMHJ	其他项目合计	100	0.00	其他项目合计
4	四	D	规费	D1+D2+D3+D4	列入规费的人工费部分+列入规费的现场经费部分+列入规费的企业管理费部分+其他	100	2,950.64	规费
5	1	D1	列入规费的人工费部分	GF_RGF	人工费中规费	100	2,950.64	
6	2	D2	列入规费的现场经费部分	GF_XCJF	现场经费中规费	100	0.00	
7	3	D3	列入规费的企业管理费部分	GF_QYGLF	企业管理费中规费	100	0.00	
8	4	D4	其他			100	0.00	
9	五	E	税金	A+B+C+D	分部分项工程量清单计价合计+措施项目清单计价合计+其他项目清单计价合计+规费	3.4	2,850.35	税金
10		F	含税工程造价	A+B+C+D+E	分部分项工程量清单计价合计+措施项目清单计价合计+其他项目清单计价合计+规费+税金	100	86,684.19	合计

图 9-65　费用汇总

8　查看报表

同土建工程。

第 10 章　工程量清单编制及计价实例

环保工程主要分为水污染防治工程、大气污染防治工程、噪声污染控制工程和固体废弃物处理处置工程四大类，该四类工程工程量计算及计价有部分相似之处，本章就以一个实际招标且中标的水污染防治工程为例，介绍环境工程工程量清单编制及计价方法，其中计价部分以 2015 年湖南省的市场价格为例。

10.1　招标文件

以下为某生活污水厂的招标义件节选。

10.1.1　招标公告

10.1.1.1　招标条件

本招标项目某生活污水处理厂（厂区土建及安装部分），施工招标已由某政府机关批准建设，建设资金来自政府投资。招标人为某投资管理有限公司，招标代理机构为某工程咨询有限公司。项目已具备招标条件，现对该项目施工进行公开招标。

10.1.1.2　项目概况与招标范围

建设地点：某某地区

项目概况：本废水处理系统处理水量为 600 m^3/d，系统由废水调节池、好氧生化池和污泥浓缩池组成。系统工艺流程见图 10-1。进水化学需氧量（COD_{Cr}）不超过 230 mg/L，悬浮物（SS）不超过 150 mg/L。鉴于废水有机污染物浓度不高，可生化性好，但由于水量波动较大，故本废水处理流程上选用简短高效的物化加生化，在工艺上选用传统成熟的接触氧化法，在充氧方式上选用鼓风曝气。其基本原理是，废水中各类不易降解的大块漂浮物，经过配置的人工格栅，拦截去除废水中这些漂浮物，由于来水波动较大，为了保证污水处理系统稳定运行，废水进入调节池，同时兼有水解初沉之功效，再进入接触氧化池，有机污染物在接触好氧生物反应器中被好氧微生物进一步降解为水、二氧化碳、氨氮和硝酸盐氮，好氧生化充氧方式采用鼓风曝气。剩余活性污泥须定期排放至污泥浓缩池，并进一步消化、浓缩，然后由吸污车定期抽吸外运作为废渣处理或肥料。

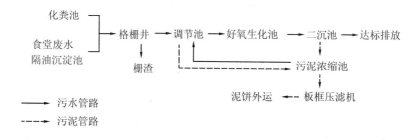

图 10-1　污水厂工艺流程

招标内容：新建污水处理厂，土建部分包括值班室、综合设备间、风机房、格栅井、调节池、好氧生化池、二沉池、污泥浓缩池，设备及安装部分包括电气、自控、工艺部分等管线及设备的安装。

招标范围：施工图及招标工程量清单内的污水处理厂及设备安装所有内容。

计划工期：180 日历天。

10.1.1.3　投标人资格要求

本次招标要求投标人须具备具独立法人资格，具有建设行政主管部门核发的市政公用工程施工总承包贰级及以上资质，且具有类似工程业绩，并在人员、设备、资金等方面具有相应的施工能力，其中，拟派项目经理须具备市政专业或建筑专业二级及以上注册建造师执业资格，具有建设行政主管部门核发的 B 类安全生产考核合格证书且无在建工程。

10.1.1.4　资格审查标准和方法

本工程对投标人的资格审查采用资格后审，具体标准如下：

①具有建设行政主管部门核发的市政公用工程施工总承包贰级及以上资质；

②具有工商行政主管部门核发的有效法人营业执照；

③具有建设行政主管部门核发的有效安全生产许可证；

④投标人拟派项目经理须具备市政专业或建筑专业二级及以上注册建造师执业资格，具有建设行政主管部门核发的 B 类安全生产考核合格证书且无在建工程；

⑤拟派本项目的现场管理人员项目技术负责人具备中级职称，五大员证件齐全人员数量满足要求；

⑥投标人近两年以来独立完成过一个及以上的类似工程业绩。

10.1.2　招标文件

10.1.2.1　投标文件构件的组成

投标文件由综合标部分、商务部分和技术部分三部分组成。

1. 综合标部分

综合标主要包括下列内容：

①企业法定代表人营业执照、资质证书、安全生产许可证（复印件）。

②法定代表人身份证明书。

③法定代表人授权委托书。

④投标函。

⑤投标函附录。

⑥投标担保。

⑦项目管理机构配备。

⑧项目经理简历表。

⑨项目技术负责人简历表。

⑩项目管理人员简历表。

⑪企业近两年业绩及信誉。

⑫招标文件要求投标人提交的其他投标资料：参照评标定标办法和第五章投

标文件部分格式提交。

2．商务部分

商务部分是《建设工程工程量清单计价规范》（GB 50500—2013）上计价格式中的所有表格，主要由下列内容组成：

①工程量清单报价表。

②投标报价汇总表。

③工程项目总价表。

④单项工程费汇总表。

⑤单位工程费汇总表。

⑥分部分项工程量清单计价表。

⑦措施项目清单计价表。

⑧其他项目清单计价表。

⑨零星工作项目计价表。

⑩分部分项工程量清单综合单价分析表。

⑪措施项目费分析表。

⑫主要材料价格表。

3．技术部分

技术部分主要包括下列内容：

①主要施工方法。

②拟投入的主要物质计划。

③拟投入的主要施工机械计划。

④劳动力安排计划。

⑤确保工程质量的技术组织措施。

⑥确保安全生产的技术组织措施。

⑦确保工期的技术组织措施。

⑧确保文明施工的技术组织措施。

⑨施工总进度表或施工网络图。

⑩施工总平面布置图。

⑪有必要说明的其他内容。

10.1.2.2 其他要求

①投标报价采用建设工程工程量清单计价,其中综合单价应包括完成招标人提供的工程量清单项目中一个规定计量单位所需的人工费、材料费、机械使用费、管理费、利润及风险因素。

②投标报价应是按照招标文件及当地管理部门规定的安全文明施工要求,完成招标人所提供的工程量清单范围内的全部工作内容的价格体现。其应包括实体清单工程费、措施和其他项目费、规费、税金等各项费用,本工程投标报价采用的币种为人民币。

③除非招标人对招标文件予以修改,投标人应按招标人提供的工程量清单中列出的工程项目和工程量填报单价和合价。每一项目只允许有一个报价。任何有选择的报价将不予接受。投标人未填单价或合价的工程项目,将视为该项费用已包括在其他有价款的单价或合价内;在合同实施期间,招标人将不予以支付该项价款。

④招标人提供的工程量清单序号、编码、名称、单位、数量,除非招标人以修改通知的形式变更外,各投标人不得更改。

⑤投标人应先到工地踏勘以充分了解工地位置、情况、道路、储存空间、装卸限制及任何其他足以影响承包价的情况,任何因忽视或误解工地情况而导致的索赔或工期延长申请将不被批准。

⑥投标人应根据企业自身实力、施工经验、现场环境以及招标文件的要求,根据企业定额或参照工程消耗量定额、市场价格,进行投标报价。投标报价必须与施工方案相结合,不应脱离施工方案进行报价。

⑦投标报价编制完成后,应加盖编制单位公章和编制人员(注册造价工程师或造价员)的执业专用章。

⑧投标人在编制投标报价时安全防护费、文明施工与环境保护费作为工程专项费用,为不可竞争性费用,投标人不得以任何理由降低规定的费用标准。

10.1.3 开标(略)

10.1.4 评标和定标(略)

10.2　施工图纸

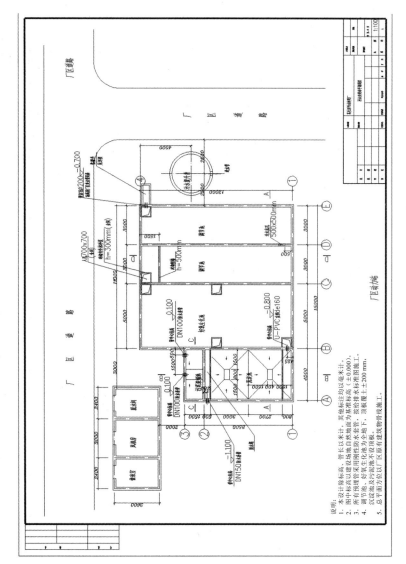

图 10-2　某污水厂平面布置图

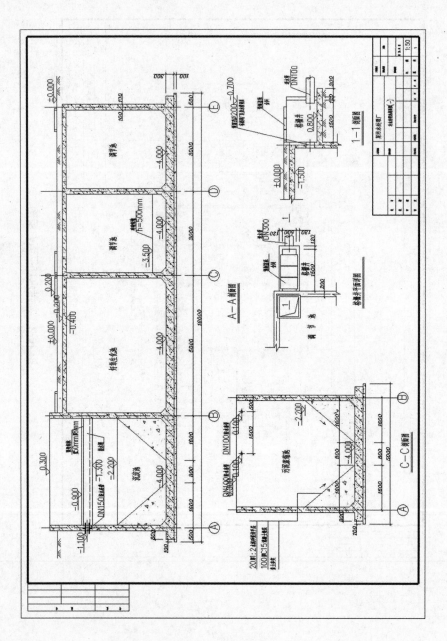

图 10-3 污水站剖面图（一）

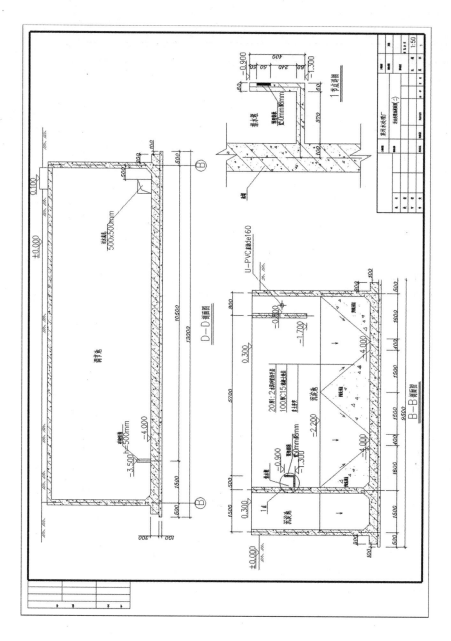

图 10-4　污水站剖面图（二）

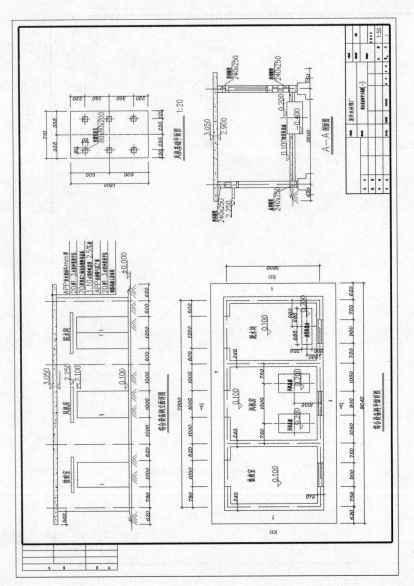

图 10-5 污水站综合设备间平立面图

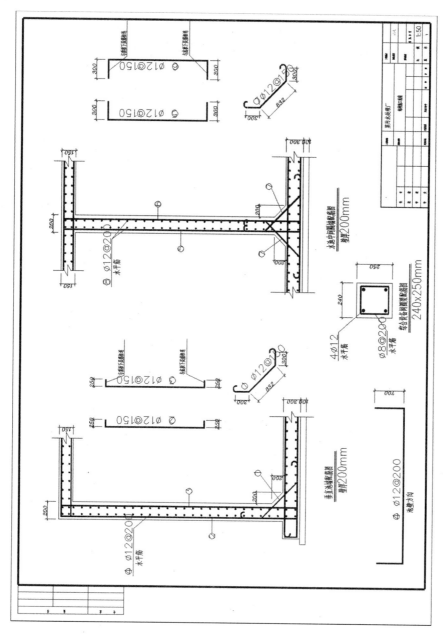

图 10-6　污水站配筋图（一）

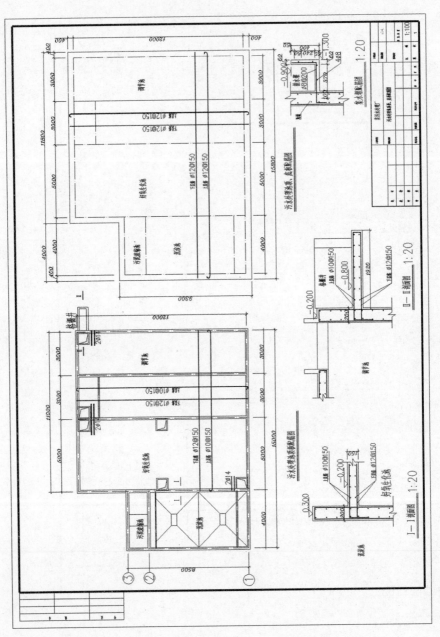

图 10-7 污水站配筋图（二）

10.3　工程量计算书

该工程工程量计算书按照污水厂建设的特点，主要分为土建部分和安装部分，其中土建部分全部依据施工图纸计算，安装部分全部依据施工安装图纸测量和估算。

10.3.1　平整场地

①值班室、风机房、脱水间平整面积=（2.4+3+2.4+0.24+5）×（3.6+0.24+4）=102.233 6（m²）

②调节池、好氧生化池平整面积=（11+0.2+2）×（12+0.2+4）=213.84（m²）

③沉淀池、污泥浓缩池平整面积=（8.5+0.2+2）×（4+2）=64.2（m²）

④总平整面积=102.233 6+213.84+64.2=380.27（m²）

10.3.2　挖土方

①值班室、风机房、脱水间挖土方=（0.4+2.4+0.75+1.5+0.75+2.4+0.4）×0.4×（3.6+0.8）=15.136（m³）

②调节池、好氧生化池、沉淀池、污泥浓缩池格栅井挖土方=[（16+0.8）×0.4×2+0.4×（12.2+0.8）−0.4×0.4+（136.64+34.8）]×4.4=835.648（m³）

③格栅井挖土方=（1.5+0.12+0.3）×（0.12+0.5+0.12）×1.7=2.415 36（m³）

④总挖土方=15.136+835.648+2.415 36=853.20（m³）

10.3.3　回填土

①值班室、风机房、脱水间回填土=0.6×15.136=9.081 6（m³）

②调节池、好氧生化池、沉淀池、污泥浓缩池格栅井回填土=（12.2×2+0.6×4+15×2）×0.3×4+（12.2×2+0.8×4+15×2）×0.1×4.3=68.16+24.768=92.928（m³）

总回填土=9.081 6+92.928=102.01（m³）

10.3.4　运输土

$V_{运输土} = V_{挖土方} - V_{回填土} = 853.199\ 36 - 102.009\ 6 = 751.19$（m³）

10.3.5　垫层工程量

调节池、好氧生化池、沉淀池、污泥浓缩池垫层工程量=5×9.5×0.1+13×0.1×11.5=19.7（m^3）

10.3.6　砖墙工程

工程量=0.24×（3.05−0.25）×[（3.6−0.24）×4+（2.4+3+2.4+0.24）×2]−（1+1+1.2）×0.24×2+0.12×0.5×（3−0.2）=18.301 44−0.168=18.13（m^3）

10.3.7　钢筋混凝土工程

（1）钢筋

查表得保护层厚度为 20 mm

①、⑦号钢筋：

- 单根钢筋长度 L=832+300+300+6.25×2×12=1 582 mm
- 垂直池墙钢筋根数=[（12 000+200）×2+（15 000+200）×2]÷150=366 根
- 中间隔墙钢筋根数=（12 000×2+8 500+4 000）×2÷150=487 根
- 钢筋总根数=366+487=853 根
- 钢筋总质量=1.582×853×0.888=1 198.31 kg

②号钢筋：

- 调节池、生化池单根钢筋长度 L_1=250+250+4 100−40=4 560 mm
- 沉淀池、污泥浓缩池单根钢筋长度 L_2=250+250+4 600−40=5 060 mm
- 调节池、生化池钢筋根数=[（15 000−4 000+200）×2+12 000+200+（12 000−8 500+200）]÷150=256 根
- 沉淀池、污泥浓缩池钢筋根数=（4 000×2+8 500+200×3）÷150=114 根
- 钢筋总质量=（256×4.76+114×5.06）×0.888=1 594.32 kg

③号钢筋：

- 调节池、生化池单根钢筋长度 L_1=250+250+4 300−150=4 650 mm
- 沉淀池、污泥浓缩池单根钢筋长度 L_2=250+250+4 600−150=4 950 mm
- 调节池、生化池钢筋根数=[（15 000−4 000+200）×2+12 000+200+（12 000−8 500+200）]÷150=256 根
- 沉淀池、污泥浓缩池钢筋根数=（4 000×2+8 500+200×3）÷150=114 根

- 钢筋总质量＝（256×4.56+114×4.95）×0.888=1 537.72 kg

④号钢筋：

- 调节池、生化池单根钢筋长度 L_1=12 000+200−40+700×2=13 560 mm

- 调节池、生化池宽单根钢筋长度 L_2=11 000+200−40+700×2=12 560 mm

- 调 节 池 、 生 化 池 长 单 根 钢 筋 长 度　L_3=12 000−8 500+200−40+700×2= 5 060 mm

- 沉淀池、污泥浓缩池单根钢筋长度 L_1=8 500+200−40+700×2=10 060 mm

- 沉淀池、污泥浓缩池宽单根钢筋长度 L_2=4 000+200−40+700×2=6 060 mm

- 调节池、生化池单面墙钢筋根数=4 100×2÷200=41 根

- 沉淀池、污泥浓缩池单面墙钢筋根数=4 600×2÷200=46 根

- 钢筋总质量=[41×（13.56+12.56+12.56+5.06）+46×（10.06+6.06×2）]×0.888= 2 498.50 kg

⑤号钢筋：

- 调节池、生化池单根钢筋长度 L_1=300+300+4 300−40=4 860 mm

- 沉淀池、污泥浓缩池长单根钢筋长度 L_2=300+300+4 600−40=5 160 mm

- 调节池、生化池钢筋根数=（12 000+200）×2÷150=187 根

- 沉淀池、污泥浓缩池钢筋根数=（4 000+200+8 500+200）÷150=86 根

- 钢筋总质量=（187×4.86+86×5.16）×0.888=1 201.09 kg

⑥号钢筋：

- 调节池、生化池单根钢筋长度 L_1=300+300+4 300−150=4 750 mm

- 沉淀池、污泥浓缩池单根钢筋长度 L_2=300+300+4 600−150=5 050 mm

- 调节池、生化池钢筋根数=（12 000−200）×2÷150=158 根

- 沉淀池、污泥浓缩池钢筋根数=（4 000−200+8 500−200）÷150=81 根

- 钢筋总质量=（158×4.75+81×5.05）×0.888=1 029.68 kg

⑧号钢筋：

- 调节池、生化池单根钢筋长度 L_1=12 000+200−40+700×2=13 260 mm

- 沉淀池、污泥浓缩长单根钢筋长度 L_2=8 500+200−40+700×2=10 060 mm

- 沉淀池、污泥浓缩池宽单根钢筋长度 L_1=4 000−40+700×2=5 360 mm

- 调节池、生化池单面墙钢筋根数=4 100×2÷200=41 根

- 沉淀池、污泥浓缩池单面墙钢筋根数=4 600×2÷200=46 根

- 钢筋总质量=[41×13.16×2+46×（10.06+5.36）]×0.888=1 593.96 kg

顶、底面上下层钢筋：

- 顶面宽下层筋长度 L=15 000−4 000+200−40=11 160 mm
- 顶面长下层筋长度 L=12 000+200−40=12 160 mm
- 顶面宽上层筋长度 L=15 000−4 000+200−40+6.25×12=11 235 mm
- 顶面长上层筋长度 L=12 000+200−40+6.25×12=12 235 mm
- 底面宽下层筋长度 L_1=13 000+200−40=13 160 mm
- 底面宽下层筋长度 L_2=9 500+200−40=9 660 mm
- 底面长下层筋长度 L_1=16 000+200−40=16 160 mm
- 底面长下层筋长度 L_2=16 000−4 000+200−40=12 160 mm
- 底面宽上层筋长度 L_1=13 000+200−40+6.25×12=13 235 mm
- 底面宽上层筋长度 L_2=9 500+200−40+6.25×12=9 735 mm
- 底面长上层筋长度 L_1=16 000+200−40+6.25×12=16 235 mm
- 底面长上层筋长度 L_2=16 000−4 000+200−40+6.25×12=12 135 mm
- 顶面宽下层筋根数=顶面宽上层筋根数=12 800÷150=86 根
- 顶面长下层筋根数=顶面长上层筋根数=11 800÷150=79 根
- 底面宽下层筋 L_1 根数=底面宽上层筋长度 L_1 根数=11 800÷150=79 根
- 底面宽下层筋 L_2 根数=底面宽上层筋 L_2 根数=4 000÷150=27 根
- 底面长上层筋 L_1 根数=底面长下层筋 L_1 根数=9 300÷150=62 根
- 底面长上层筋 L_2 根数=底面长下层筋 L_2 根数=3 500÷150=24 根
- 总质量=（11.16+11.235）×86+（12.16+12.235）×79+（12.76+12.835）×79+
  （9.26+9.335）×27+（15.76+15.835）×62+（11.76+11.835）×24=
  9 004.96 kg

钢筋总质量=9 004.96+1 198.31+1 594.32+1 537.72+2 498.50+1 201.09+1 029.63+
  1 593.96=19 658.54 kg=19.7 t

（2）模板

模板面积=(12+12−8.5+11+11+12−0.2+12−0.2)×2×4.1+(8.5+8.5+4+4+ 4−0.2)
  ×2×4.6+（5−0.2+3−0.2+3−0.2）×（12−0.2）+（1.5+0.12+0.3）×
  （0.2×2+0.12+0.12+0.5）+0.2×（0.12+0.5+0.12）=927.84 m²

（3）混凝土

混凝土体积=(16−0.2)×(13−0.2)×0.3−(16−5)×(13−9.5)×0.3+0.2×(5+3+3)
  ×（12+0.2）+（12+12−8.5+11+11+12−0.2+12−0.2）×0.2×3.9+

（8.5+8.5+4+ 4+4－0.2）×0.2×4.6=49.122 m^3

10.3.8　防水工程

防水面积=8.3×4.3×2+3.8×4.3×2+8.3×3.8+11.8×3.6×2+4.8×3.6×2+11.8×4.8+
（11.8×3.6×2+2.8×3.6×2+11.8×2.8）×2+（1.5×0.5+1.5×0.8×2+
0.5×0.8×2）=71.38+ 32.68+31.54+84.96+34.56+ 56.64+276.32
+3.95=592.03 m^2

10.3.9　安装工程

安装工程量计算完全按照安装图纸，从安装图纸上可以测算出管道长度和各
类管材、管件、设备等，一般用列表的方式记录测算结果，同时在测算过程中需
要估算部分材料的消耗量，并一并计入工程量中，详见表 10-1、表 10-2。

表 10-1　设备清单

序号	物资名称	型　号	单位	数量	备　注
1	机械格栅	QY-GS-5/50	台	1	非标设备
2	泥污泵	50QW18-15-1.5	台	2	
3	污水提升泵	50QW45-10-4.0	台	2	
4	生物填料	φ200×100	个	100	
5	罗茨风机	HSR125-1310-15	台	2	
6	曝气器	P-219	个	180	
7	螺杆泵	I-B1.5	台	1	
8	板框压滤机	XAJ15/630-30UB	台	1	
9	加药计量泵	LCC4S2-PTC1	台	2	
10	拌电机及减速		套	1	
11	电控系统		套	1	
12	管路系统	U-PVC	批	1	
13	溶药桶		个	2	非标加工

表 10-2　管材、管件数量清单

序号	物资名称	型　号	单位	数量	备　注
1	法兰	De25	片	6	
2	法兰	De50	片	8	
3	法兰	De63	片	36	
4	法兰	De125	片	12	

序号	物资名称	型　号	单位	数量	备　注
5	法兰	DN63	片	12	
6	螺栓	M12*100	套	110	
7	螺栓	M8*50	套	240	
8	螺栓	M14*120	套	30	
9	蝶阀	De63	个	10	
10	蝶阀	De50	个	4	
11	蝶阀	DN125	个	3	
12	90°弯头	De63	个	26	
13	90°弯头	De50	个	20	
14	90°弯头	De110	个	10	
15	90°弯头	De75	个	10	
16	90°弯头	DN63	个	8	
17	90°弯头	DN125	个	16	
18	管卡	De63	个	50	
19	管卡	De50	个	70	
20	管卡	De75	个	50	
21	浮球		个	2	
22	止回阀	De63	个	4	
23	三通	De63	个	4	
24	三通	DN125	个	3	
25	三通	DN63	个	3	
26	三通	De75	个	4	
27	异径三通	De75*50	个	46	
28	异径三通	De50*25	个	140	
29	变径	De25*110	个	2	
30	变径	De125*63	个	2	
31	直接	De110	个	6	
32	直接	DN125	个	8	
33	Pvc 管	De63	m	60	
34	Pvc 管	De25	m	24	
35	Pvc 管	De50	m	140	
36	Pvc 管	De75	m	55	
37	Pvc 管	De110	m	30	
38	钢管	DN125	m	34	
39	钢管	DN63	m	15	
40	硬质 PE 管	De25	m	18	
41	钢丝软管	De63	m	22	
42	角钢	40*4	m	190	

序号	物资名称	型　号	单位	数量	备　注
43	穿线管	De25	m	70	
44	穿线管	De50	m	70	
45	变径	De50*25	个	16	
46	弯头	De25	个	18	
47	三通	De25	个	16	
48	电线	3*2.5	m	200	
49	电线	3*4.0	m	30	

注：* 代表深度。

10.4　清单投标报价表

由于每年，甚至每个月各个设备及材料价格均有浮动，而每个地区设备材料人工等价格也有不同，本项目报价是参考 2012 年我国中部地区市场价格制定，清单计价方式方法科学可行，但是计价结果仅供参考。

本工程清单报价仅含污水站部分的土建和设备，不含外围道路、园林、管道等的计价。利用广联达计价软件对土建价格进行计价，部分清单计价见表 10-3、表 10-4、表 10-5、表 10-6。

表 10-3　清单项目人材机用量与单价表（1）

清单编号：010101001001　清单名称：平整场地 单位：m^2　　数量：1　　第 1 页　共 5 页

序号	编码	名称（材料、机械规格型号）	单位	数量	基期价/元	市场价/元	合价/元	备注
1	00001	综合人工（建筑）	工日	56.714 9	70	70	3 970.04	
2	410649	水	m^3	9.014 3	4.38	4.13	37.25	
3	J1-2	履带式推土机 75 kW	台班	0.558 2	813.96	773.26	431.63	
4	J1-43	履带式单斗挖掘机液压 1 m^3	台班	2.172 1	1 541.65	1 464.57	3 181.19	
5	J1-4	履带式推土机 105 kW	台班	1.527 2	969.99	921.49	1 407.3	
6	J4-15	自卸汽车 8 t	台班	9.502 6	634.94	603.19	5 731.87	
7	J4-34	洒水车 4 000 L	台班	0.450 7	494.58	469.85	211.76	
8	J1-67	夯实机电动 20～62 m	台班	5.610 6	29.17	27.72	155.53	
		本页小计					15 126.57	

注：合价=市场价（除税）×数量

表 10-4 清单项目人材机用量与单价表（2）

清单编号：070101002001　　　清单名称：池壁　　单位：m³　　数量：1　　第 4 页 共 5 页

序号	编码	名称（材料、机械规格型号）	单位	数量	基期价/元	市场价/元	合价/元	备注
1	00001	综合人工（建筑）	工日	763.382 5	70	70	53 436.78	
2	410649	水	m³	5.793	4.38	4.13	23.94	
3	010391	镀锌铁丝 8#	kg	33.078 8	5.75	4.92	162.66	
4	050090	模板锯材	m³	7.084 7	1 843.28	1 738.94	12 319.89	
5	050091	模板竹胶合板（15 mm 双面覆膜）	m²	5.108 7	70.5	66.51	339.78	
6	050135	杉木锯材	m³	1.658 8	1870	1 764.15	2 926.37	
7	410267	隔离剂	kg	97.696 2	1.66	1.57	152.99	
8	410328	混凝土垫块 C20	m³	1.338 4	400	342.09	457.85	
9	011415	HPB300 直径 12 mm	kg	20094	4.65	3.98	79 907.81	
10	011453	镀锌铁丝 22#	kg	105.14	5.75	4.92	517.03	
11	011322	电焊条	kg	56.736	7	6.6	374.67	
12	011413	HPB300 直径 8 mm	kg	2856	4.2	3.59	10 258.47	
13	J3-17	汽车式起重机 5 t	台班	0.039 3	475.19	451.43	17.74	
14	J4-6	载货汽车 6 t	台班	3.199 4	452.34	429.72	1 374.85	
15	J7-12	木工圆锯机 φ500 mm	台班	5.303 4	30.95	29.4	155.92	
16	J7-18	木工压刨床单面 600 mm	台班	5.010 3	43.82	41.63	208.58	
17	J5-10	电动卷扬机单筒慢速 50 kN	台班	6.187	128.66	122.23	756.24	
18	J7-2	钢筋切断机 φ40 mm	台班	2.193	49.51	47.03	103.14	
19	J7-3	钢筋弯曲机 φ40 mm	台班	11.836	26.98	25.63	303.36	
20	J9-12	对焊机容量 75 kV·A	台班	0.788	216.81	205.97	162.3	
21	J9-27	点焊机长臂 75 kV·A	台班	1.94	245.09	232.84	451.71	
22	J9-8	直流电弧焊机 32 kW	台班	3.546	188.7	179.27	635.69	
		本页小计					165 047.77	

注：合价=市场价（除税）×数量。

表 10-5　单位工程人材机用量与单价表（一般计税法）

序号	编码	名称（材料、机械规格型号）	单位	数量	基期价/元	市场价/元	合价/元	备注
1	00001	综合人工（建筑）	工日	1 223.665 7	70	70	85 656.6	
2	011413	HPB300 直径 8 mm	kg	2 856	4.2	3.59	10 258.47	
3	011415	HPB300 直径 12 mm	kg	20 094	4.65	3.98	79 907.81	
4	040139	水泥 32.5 级	kg	14 268.768	0.39	0.33	4 758.63	
5	040238	标准砖 240 mm×115 mm×53 mm	m³	14.612 8	252.94	216.32	3 161	
6	050090	模板锯材	m³	14.202 5	1 843.28	1 738.94	24 697.34	
7	050135	杉木锯材	m³	2.562 4	1870	1 764.15	4 520.46	
8	JXRG	人工（建筑）	工日	41.922	70	66.5	2 787.81	
9	J1-2	履带式推土机 75 kW	台班	0.558 2	813.96	773.26	431.63	
10	J1-4	履带式推土机 105 kW	台班	1.527 2	969.99	921.49	1 407.3	
11	J1-43	履带式单斗挖掘机 液压 1 m³	台班	2.172 1	1 541.65	1 464.57	3 181.19	
12	J1-67	夯实机 电动 20～62 Nm	台班	5.610 6	29.17	27.72	155.53	
13	J3-17	汽车式起重机 5 t	台班	0.595 4	475.19	451.43	268.78	
14	J4-15	自卸汽车 8 t	台班	9.502 6	634.94	603.19	5 731.87	
15	J4-34	洒水车 4 000 L	台班	0.450 7	494.58	469.85	211.76	
16	J4-6	载货汽车 6 t	台班	6.174 5	452.34	429.72	2 653.31	
17	J5-10	电动卷扬机 单筒慢速 50 kN	台班	6.187	128.66	122.23	756.24	
18	J6-11	单卧轴式混凝土搅拌机 350 L	台班	1.989 7	179.96	170.97	340.18	
19	J6-16	灰浆搅拌机 200 L	台班	2.233 1	92.19	87.58	195.57	
20	J6-56	混凝土振动器 附着式	台班	1.556 3	11.47	10.89	16.95	
21	J7-12	木工圆锯机 φ500 mm	台班	6.999 4	30.95	29.4	205.78	
22	J7-18	木工压刨床 单面 600 mm	台班	6.511 7	43.82	41.63	271.08	
23	J7-2	钢筋切断机 φ40 mm	台班	2.193	49.51	47.03	103.14	
24	J7-3	钢筋弯曲机 φ40 mm	台班	11.836	26.98	25.63	303.36	
25	J9-12	对焊机 容量 75 kV·A	台班	0.788	216.81	205.97	162.3	
26	J9-27	点焊机 长臂 75 kV·A	台班	1.94	245.09	232.84	451.71	
27	J9-8	直流电弧焊机 32 kW	台班	3.546	188.7	179.27	635.69	
		本页小计	元				233 231.49	

注：合价=市场价（除税）×数量。

表 10-6 单位工程费用计算表（一般计税法）

序号	工程内容	计费基础说明	费率/%	金额/元	备注
1	直接费用	1.1+1.2+1.3		243 988.47	
1.1	人工费			85 656.6	
1.2	材料费			140 848.38	
1.3	机械费			17 483.5	
2	各项费用和利润	2.2+2.3+2.4+2.5+2.6		76 007.07	
2.1	取费基础				
2.1.1	取费人工费			73 419.94	
2.1.2	取费机械费			17 085.22	
2.2	管理费	2.1.1+2.1.2	23.33	21 114.85	
2.3	利润	2.1.1+2.1.2	25.42	23 006.41	
2.4	安全文明费	2.1.1+2.1.2	13.18	11 928.58	
2.5	冬雨季施工费	1+2.2+2.3	0.16	460.98	
2.6	规费	2.6.1+2.6.2+2.6.3+2.6.4+2.6.5		19 496.25	
2.6.1	工程排污费	1+2.2+2.3+2.4+2.5	0.4	1 202	
2.6.2	职工教育经费和工会经费	1.1	3.5	2 997.98	
2.6.3	住房公积金	1.1	6	5 139.4	
2.6.4	安全生产责任险	1+2.2+2.3+2.4+2.5	0.2	601	
2.6.5	社会保险费	1+2.2+2.3+2.4+2.5	3.18	9 555.88	
3	建安造价	1+2		319 995.54	
4	销项税额	3×税率	11	35 199.51	
5	附加税费	（3+4）×费率	0.36	1 278.7	
6	其他项目费				
	工程造价	3+4+5+6		356 473.76	

注：①采用一般计税法时，材料、机械台班单价均执行除税单价；②直接费用=∑工日数量×工日单价（市场价）+∑材料用量×材料预算价格+∑机械台班用量×机械台班单价（市场价）；③建安造价（销售额）=直接费用+各项费用和利润。

  因污水厂的安装工程涉及很多环保非标设备，故其造价在计价软件中没有合适的方式计价，一般在实际工程中采用列取清单，逐个计价的方式，本工程项目中安装工程计价见表 10-7。

表 10-7　安装工程计价表

序号	设备名称	规格型号	生产厂家	数量	单价	总价 含安装	备注
1	机械格栅	QY-GS-5/50	××	1 台	4.00	4.00	
2	泥污泵	50QW18-15-1.5	××	2 台	0.35	0.70	
3	污水提升泵	50QW45-10-4.0	××	2 台	1.00	2.00	
4	生物填料	φ 200×80	××	240 m³	0.06	14.40	含钢架
5	射流曝系统	射流器	××	6 台	1.60	9.60	
		潜水电机	××	6 台	1.30	7.80	
6	螺杆泵	I-1B1	××	1 台	0.80	0.80	
7	板框压滤机	XAQ4/450-30UB	××	1 台	4.20	4.20	
8	加药装置		××	2 套	1.20	2.40	含计量泵
9	电控系统		××	1 套	3.80	3.80	
10	管路系统	U-PVC	××	1 套	4.60	4.60	
设备价合计						54.30	
安装运输费						2.80	
设计、调试费						2.50	
税费（6%）						3.60	
环保验收费						1.50	
安装工程合计						64.70 万元	

该项目最后合计报价为土建工程+安装工程=35.65+64.70=100.35 万元。

参考文献

[1] 建设工程工程量清单计价规范 GB 50500—2013.

[2] 房屋建筑与装饰工程计量规范 GB 50584—2013.

[3] 通用安装工程计量规范 GB 500854—2013.

[4] 市政工程计量规范 GB 500857—2013.

[5] 易红霞，周金菊．建筑工程计量与计价（第2版）．长沙：中南大学出版社，2015．

[6] 沈祥华．建筑工程概预算（第4版）．武汉：武汉理工大学出版社，2009．

[7] 夏占国，王铁三，李琦玮．建筑工程计量与计价．成都：电子科技大学出版社，2014．

[8] 丁春静．建筑工程计量与计价．北京：机械工业出版社，2011．

[9] 李文娟，安德锋．建筑工程计量与计价实务．北京：北京理工大学出版社，2015．

[10] 王朝霞．建筑工程计量与计价（第2版）．北京：机械工业出版社，2011．

[11] 肖明和，简红，关永冰．建筑工程计量与计价（第3版）．北京：北京大学出版社，中国农业大学出版社，2015．

[12] 朱溢镕，阎俊爱，韩红霞．建筑工程计量与计价．北京：化学工业出版社，2016．

[13] 王武齐．建筑工程计量与计价（第四版 土建类专业适用）．北京：中国建筑工业出版社，2015．

[14] 中国建设工程造价管理协会．建设工程造价管理基础知识．北京：中国计划出版社，2014．

[15] 《造价员一本通》编委会．造价员一本通（建筑工程）（第3版）．北京：中国建筑工业出版社，2013．

[16] 黎诚，兰琼，伍燕．建筑装饰工程计量与计价实务．北京：化学工业出版社，2013．

[17] 宋巧玲．装饰工程计量计价与实务．北京：清华大学出版社，2012．

[18] 张雪莲，相跃进．建筑水电安装工程计量与计价（第2版）．武汉：武汉理工大学出版社，2013．

[19] 田志新，王浩，杨龙．水电安装工程识图与施工．北京：中国电力出版社，2016．

[20] 王全杰，宋芳，黄丽华．安装工程计量与计价实训教程．北京：化学工业出版社，2014．

[21] 欧阳焜．广联达BIM安装算量软件应用教程．北京：机械工业出版社，2016．

[22] 富强．广联达GBQ4.0计价软件应用及答疑解惑．北京：中国建筑工业出版社，2012．